# 平原河网城市水环境综合治理技术与规划实践

丁志良　孙凌凯　马方凯　吴从林　邓宇杰　郑和震 等　著

U0397542

中国水利水电出版社
www.waterpub.com.cn
·北京·

## 内 容 提 要

本书以典型平原河网城市——江阴市为对象，厘清城区水生态环境现状与问题，按照"节水优先、空间均衡、系统治理、两手发力"的治水思路，以污水系统提质增效、水污染控制、防洪排涝、水系连通、水生态修复、水景观提升、智慧水务建设为主要任务，采取"控源截污、内源治理；水系连通、活水畅流；水质净化、生态修复；创新机制、加强管控"的措施体系，研究提出了科学合理的水环境综合治理规划方案。研究成果为系统治理江阴市城区水环境提供了顶层设计和科学依据，为其他平原河网城市水环境综合治理提供参考和指导。

本书主要面向城市水环境综合治理领域的从事科研、规划、设计、管理等工作的专业人员。

**图书在版编目（CIP）数据**

平原河网城市水环境综合治理技术与规划实践 ／ 丁志良等著. -- 北京：中国水利水电出版社，2022.9
ISBN 978-7-5226-0927-0

Ⅰ. ①平… Ⅱ. ①丁… Ⅲ. ①城市环境－水环境－环境综合整治－研究－江阴 Ⅳ. ①X321.253.3

中国版本图书馆CIP数据核字(2022)第154862号

| 书　　名 | 平原河网城市水环境综合治理技术与规划实践<br>PINGYUAN HEWANG CHENGSHI SHUIHUANJING ZONGHE ZHILI JISHU YU GUIHUA SHIJIAN |
|---|---|
| 作　　者 | 丁志良　孙凌凯　马方凯　吴从林　邓宇杰　郑和震　等 著 |
| 出版发行 | 中国水利水电出版社<br>（北京市海淀区玉渊潭南路 1 号 D 座　100038）<br>网址：www.waterpub.com.cn<br>E - mail：sales@mwr.gov.cn<br>电话：(010) 68545888（营销中心） |
| 经　　售 | 北京科水图书销售有限公司<br>电话：(010) 68545874、63202643<br>全国各地新华书店和相关出版物销售网点 |
| 排　　版 | 中国水利水电出版社微机排版中心 |
| 印　　刷 | 北京印匠彩色印刷有限公司 |
| 规　　格 | 184mm×260mm　16 开本　18 印张　438 千字 |
| 版　　次 | 2022 年 9 月第 1 版　2022 年 9 月第 1 次印刷 |
| 定　　价 | **128.00 元** |

长江经济带覆盖上海、江苏、浙江、安徽、江西、湖北、湖南、重庆、四川、云南、贵州等11省（直辖市），是我国综合实力最强、战略支撑作用最大的区域之一。长江经济带大多城市（尤其是平原河网城市）存在水环境质量不佳、水生态受损等问题，迫切需要开展水环境综合治理工作。

2016年1月5日在重庆召开的推动长江经济带发展座谈会上，习近平总书记提出，推动长江经济带发展必须走生态优先、绿色发展之路，要把修复长江生态环境摆在压倒性位置，共抓大保护，不搞大开发。2017年10月，习近平总书记在党的十九大报告中明确指出"以共抓大保护、不搞大开发为导向推动长江经济带发展"。2018年4月26日在武汉召开的深入推动长江经济带发展座谈会上，习近平总书记指出，要正确把握整体推进和重点突破、生态环境保护和经济发展、总体谋划和久久为功、破除旧动能和培育新动能、自身发展和协同发展等关系，把推动长江经济带发展的工作抓实抓好。2020年11月14日在南京召开的全面推动长江经济带发展座谈会上，习近平总书记进一步强调，要坚定不移贯彻新发展理念，推动长江经济带高质量发展，谱写生态优先绿色发展新篇章。2021年3月1日，《中华人民共和国长江保护法》正式实施，以法律的形式强化长江流域生态环境保护和修复，促进资源合理高效利用，保障生态安全。

江阴市地处长三角沪宁杭城市群中心地带，东西长58.5km，南北宽31km，总面积987.5km²。江阴市北滨长江，南近太湖，水系发达，水域面积占市域面积的17.8%，是典型的平原河网城市。改革开放后，江阴市经济快速发展，产业结构偏重，能耗高，污染排放总量过大，导致江阴市水体水质逐步恶化，水质型缺水成为江阴可持续发展的软肋。江阴城区由于人口、产业密集，城市发展挤占河道空间，断头浜、死浜较多，加之长江潮位影响，入河污染物量大，水体流动性差，自净能力弱，水质普遍较差。江阴市正大力推进城市化进程，水资源环境约束将日益显著，城区水生态环境会面临更大的挑战。

按照"节水优先、空间均衡、系统治理、两手发力"的治水思路，以污水系统提质增效、水污染控制、防洪排涝、水系连通、水生态修复、水景观提升、智慧水务建设为主要任务，以近期城区黑臭水体消除、远期城区水体全面达标为目标，坚持"大流域统筹、小流域分区、差异化施策"的技术路线，采取"控源截污、内源治理；水系连通、活水畅流；水质净化、生态修复；创新机制，加强管控"的措施体系，形成了规划目标与布局、水环境治理方案、工程项目清单等规划成果，并通过构建江阴市城区水系水环境模型，对水环境治理工程实施后的效果进行了分析。规划成果于 2019 年为系统治理江阴市城区水环境提供顶层设计和科学依据，为其他平原河网城市水环境综合治理提供参考和指导，具有重要的意义。

本书由 13 章内容组成，作者为丁志良、孙凌凯、马方凯、吴从林、邓宇杰、郑和震、王佳伶、陈帆。本书在编写过程中参考了许多研究者的相关成果，在此一并致谢。

本书主要面向城市水环境综合治理领域科研、规划、设计、管理等部门的专业人员。

限于编者水平，书中不足之处在所难免，恳请读者批评指正。

作者

2022 年 3 月

# 目录

# 第 1 章

# 绪　论

## 1.1　国内外城市水环境综合治理理论发展历程

　　城市水环境是一个城市空间内可直接或间接影响人类生活和发展的所有水体及其正常功能的各种自然、社会因素的总体,从狭义角度来讲,它是由城市水体中生物和非生物(包括水分子)组成的客观物质体系[1],属于自然环境的一部分。城市水环境为人类的生存和发展提供了重要的物质基础和活动场所,但同时也遭受到人类活动的巨大破坏。随着全球城市化进程的加快,水体污染、水生态受损、水资源短缺、洪涝灾害等城市水环境问题日益突出,已成为人类社会发展和城市化建设的重要制约因素。治理城市水环境既是满足人类对美好生存环境需求的需要,也是保障城市可持续发展的需要。

　　自认识到水环境问题的危害以来,人类对水环境治理技术与方法的探索从未间断,用以指导城市水环境治理实践的理论基础不断丰富[2-3]。西方发达国家较早完成了工业化,城市水环境问题产生较早,在水环境治理方法的探索上走在世界前列,理论体系也相对更为成熟,现已从人工措施"强干预"治理阶段过渡到注重发挥水体综合服务功能的"低干预"自然生态恢复阶段[4]。

　　美国在 20 世纪 40 年代以前,水环境保护工作由各州和地方负责,不同的州在水环境保护执法力度上存在很大差异,一半以上的州未制定水污染防治法令。1948 年,美国颁布了《联邦水污染控制法》,计划对各州水污染控制提供财政援助,但资金落实情况并不理想。随着第二次世界大战后美国经济的飞速发展,城市水环境污染问题愈发严重,美国民众要求联邦政府统一接管水环境保护工作的呼声越来越高[5]。1972 年,美国国会通过了《清洁水法》,授权联邦政府统筹全国水质标准的制定,对污染排放总量进行控制,从法律层面对水环境破坏行为进行约束,但相关政策大多以水质提升为目标,过于关注水体的化学特性,忽视了其生态功能的恢复,导致水质的提升与水生态系统的修复处于剥离状态。20 世纪 80 年代开始,美国尝试利用生态学原理解决土木工程中的理论问题,在城市水环境治理中进一步考虑了生态流量、生物多样性和完整性等生态指标,通过重建水生群落恢复水生态系统功能[6]。90 年代以后，随着生态工程理论、可持续发展等新理论的诞生，美国确立了协调自然规律与社会经济发展的城市水环境管理理念，城市水环境治理中更加强调滨水景观、滨水空间开发价值、公众舒适性等城市水环境服务功能的提升。

欧洲许多城市的水环境在 19 世纪工业革命后遭到了严重破坏，爆发了如 1858 年伦敦"大恶臭"这样的水环境污染事件。到 20 世纪 50 年代，欧洲大部分河流的纳污能力接近极限，河水黑臭、病菌滋生、鱼类绝迹，水生态系统濒临崩溃，城市水环境污染问题成为各国政府的心腹之患[7]。20 世纪 60 年代开始，欧洲各国着手治理被严重污染的河流和湖泊，以纳管和污水处理厂建设为重点系统地进行控源截污工程建设，严格管控沿河工业废水和生活污水排放，截至 70 年代末，各主要城市的污水处理基础设施建设已基本完善，伦敦和巴黎下水道普及率均达到 98％以上；80—90 年代，在河流水质总体改善的基础上，欧洲国家转变治水理念，以还原水体自然生态系统为目标，对污染水体进行生态修复。瑞士、德国等国家于 80 年代末首次提出了"近自然河流"概念和"自然型护岸"河流生态修复技术，通过拆除河道硬化层、改变河道渠化现状、种植净水植物等方式恢复城市河流的自然生态[8]。进入 21 世纪，欧洲城市水环境治理更加注重自然生态系统的保护和水环境的可持续发展，通过对城市滨水空间开发改造提升城市的自然风貌，实现人与自然、现代文明与生态环境的协调发展。

日本于 20 世纪 60 年代步入快速工业化阶段，经济高速增长的同时水环境污染事故频发，如震惊世界的水俣病、痛痛病事件。1970 年，为遏制水环境不断恶化的趋势，恢复河流、湖泊水质，日本颁布了《水质污染防治法》，对工业废水、生活污水等污染物排放总量和浓度进行严格控制，从源头上对排入城市水体的污染物进行削减。80 年代开始，日本河流管理者认识到保护河流景观和生物多样性的重要性，对如何减少人类干扰、运用生态工程的方法恢复河流自然生态系统开展了大量研究，这一时期的城市水环境治理实践以还原水生态系统的环境特性为目的，强调在提升河流水质的同时，维护景观多样性和生物多样性。90 年代初，日本开始实施"创造多自然型河川计划"，通过塑造更接近自然状态的河道岸线、抛石营造急滩与深潭、拆除混凝土护坡、修建生态河堤等"多自然型河道生态修复技术"，创造适宜生物栖息繁衍的水生态空间，恢复河流自然生态状况，提高水体自净能力[9]。当前，日本城市水环境治理坚持以生态修复和保护为主，并通过产业结构优化调整和生态环保技术提升逐步降低城市水环境治理负担，实现经济社会的可持续发展。

我国城市水环境治理工作起步较晚，整体落后发达国家 15～20 年。20 世纪 50—70 年代，城市河道内修建了大量以开发水资源、提升航运能力、改善灌溉条件、防洪抗灾为目的的水利工程，水环境问题尚未进入人们的视野[10]。80—90 年代，全国各大城市普遍开展大规模的河道治理，但主要目的是为提升河道的防洪排涝能力，未考虑工程措施带来的生态环境效应，在一定程度上加剧了对城市河流自然生境的损害。面对日趋严峻的环境保护形势，1983 年第二次全国环境保护会议确立了环境保护的基本国策，提出从控制工业布局、保护河流水质等方面改善城市水环境，但执行情况并不好，没有层层落实[11]。到 20 世纪末，国内才开始认识到传统水利、水资源开发活动对水环境的危害，广泛吸收国外先进的水环境治理理念和技术方法，逐步开展水环境综合治理工作，苏州河、南府河等多项城市河流整治项目相继实施。"十五"至"十二五"期间，国家加大对城市水环境生态修复技术的研发力度，2006 年启动了水体污染控制与治理科技重大专项，着手制定城市水环境治理技术体系。2015 年 4 月，国务院发布了《水污染防治行动计划》（即"水十条"），分阶段制定了水环境质量改善、水生态环境状况好转、城市黑臭水体消除等治理目标。2015 年 9 月，住房和城乡建设部印发《城市黑臭水体整治工作指南》，全面推进城市黑臭水体治理工作；2016 年至今，随着"长江大保护"战略的实施，城市水环境综合治理受到了前所未有的重视，面对水体富营养化严重、水系连通性差、水体黑臭、河道生态系统退化、滨水空间侵占、河道景观缺失等复杂城市水环境问题，许多城市从控源截污、生态修复、水系连通、景观打造等多个方面对水环境进行综合治理，取得了一定成效。

当前，我国城市水环境治理理念已由传统的满足防洪、排涝基本要求的"工程治水"转变为兼顾城市水污染防治、水生态修复与生态型城市建设发展需求的"综合治水"[12]，在治水思路上已紧跟发达国家的脚步，但在治理技术和方法上还处于对国外先进成果的学习借鉴、吸收转化阶段[13]，尚未结合自身治理经验形成系统的城市水环境综合治理技术体系[14]。

## 1.2　国内外城市水环境综合治理技术与方法研究进展

### 1.2.1　水环境容量及污染物限排总量控制及分配方案

水环境容量是实施河湖污染物总量控制和划分河湖水体纳污红线的基本依据，总量控制是指导流域污染源治理和改善江河湖库水环境质量的重要举措。

#### 1.2.1.1　水环境容量

"承载力"一词最早是在生态学的研究中提出的，早期应用范围也只限于生态领域。随着土地退化、环境污染和人口膨胀等问题的日益凸显，承载力和社会可持续发展成为各类学科关注的焦点。水资源承载力、水环境承载力等概念在可持续发展的范畴得到应用。影响水环境承载力大小的因素很多，主要包括水资源总量、水环境质量及开发利用程度，区域生态环境状态，社会经济发展程度、社会消费结构与水平等。

随着环境管理工作发展的要求，我国在 20 世纪 70 年代后期引入了环境容量、水域纳污能力等概念，并开始了相关研究工作，且取得了较大的进展和研究成果。

张永良等[15]认为水环境容量源于环境容量，是指某一水环境单元在特定的环境目标下所能容纳污染物的量，也就是指环境单元依靠自身特性使本身功能不至于破坏的前提下能够允许的污染物的量。张玉清等[16]认为纳污能力是指在水环境质量及其使用功能不受破坏的条件下，水域能受纳污染物的最大数量或者在给定水域范围、水质标准及设计条件下，水体最大容许纳污量即为水域的纳污能力。

根据污染物降解机理，水环境容量（纳污能力）可划分为水体对污染物的稀释容量和自净容量两部分，可以定量说明特征水域对特定污染物的承载能力。稀释容量是指在给定水域的来水污染物浓度低于该河段或断面水质目标时，依靠稀释作用保持水体达标所能承纳的污染物量。自净容量是指由于沉降、生化、吸附等物理、化学和生物作用，给定水域达到水质目标所能自净的污染物量[17]。

常用的水环境容量计算模型有一维模型、二维模型、非均匀混合模型和湖（库）均匀混合模型。水环境容量计算方法大致可分为三类：解析公式法、模型试错法及系统最优化分析方法。解析公式法是一种稳态方法，显然不能用于计算非稳态的水环境容量；利用非稳态的水质数学模型，模型试错法可以用于计算非稳态的水环境容量，但费时费事，计算效率太低；基于线性规划等理论的系统最优化分析方法，由于自动化程度高、精度高、边界条件及设计条件设置灵活等优点，受到了越来越多的推崇，已被引入河流水环境保护的专家系统[18]。

### 1.2.1.2　污染物限排总量控制及分配方案

造成水体环境污染的根本原因是排放到水体中的污染物超过了水体自身的承载力，而污染物限排总量控制可以有效地控制污染物的排放量，从而达到控制水体污染的目的。然而，我国大量水体，尤其是城区水体污染严重、形势严峻，因此，实施水环境污染物的总量控制刻不容缓。

污染物排放总量的分配关系到各排污体的切身利益，各排污体都希望能尽可能多地分配到污染物允许排放量，以获得更大的经济效益。而区域内污染物的允许排放总量总是有限的，这会导致各排污体之间存在协调困难和矛盾。因此，管理部门在制定污染物限排总量方案和分配污染物排放量方案时，应根据区域经济效益最优、削减费用最少、公平合理等原则来进行。王宏等[19]在研究中指出常用的污染物限排总量分配方式主要包括等比例分配方式、最小处理费用方式、按污染程度削减排放量方式、日最大负荷（total maximum daily loads，TMDL）方式等。其中：等比例分配方式可操作性强、公平性差；最小处理费用方式经济性强、可操作性差；按污染程度削减排放量方式存在的问题是如何使减排和经济发展双赢；TMDL 方式需要大量资金和技术做保障。以上分配方式都具有一定的片面性和局限性，在进行具体污染物总量分配实践中，应根据需要合理地进行选择和使用，但对于流域尺度的污染物分配，在有一定的工作积累和资金的情况下，建议采用 TMDL 方式进行分配。赵鑫等[20]在研究中探究了我国现行水域纳污能力计算方法存在的一些问题，并结合美国环保局 TMDL 思想内涵，提出了开展以水生态系统健康为目标的动态、多指针、综合点源与面源污染生态纳污能力的计算思路，提供了以最佳管理措施理念为基础的污染负荷分配与削减建议。

## 1.2.2　污水系统提质增效

我国各城市在多年的持续努力下，城区排水管网架构基本形成，但在规划建设方面不成体系，总体来说总管、干管比较完整，支管和收集管网残缺不全，施工质量比较粗糙，严重影响了污水截污纳管，大量污染物直排河道。管网不完善、混乱、破损这三大问题是我国城市水体消除黑臭面临的最大挑战。黑臭在水里，根源在岸上，关键在排口，核心在管网，水体黑臭与排水系统运行效率不高有很大关系。摸清管网问题，有针对性地提出污水处理提质增效对策，方能从源头解决水体黑臭问题。

我国在政策层面相继发布了一系列推进城镇污水系统建设的文件。2016 年 12 月印发的《"十三五"全国城镇污水处理及再生利用设施建设规划》（发改环资〔2016〕2849号）指导各地科学推进城镇污水处理及再生利用设施建设。2019年4月29日，住房和城乡建设部、生态环境部、发展改革委联合印发《城镇污水处理提质增效三年行动方案（2019—2021年）》（建城〔2019〕52号），要求加快补齐城镇污水收集和处理设施短板，尽快实现污水管网全覆盖、全收集、全处理。2020年7月，出台了《城镇生活污水处理设施补短板强弱项实施方案》（发改环资〔2020〕1234号），要求加快补齐城镇生活污水处理设施建设短板。2021年1月，出台了《关于推进污水资源化利用的指导意见》（发改环资〔2021〕13号），指出加快推进污水资源化利用，促进解决水资源短缺、水环境污染、水生态损害问题。2021年6月，发布了《"十四五"城镇污水处理及资源化利用发展规划》（发改环资〔2021〕827号），旨在有效缓解我国城镇污水收集处理设施发展不平衡不充分的矛盾，系统推动补短板强弱项，全面提升污水收集效能，加快推进污水资源化利用，提高设施运行维护水平。当前，城镇污水体系从增量建设为主转向系统提质增效与结构调整优化并重，提升存量、做优增量，系统推进城镇污水处理设施高质量建设和运维，这将有效地推动我国城镇水生态环境的治理。

污水系统提质增效方案的基本思路为以城镇污水处理系统为研究对象，基于人口、人均综合生活污水量指标等计算该范围内的污水量，同时分析区域内山水（水库）、灌溉水、河涌水（从污水、合流拍门倒灌，及从雨水排放口通过雨污混接倒灌）、雨水（通过合流管渠、分流制系统雨污混接处进入）、地下水、其他各类外水，结合当地污水收集率进行物料平衡计算，并通过实地摸查进行外水量验证，然后根据外水来源、污水系统本身开展治理。

近年来，我国许多学者对城镇污水系统提质增效开展了大量的研究，取得了较大的进展和更多研究成果，成果包括污水系统问题分析、成因探讨、措施建议等。

其中，张静[21]提出由管网问题导致水体黑臭的原因主要包括五大方面：①重视干管建设，忽视支管建设；②合流渠箱溢流严重；③管道破损导致大量外水入渗进入污水系统；④合流制系统污水输送沿程沉积严重；⑤分流制系统雨污管渠混错接严重。基于此，还提出对应的解决措施：①建设和完善污水收集支管；②推进合流渠箱清污分流；③封堵地下水等外水入渗和污水外渗通道；④清除管道沉积物；⑤雨污混错接整改等，总结提出应采取"截污水、分清水、减溢流、补短板、降水位、补清水、强管理"等综合手段来推进流域排水系统提质增效。肖朝红等[22]结合老旧城区受固有基础设施和用地条件限制的特点，提出应因势利导、控源截污、内源治理、生态修复、活水保质的综合治理措施，并强调需从加强政府部门重视程度、提高综合管理力度、优化日常管养模式、发动群众共建共享等方面制定一系列综合措施和长效机制，提出了以污水系统提质增效为核心的工程措施及非工程措施相结合的系统治理思路，防治黑臭反弹，实现长治久清，该研究论证了污水系统提质增效在水环境综合治理中的关键作用，并强调要辅以其他综合性工程治理措施，同时加强非工程措施建设方能提供长效解决方案；何伟[23]、王伟等[24]提出城镇污水处理系统提质增效的难点在于雨污水管网混接、合流管网截流设施优化、合流箱涵"挤外水"以及排口防倒灌，关键在于公共管网完善、排水达标单元创建、公共管网结构性缺陷整改等，其中公共管网结构性缺陷整改工程主要通过管道开挖修复，管道非开挖修复，明渠、箱涵及河道排口清污分流等方式实现。韦彬滨[25]以广州市龙归污水厂为例，提出在污水厂面临进水浓度低、进水污水量大的问题时，应开展污水管网系统摸查，研究外来水进入管网系统的原因，并提出节点改造方案，基于对污水管网节点的水质水量分析，制定污水系统提质增效的方案，并建议对城市管网及其配套设施建立台账、编入系统图，重点强调了管网节点水质在线监测及外水诊断、排口溯源调查的重要性。管网系统预诊断及成因分析、管网信息化建设是科学制定污水系统提质增效方案和提升管理水平的重要手段。王红涛等[26]针对长江下游某城市的城市特色、区域特点、污水处理系统进行分析与评估，并以问题为导向提出了污水提质增效的综合措施，综合分析了城市水环境、排水体制、污水收集管网、污水处理厂等污水处理现状，提出了"三消除""三整治""三提升"实施方案。"三消除"包括消除城市黑臭水体、消除污水直排口、消除管网空白区；"三整治"包括整治工业企业排水、整治"小散乱"排水、整治阳台和单位庭院排水整治；"三提升"包括城镇污水处理综合能力提升、污水管网质量管控水平提升、管网检测修复和养护管理水平提升。该方案策略为提高污水处理质量、增加污水处理效率、减少水环境污染提供了有效的解决途径，为长江大保护工作提供了科学的治理建议。

### 1.2.3　水污染控制

水污染是指排入水中的污染物数量超过水体纳污能力，致使水体物理、化学及生物环境特性发生不利变化，水生态系统结构和功能受到损害的现象。城市水环境污染源是指水体污染物产生的源头，通常是指向水体排放污染物的有害物质或对水环境产生有害影响的场所、设备和装置。根据污染源相对水体的位置可将其分为外源和内源，外源是指存在于水体外的污染源，按照空间形态又可进一步分为点源和面源；内源则指水体内的污染源，通常包括底泥、水产养殖及水体中水生动植物的排放和释放。水污染控制是对产生污染物的各种污染源头采取工程或非工程措施以减少进入水体污染物的数量，使其不影响水生态系统的健康和稳定。

#### 1.2.3.1　点源污染控制

点源是指污染物产生的地点较为集中，可概化为以"点"的形式将污染物排入水体的污染源。点源的污染效应直接而迅速，与人们的生产生活联系最为紧密，因此在水环境污染治理的初期，点源污染控制对水环境改善的效果是最明显的，而控源截污则是针对点源污染治理最常见的技术手段，也是从根本上改善水质的必要工程[27]。常见的水环境点源主要有城镇生活污水、工业企业污水和规模化畜禽养殖。

（1）城镇生活污水处理。

城镇生活污水点源污染主要是由市政管网建设落后、生活污水及合流制污水直排入河导致。城市建成区是污水直排的重点区域，基于我国城市排水现状，合流制与分流制排水系统将长期并存。对于缺乏完善污水收集系统的水体，通过新建、改造水体沿岸污水收集管道，将污水截流纳入污水处理系统，从源头上削减污染物的直接排放；对于分流制污水管网系统，实施系统建设及集散建设结合的治理措施，对河道周边污水管网进行统一梳理，从整体水系角度考虑实施上下游污水管网建设工程；对于管网难以建设区域，应调整规划，进行分散式就地处理，其处理后的污水作为水体的补水水源；老旧城区多采用截流

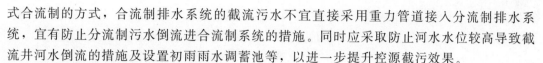

式合流制的方式，合流制排水系统的截流污水不宜直接采用重力管道接入分流制排水系统，宜有防止分流制污水倒流进合流制系统的措施。同时应采取防止河水水位较高导致截流井河水倒流的措施及设置初雨雨水调蓄池等，以进一步提升控源截污效果。

（2）工业企业污水处理。

工业企业污水处理的主要内容是对工业废水排放实行总量控制，从源头降低污染物排放量，实行污染源系统控制，构建健康城市水环境。根据工业废水"谁污染、谁治理"的原则，针对城市内工业企业生产废水提出处理目标，结合工业污染源专项治理与工业废水排放管控对工业污染负荷进行总量削减，同时辅以排污过程监管和排污申报登记及排污许可制度等防污政策保障，确保工业污染防治落到实处。通过绿色化升级改造和产业结构调整，从宏观角度对规划区内产业布局进行优化调整，打造低能耗、低污染、循环发展的绿色产业体系，从根本上解决工业污染物超标排放问题。

（3）规模化畜禽养殖污染治理。

规模化畜禽养殖污染治理应遵循合理保留、合理布局、合理规划的原则。优化养殖空间规划布局，逐步清退禁养区内的养殖场，合理保留限养区内的养殖场。围绕规划布局、饲养管理、疫病防治、制度建设、污染治理等方面加强技术规范和管理要求。大力推动规模化生产基地建设，推广生态养殖技术。通过合理规划养殖场规模，促进畜牧业循环经济体系的形成。

### 1.2.3.2　面源污染控制

面源是指与水体的接触面广、分布相对分散，可概化为以"面"的形式将污染物排入水体的污染源，例如广袤的森林、农田、没有下水道的农村等均可产生面源污染。面源污染自20世纪70年代被提出，是相对于点源污染更难治理的污染源，对水体污染所占比重随着点源污染的治理呈上升趋势。据报道，在点源治理率和污水处理水平很高的美国，面源污染占比达60%，已成为美国水环境污染的第一要素[28]。根据面源产生的区域差异可将水环境面源污染分为城市面源污染和农业农村面源污染两大类。

（1）城市面源污染治理。

城市面源污染是指在降水条件下，雨水和径流冲刷城市地面，使溶解的或未溶解的固体污染物从非特定的地点汇入受纳水体引起的水体污染。美国对面源污染控制提出了最佳管理措施方案，是目前世界上最为系统全面，应用也最为广泛的面源治理方案[16]。我国于20世纪80年代初开始对北京的城市径流污染进行研究，目前仍处于起步阶段。

城市面源污染控制采取源头减负—过程生态拦截—末端消纳净化的全过程控制。控制污染较重的初期雨水径流可有效降低城市面源污染负荷。城市河流周边地区绿地、道路、岸坡等不同源头的降雨径流的控制技术措施主要为城市低影响开发（如海绵城市）技术，包括下凹式绿地透水铺装缓冲带、生态护岸等。城市径流污染过程及终端控制措施主要有路边的植被浅沟、植被截污带、雨水沉淀池、合流制溢流污水的沉淀净化、氧化塘与湿地系统等。实施中可因地制宜，将城市天然洼地、池塘、公园水池等改建为雨水调节池，利用天然水渠和人工湿地建立林草缓冲带。

（2）农业农村面源污染治理。

农业农村面源污染是指农村居民生活、农业生产过程所造成的水体污染，已成为我国流域性水体污染的重要来源[29]，根据第一次全国污染源普查公报结果，农业污染源总磷、总氮排放量分别占我国总氮、总磷排放总量的 67% 和 57%。常见的农业农村面源主要有农村生活污水排放、农业种植面源污染和分散化畜禽养殖污染。

农业农村面源污染分布广、来源多、控制难，针对农业农村面源污染的治理措施不仅要对重点污染进行工程措施控制，还要实施全面的综合管理，改进农业生产方式，规范畜禽养殖模式，从源头上最大化控制农村面源的产生。

农村生活污水治理必须坚持水生态环境保护目标导向，结合区域水环境功能区目标需求，充分利用农村的自然消纳能力，坚持"黑灰分离、资源化利用、就近就地分散处理优先、适度集中处理与纳管处理"的原则，采用集中与分散相结合的处理与资源化利用模式。

农业种植面源污染治理应采取非工程措施和工程措施相结合的方式，其中非工程措施主要包括制度教育和污染物预防措施等，如实施化肥农药减量增效，加强对肥料农药质量和使用数量的监督管理，加强对农业膜使用的监督管理，积极推广病虫害综合防治技术，采用农艺措施和生物多样性防治技术，积极发掘和使用植物性农药和生物农药，大力推广机械物理防治等。工程措施则是通过对流域内农田进行综合整治，优化农业耕作方式，在污染物产生、流失过程中，通过生态田埂、生态沟渠、池塘系统和植物缓冲带、综合草（树）过滤带、控制排水与地下灌溉、湿地净化系统等进行多层次拦截吸收，减少进入河道的污染物数量[30]。

分散化畜禽养殖污染治理应严格落实禁养限养政策，采用生态补偿政策，清退中小型养殖专业户，扶持规范化养殖场的标准化建设，推进畜禽养殖专业化，提高畜禽养殖污染物集中处理率。同时控制农户分散畜禽养殖量，以便于粪尿污染物资源化利用。充分利用农田生态沟渠和村落生态塘湿地等已有的面源污染控制措施体系，对分散畜禽养殖污染负荷进行综合削减。

### 1.2.3.3　内源污染控制

内源污染主要来自常年淤积的底泥，其污染物主要是硫化物、氨氮、有机物和低价金属，未处理的污染底泥将对上覆水体产生持续性污染，且在水力冲击、微生物活动及季节气温变化等条件下将二次释放到水体中，尤其严重的是淤泥中的重金属元素，会通过生物食物链和生物富集作用对人体健康造成严重威胁。

目前，底泥污染治理的方式可归纳为原位修复技术和异位修复技术[31]。底泥异位修复指将底泥疏浚后转运至其他场地再进行处理的方式，可直接大幅度削减底泥对上覆水体污染的贡献率，但易造成对水体原有生态平衡的破坏。按照反应机理的属性分类，底泥原位修复可分为物理修复、化学修复和生物修复三类。物理修复即掩蔽遮盖，将稳定的未污染的材料，如泥沙、土工布或一些人工合成材料，以覆盖一层或多层的方式架设在污染底泥层之上，以隔离开泥水交互界面；化学修复是通过向底泥中投加化学药剂，通过改变污染物的释放性能或直接与化学药剂产生氧化还原、钝化等化学反应，使沉积物中的污染物质得到去除或稳定化；生物修复是利用微生物、水生植物和动物本身的生长增殖等代谢活动，消耗降解水体中的污染物质。

## 1.2.4 水生态修复

水生态修复是利用生态系统原理，按照自然界自身规律对受损水体生态系统的生物群体及结构进行修复，重塑健康水生生态系统，使其实现整体协调、自我维持、自我演替的良性循环[32]。根据修复机理的不同，水生态修复可分为物理修复、化学修复和生物修复三种技术类别。

### 1.2.4.1 物理修复

水生态物理修复是指根据物理学原理，采用一定的工程技术，对退化或破坏了的水生态环境系统进行恢复的过程，可通过改善水动力条件、提高水体自净能力和底泥疏浚等方式实现。目前使用较多的水生态物理修复技术主要有生态清淤、生态补水和曝气增氧。

（1）生态清淤。

生态清淤又称环保清淤，是以清除污染水体内源、减少底泥污染物释放，促进水生态良性循环为目的而进行的生态修复工程措施。相较于一般的清淤工程，生态清淤的清除对象限制在淤泥表面的胶状悬浮质及表层污染底泥，避免对作为水生植物种群基质的下层底泥产生破坏，同时清淤过程中要做好淤泥和尾水的妥善处置[33]。按照清淤时是否将水排干，生态清淤可分为干河清淤和带水清淤。目前国内外常用的生态清淤设备主要包括密闭抓斗式挖泥船、环保绞吸式挖泥船、IMS 全液压驱动挖泥船、IRIS 高浓度工法疏浚船、射流泵清淤船等。疏浚底泥采用机械脱水、化学固化、低压真空预压、复合干化等固化方法进行处置，以实现底泥减量化、无害化和资源化。

从 20 世纪 70 年代开始，部分发达国家和地区致力于生态疏浚技术的研究和设备的研制，最初的生态疏浚主要以去除河流、湖库和港湾中的重金属和一些持久性有机物为目的，普遍采用"绞吸挖泥＋机械脱水"的方式，因此研究较多的是河口、港湾内底泥疏浚对环境的影响[34]。为控制河道、湖库内源污染，日本、美国、荷兰、匈牙利、瑞典等多个国家在污染严重的湖泊内实施局部或大规模的生态清淤工程，对疏浚前后底泥和上覆水的物理、化学性质变化，湖泊水体内污染物的削减效果，底栖动物数量和多样性变化等问题取得了一定的认识。国内对生态清淤的研究主要集中在清淤设备和特殊条件下淤泥减量化处理设备的研发上，1998—1999 年实施的滇池草海污染底泥疏浚及处置一期工程是我国首例大型水域生态疏浚工程。目前，生态清淤技术已应用于南宁南湖、南京玄武湖、西安兴庆湖、安徽巢湖、天津海河、江苏太湖、上海苏州河等多个河湖水环境综合治理项目，伴随这些项目的实施，国内在城市河道底泥疏浚深度对氮磷营养盐释放的影响、湖泊底泥疏浚对浮游动植物群落结构和数量的影响等问题上取得了一系列研究成果[35]，丰富了生态清淤的理论基础和实践经验，将来有望在城市水环境综合治理中进一步推广应用。

（2）生态补水。

生态补水是指通过工程或非工程措施进行水资源合理配置，补给河、湖、湿地等水生态系统的水资源短缺量，以降低水中污染物浓度，加大水环境容量及自净能力，维持或恢复河、湖水生态系统生境的动态平衡。在水量季节性波动明显的河流，通过实施阶段性生态补水可维持水质的稳定；对于缺少其他水源补给、水体相对封闭的城市湖泊，从外部自然生态系统进行水质和水量的补给可增强湖泊水动力条件，提高水体流动性，加大湖泊水环境容量和自净能力。生态补水的流量可以某些目标污染物为对象，通过分析不同引水流量对水质改善的影响，同时结合水资源供需平衡分析和水体的生态需水量来进行综合确定。

20世纪40—60年代，随着水库建设和水资源开发利用程度的提高，美国逐渐意识到人类活动会导致河流水量的减少，进而影响到水生动植物的正常生存，开始制定实施一些关于流量补偿的规定[36]；70—80年代末，全球水库、大坝的密集建设给河流生态系统造成了巨大损害，河流生态需水理论由此得到发展和应用。1982年，美国渔业和野生动物署提出了河道内流量增量法，并以此为依据制定河道内流量的分配方案，开始了生态补水的实践。生态需水量是合理配置水资源，确定生态补水水量的重要依据，从20世纪40年代发展至今，关于生态需水量的理论研究不断深入，计算方法也不断丰富[37]。国内关于河流生态需水的研究始于20世纪70年代，最初主要集中在河流最小流量的确定方法上；90年代，针对黄河断流、水污染加剧问题，水利部提出在水资源配置中要考虑生态补水；2014年，水利部发布的《河湖生态环境需水计算规范》（SL/Z 712—2014）是当前国内实施生态补水调度时确定生态需水量的重要依据。

（3）曝气增氧。

曝气增氧是指采用人工措施向水体中充入空气或氧气，进而提高水体中溶解氧浓度的方法。水中溶解氧会随着物化、生化过程的进行不断被消耗，致使水体自净能力降低，严重时还可能导致水生态系统的破坏，因此人工向水体中补充氧气可加速水体复氧过程，改善水体厌氧状态，恢复和增强水中好氧微生物活力，提升水体自净能力，同时还具有削减底泥内源污染、抑制藻类生长繁殖、消除水体黑臭等功效[38]。曝气设备和充氧方式的确定是影响曝气效果的关键因素[39]，曝气设备主要有鼓风曝气系统和机械曝气系统（叶轮吸气推流式曝气器、水下射流曝气设备、水车、叶轮式增氧机），充氧方式可分为固定式充氧站和移动式充氧平台两种。对于水深较浅、水面较窄、没有航运要求的城市中小河流，适合采用固定在河道中对水体进行充氧的机械曝气形式。

1915年在英国诞生了世界上最早的微孔曝气系统[40]，但主要是应用于污水处理厂的污水处理工艺，促进好氧微生物的好氧过程。20世纪60年代，欧美国家基于活性污泥法研发出了纯氧曝气技术，可更快速地提高水中溶解氧含量，加快污染物的降解速率，有效消除河水的黑臭现象。60年代以后，曝气增氧技术逐渐被应用于河道水环境治理，如澳大利亚的天鹅河和美国的霍姆伍德运河治理中均采用曝气增氧技术对河流水质进行改善，叶轮吸气推流式曝气装置是河道、湖泊中曝气增氧较为常用的充氧设备[27]。之后我国的苏州河、上海张家浜、福州白马支河等黑臭河流的治理均采用了曝气增氧技术，也取得了很显著的治理效果[41-42]。除提升水体自净能力外，Ma等[43]研究发现曝气增氧技术还可有效抑制水体中的有害藻类，改善藻类生态群落结构。特定条件下，联用曝气和化学氧化，可显著提升水质净化效果；在水体中投加微生物促生剂再进行间歇曝气，可大大加强生物促生剂的修复能力，促进"土著"微生物的生长繁殖。

**1.2.4.2 化学修复**

水生态化学修复技术是指通过向污染水体中投加化学药剂，利用化学物质遇水后发生反应或使污染物质发生包括中和、沉淀、氧化还原等化学反应，从而增加水中溶解氧浓度，去除水体和底泥中的污染物，或改变原有污染物的性状，为后续微生物降解提供有利条件的生态修复技术。目前应用较多的化学修复药剂有 $FeCl_3$、铝盐、$CaO$、$CaO_2$、$Ca(NO_3)_2$ 和 $NaNO_3$ 等。

化学修复见效快，但需要向水体中投入大量的化学药剂，且其作用对象主要是水体中的无机物、难降解的有机物以及胶体物质，虽然短期内具有较好的净化水质效果，但无法从根本上改善水生态系统功能，不具有可持续性，因此化学修复常作为一种辅助修复手段搭配其他水生态修复技术使用[44]。

### 1.2.4.3　生物修复

生物修复技术是指利用水体中微生物、植物、动物等生物的生命活动过程来吸收、转化及降解水体污染物，修复受损水生态系统功能的措施。由于其具有环境效益好、建设运行成本低、治理效果好等优点，生物修复技术在国内外受到越来越广泛的关注，成为城市水环境治理中广泛运用的新兴技术。目前常用的生物修复技术有生物膜技术、微生物强化修复技术、沉水植物群落重建、生态浮床、稳定塘、人工湿地、生物操纵等。

（1）生物膜技术。

生物膜技术是通过模拟河流中砂石等材料上附着的生物膜的净化作用，人工填充以砾石、卵石等天然材料或塑料、纤维等合成材料制作的载体，为微生物生长繁殖提供条件，促进生物膜形成的修复措施。生物膜主要是通过接触、吸附和降解三个阶段发挥作用，当水体通过生物膜时，污染物质与膜上微生物接触进而被吸附，经过微生物的分解作用而得以去除[45]。该技术具有效果显著、成本低、安全性强等优势，能有效增强水体中污染物降解速率、优化水环境修复效果。

当前国外利用生物膜净化水体的技术已较为成熟，日本、韩国等发达国家早已将其运用于工程实践，常用于净化河流的生物膜技术主要有以砾石作填料的砾间接触氧化法和人工生态基生物膜技术。近年来，我国由于城市河道污染事故时有发生，将生物膜技术运用于河道水体净化的研究与实践也在快速发展过程中。

（2）微生物强化修复技术。

微生物强化修复技术是指通过提高水体中微生物存活数量和活性，加快水体中污染物降解和转化以修复受损水体的生态修复技术。应用于城市水生态修复的微生物强化修复技术主要有两类形式：一是向污染水体中投加自然界中筛选出的高效菌种或经人工改造后具有特定功能的菌种以提高特定污染物降解的速率，即通常所称的"投菌法"，所使用的微生物菌剂种类有单菌种，如光合细菌、芽孢细菌、硝化细菌、聚磷菌、酵母菌等，也有复合菌种；二是向污染水体中补充能促进微生物生长速率和活性的生物促生剂，一般是微生物必需的营养元素[46]。目前，这两类形式通常组合使用。

研究发现，微生物强化修复技术可显著提高氮、磷等营养物质的去除率，同时在特定的温度、有机物浓度条件下也可提高重金属的去除效率[47]，但对于污染底泥有机物和重金属的修复作用有限，需结合其他修复方法搭配使用。固化微生物技术是指通过物理或化学方法，将游离的微生物固定在一定的空间内，有效提高微生物密度，缩短反应时间，提高污染物去除率的微生物强化修复技术。关于固化微生物技术的研究始于 1959 年，20 世纪 90 年代后，逐渐成为污水处理技术的新热点[48]。但由于其运营成本较高，目前尚难应用于河道和湖泊的水污染修复。

（3）沉水植物群落重建。

沉水植物群落重建是指恢复以沉水植物为主的水生植物群落，重建水生生态系统的修复措施。其原理在于沉水植物的根、茎、叶全部生长在水体的基质中，由于表皮细胞没有角质或蜡质层，能直接吸收水分和溶于水中的氧及其他营养物质，使得它们拥有强大的净化能力；沉水植物的茎叶增加了垂直方向上水生生物的栖息地面积，植物根部可以稳定底质，为攀爬类和营穴类底栖动物提供栖息地，同时也为这类型底栖动物和小型鱼类躲避捕食者提供重要的避难所[49]。因此，沉水植物可通过与浮游植物竞争光照和营养物质来净化富营养化水体并为浮游动物、底栖动物、附生真菌和细菌等提供良好的生长环境，进而维持水生动物和微生物的多样性，对于水体水质的改善有着重要的作用。不同沉水植物优势种群的生长季节交叉演替，在年内形成适宜于高等水生生物生存的环境，可对水质起持续的净化作用。

近年来，国内外学者就沉水植物对富营养化水体的净化作用、净化机制及修复技术开展了大量的研究工作[50-52]。研究表明，重建沉水植物群落能够降低富营养化水体的营养负荷，促进悬浮物沉积，改善水体的化学需氧量和溶解氧，从而抑制浮游植物生长，降低藻类暴发风险，提高水体透明度和水体观感。由于其应用成本较低、效果好、简单易行等特点，沉水植物群落重建技术被广泛应用于富营养化水体的修复实践，目前主要用于生态沟渠、复合生态池、净化塘和城市湖泊等水体修复。

（4）生态浮床。

生态浮床又称生态浮岛、人工浮床等，是基于生态学原理，运用无土栽培技术，综合现代农艺和生态工程措施对污染水体进行生态修复或重建的一种生态技术。生态浮床的水质净化功效在于利用植物根系吸收水中的氮、磷和某些重金属元素等营养物质，使得水体污染物转移，因此生态浮床能有效去除水体污染，抑制浮游藻类生长，适用于富营养化及有机污染严重的水体[53]。在构造上，生态浮床主要分为干式浮床、有框湿式浮床和无框湿式浮床三类，常用的典型有框湿式浮床由浮床框体、浮床床体、浮床基质和浮床植被四部分组成。水生植被的选择以及水体中污染物浓度、温度、pH 值、含盐量、色度、浊度等均对生态浮床的净水效果产生影响。

生态浮床最早被用作鸟类栖息地和鱼类的产卵场所。20 世纪 70 年代末，日本将德国 BESTMAN 公司生产制作的生态浮床用作琵琶湖中鱼类的产卵床[54]。1988 年，美国德裔植物学家 Hoeger[55] 设计出了真正意义上的现代生态浮床，并首次将其作为一项水体生态修复技术，阐述了其在德国湖泊中的应用情况。随后，生态浮床技术在日本、欧美等发达国家得到了大量应用。20 世纪 90 年代，我国首次引进生态浮床技术用于城区污染河道的治理。从 2001 年开始，国内间断有关于生态浮床的研究成果发表，但数量不多，2007 年后，关于生态浮床分类、净水机理、改进技术的研究数量迅速增长，专利数量也迅猛增加，应用生态浮床修复污染水体逐渐成为热点[56]。

（5）稳定塘。

稳定塘是具有天然净化能力的生物处理构筑物的总称，其净水机理与自然水域的自净机理类似，即通过污水微生物代谢作用和包括水生生物在内的多种生物的综合作用，降解水体中的有机污染物，从而净化水质。稳定塘对 $BOD_5$ 的去除率通常较高，对氮、磷的去除效果目前仍有待研究，尚无定论[57]。根据塘内充氧状况和微生物优势种群，稳定塘可分为好氧塘、兼性塘、厌氧塘和曝气塘四种。

世界上第一个有记录的稳定塘修建于美国得克萨斯州的圣安东尼奥市[58]。从 20 世纪 40 年代开始，受全球能源危机的影响，国际上对这一能耗较低、运行稳定的生态修复技术越来越重视，并在实践中大范围推广[59]。目前，全世界已有 40 多个国家和地区在使用稳定塘，而且气候条件相差很大，从赤道到寒冷地带，从北部的瑞典、加拿大到南部的新西兰[60]。我国于 20 世纪 50 年代就开始了稳定塘技术的应用研究[47]，在除污机理、技术工艺、设计参数等方面取得了一定的认识。随着研究和实践的不断深入，在原有稳定塘的基础上，多种新型塘和组合塘工艺逐渐被提出，进一步强化了稳定塘的优势并弥补了原有技术的不足。

（6）人工湿地。

人工湿地是模拟自然湿地生态系统修建的由饱和基质、植被、动物和水体组成的复合体（如塘坝、鱼塘、稻田、水库、水景等），利用湿地土壤疏松多孔、含有大量胶体颗粒的物理性状，通过植物、动物、微生物之间的生化协同作用去除水中污染物，净化水质进而修复水生态环境。人工湿地的一般工艺流程包括预处理、水生植物池和集水排水三大部分。根据污水在湿地床中流动的方式，可将人工湿地分为垂直流人工湿地（单向垂直流人工湿地和复合垂直流人工湿地）、潜流式人工湿地（水平潜流人工湿地和垂直潜流人工湿地）和表面流人工湿地三种类型，不同类型的人工湿地在选择填充基质、水生植物、水力停留时间、水力负荷度等方面的考虑各不相同。

世界上最早用来处理污水的人工湿地可追溯到 1903 年建在英国约克郡 Earby 的湿地系统，它持续运行到 1992 年[61]。在 20 世纪 70 年代，德国学者 Kichuth 提出根区法理论之后，人工湿地生态系统在世界各地逐渐受到重视并被广泛运用。80—90 年代，世界各国对人工湿地净水机理和设计规范等开展了大量的研究，人工湿地作为一项独特的污水处理技术正式进入了环境科学领域，并得到了飞速的发展。国内对人工湿地的研究起步较晚，1987 年天津市环保所建成我国第一个芦苇湿地工程；1990 年 7 月在中国深圳建成的白泥坑人工湿地污水处理系统是我国成功建立的第一个人工湿地污水处理工程[62]。90 年代以来，我国开始将人工湿地模型应用于水生态修复工作。作为一项运营成本低、除污能力强、使用寿命长、能耗低的污水处理方法，人工湿地技术在未来将会得到更加广泛的应用。

（7）生物操纵。

生物操纵是指通过对水生生物群及其栖息地的一系列调节，以增强其中的某些相互作用，促使浮游植物生物量下降，此方法主要用于对湖泊、水库的富营养化治理。按照原理的不同，生物操纵可分为经典生物操纵和非经典生物操纵。经典生物操纵的原理主要是通过调控生物链，增加肉食性鱼类与减少滤食性鱼类，来促进滤食效率高的植食性大型浮游动物生物量的增加，从而提高浮游动物对藻类的摄食效率，降低藻类生物量，提高水体透明度，改善水质；非经典生物操纵则是利用有特殊摄食习性、消化机制且群落结构稳定的滤食性鱼类来直接控制水华。

1975 年，美国明尼苏达大学的 Shapiro 及其同事首先提出了"生物操纵"的概念，即经典生物操纵[63]，此后对这一概念进行了发展和完善。在富营养化水体中，经典生物操纵的核心内容是利用浮游动物控制所有藻类的生长，但是很多研究表明，大型浮游动物的牧食虽然会暂时性导致藻类生物量的下降，但却常常导致超微藻和不能被浮游动物有效牧食的蓝藻水华的急速增加。因此，经典生物操纵理论在应用时面临的困难之一是浮游植物的抵御机制，在应用于湖泊富营养化治理时出现了较多的失败案例。随着我国科学家对水域生态系统恢复和重建问题重视程度的增加，大量有关鱼类与水生态环境之间关系的研究得以开展。2003 年，谢平在《鲢、鳙与藻类水华控制》中详细论述了利用鱼类控制蓝藻的理论基础与实践过程，非经典生物操纵理论得以提出并被证明是控制富营养化湖泊蓝藻水华的有效方法之一[64]。在非经典生物操纵的实践中，鲢、鳙因其人工繁殖存活率高、食谱较宽以及种群容易控制等优点成为最常用的种类。

## 1.2.5　水系布局与防洪排涝体系构建

城市水系是指城市范围内河流、湖库、湿地及其他水体构成脉络相通的水域系统，承担着城市供水、防洪排涝、交通运输、灌溉和水产养殖、绿化造园、调节气候等功能，对城市防洪安全保障、水资源可持续利用、河流健康状况均产生重大影响。城市水系布局是指对城市河网水系的空间关系进行规划与调整，需综合考虑水系自然完整性、城市防洪、水资源条件和配置、水环境保护及城市发展等多方面需求，并结合相应的输水引水、拦蓄、水闸、泵站等工程措施来实现。通过合理布局城市水系，增强水旱灾害防御能力、保障城市水安全是构建城市防洪排涝体系的关键。

水系连通是指在自然和人工形成的江河湖库水体基础上，维系、重塑或新建满足一定功能目标的水流连接通道，以维持相对稳定的流动水体及其联系的物质循环状况[65]。当水系连通性较好时，可通过水量的转移削减洪峰，达到调蓄洪水的目的，同时城市水系也是重要的排涝通道。随着城市化进程的发展，城市土地利用改变了天然的排水方式和排水格局，自然地表逐渐被以水泥、沥青、砖石为主的不透水材料所代替，使得原有的雨水滞留能力锐减，雨水下渗减少，流域径流系数大幅增加。另外，城市河湖水系由于城市化的快速扩张断面被侵占、河道断面缩窄、淤塞增多，水系连通性大幅下降，蓄水能力大大减弱，增加了城市发生暴雨内涝的频率[66]。

目前我国城市防洪排涝体系的建设和更新明显落后于城市化进程，防洪标准偏低、排水管网落后、规划不协调不全面、监测不到位、应急管理不健全等防洪救灾关键问题在推进城市化的进程中没有得到有效实施。且我国现有的城市排水标准普遍偏低，加之城市垃圾、生活杂物容易引起雨水和排水管道堵塞，使得城市排水系统难以适应大量洪水的入侵[67]。2014 年 3 月 14 日，中央财经领导小组第五次会议对我国水安全问题发表了重要讲话，明确提出"节水优先、空间均衡、系统治理、两手发力"的新时期治水思路，制定了国家防洪减灾目标和总体战略，构建了由防洪工程体系和非工程体系相辅相成的综合防洪减灾的体系框架。

### 1.2.5.1　工程调控

基于城市水系布局采取有针对性的工程调控措施是构建安全防洪排涝体系的主要手

段。对于城市地区来说，主要是通过控制洪水、改变洪水特性、提高泄洪能力等方式来达到防洪减灾的目的，具体包括堤防、排水管网、水闸、泵站和上下游控制性水工建筑物修建等工程措施[55]。

堤防是防洪的基础，是城市防洪体系中最重要的环节，可保证城市免遭一定设计标准以下洪水的灾害。河堤约束洪水后，将洪水限制在行洪道内，使得行洪流速增大，有利于泄洪排沙。在进行堤防设计时应根据防洪设计标准，综合考虑堤防建设的作用水头因素、建筑材料及地理环境因素[68]。

排水管网是由汇集和排放污水、废水和雨水的管渠及其附属设施所组成的管网系统，承担了城市排水的最主要任务。在天然地表产汇流条件改变的情况下，通过及时输运排放地表汇流，可将多余的水量转移至附近水系河道中，以降低城市地区的洪水威胁。

水闸、泵站等调控性水工建筑物是城市防洪体系中极为重要的一环，是常见的城市防洪排涝设施，对城市水系的水位控制极为重要。通过在适当的节点位置建设或拆除水闸泵站，可打通城市水系以提高泄洪效率或封堵水流行进通道，保障区域防洪安全。当上游发生洪水时，通过关闭闸门、拦蓄洪水可保障下游地区安全；当下游水位超过安全水位时，可开启闸门，起到泄洪、排涝、冲沙、控制下游水位的作用。泵站可以将城市、河道中超过安全水量的多余水量抽排导入邻近河流、湖泊、洼地（分洪区），或直接排入大海，有效减轻城市地区的洪水威胁。

上下游控制是指针对城市所处流域的中上游地区，采取相关工程措施，控制水土流失，拦截径流和泥沙，并在河道干支流修建控制性的骨干水库工程，拦蓄洪水，削减河道的洪峰洪量，减轻城市地区的洪水压力。

### 1.2.5.2　非工程措施

防洪管理手段是在充分发挥防洪工程作用的前提下，通过法律、政策、管理、教育、经济和现代化技术手段，调整洪水威胁地区的开发利用方式，加强洪水风险管理，以适应洪水的天然特性，保护和转移人群和财产，最大限度地减轻洪灾损失。城市地区由于其特殊性和重要性，防洪排涝非工程措施较为复杂，主要包括立法限制与科学管理、洪水预报预警、洪灾应急响应机制、推行洪水保险等。

根据我国的洪灾特点，政府制定了《中华人民共和国水法》《中华人民共和国防洪法》《中华人民共和国防汛条例》《中华人民共和国河道堤防管理条例》《中华人民共和国水土保持法》等一系列法令和条例，对易发生洪水灾害的地区进行统一防洪区划，在城市地区建立专业化管理体制，由防汛抗旱指挥部统一调度和安排水闸、泵站等防洪工程，科学、有序地进行城市防洪减灾，促使我国城市防洪建设向"人水和谐"的目标迈进。

洪水预报警报是防御洪水和减少洪灾损失的基础工作。将卫星遥感、航空遥感、气象资料、国土数据、地面调查相结合，监测水位、流量、流速、到达时间等洪水特征值，利用收集到的水文气象数据，滚动预测、预报、分析洪水过程和峰量变化，及时对城市洪水高风险地区发出预警，为工程调度和防洪抢险提供有力的支撑。

洪灾应急响应机制是指政府主导推出的针对洪水灾害事件而设立的各种应急响应方案，相关部门根据城市实时的洪水监测情况，研判防汛形势，启动相应等级的洪水应急响应机制，紧急动员部署相关防汛抢险物资，充分调配人力、物力资源，调动一切可利用的社会力量进行抢险救灾，力争将洪灾损失降到最小。

实行洪水保险可以适当减缓城市受洪灾的损失，对洪灾引起的经济损失，采取由社会或集体共同承担、分期付偿的措施，使国家、集体、个人之间合理分担洪灾损失，从而达到安定广大人民生活、稳定社会秩序、减轻国家负担的目的。

### 1.2.6 活水工程构建

"活水工程"是指向污染严重的城市河道中引入水质较好的外源水，达到增强水动力条件和改善水质的目标，是城市水环境治理的重要措施[69]。国内外针对活水工程开展了大量研究与实践。

#### 1.2.6.1 活水工程实践

（1）国外活水工程实践。

日本[70]是国际上最早利用活水工程改善河流水质的国家。日本隅田川是东京的母亲河，全长 23.5km，平均流量 37m³/s。20 世纪 60 年代随着日本战后经济的恢复，大量工业和居民生活污水排入隅田川，水质急剧恶化。1964 年从利根川和荒川引水进入隅田川，改善了隅田川的水质。

随后，利用活水工程修复污水水体环境的方法在美国、俄罗斯、法国等国家相继推广[71]。例如：美国从哥伦比亚河引水进入摩西湖改善其水质，湖泊在经过一段时间的水体置换后，湖水水质得到明显改善[72]；俄罗斯的莫斯科河在采用引清水修复污水水体环境的方法后也取得良好的水质改善效果[73]；法国为了恢复塞纳河—诺曼底河流域的水环境，通过修建运河连通莱茵河来增加流域供水量，改善了水环境，重塑塞纳河悠远、浪漫的意境；新西兰为治理罗托伊蒂湖污染开展了活水工程，通过引奥豪河水、修建挡水墙等一系列措施，把上游污染物直接输送到湖泊下游，改善了湖泊的水环境[74]。

以上实例说明，国际上在进行水生态治理修复过程中，一般都会把活水工程作为一项通用的技术手段并且与其他相应治理措施进行综合运用。

（2）国内活水工程实践。

在我国，最早利用活水工程来改善河湖水质的是上海。20 世纪 80 年代中期的上海，每天有大量污水经不同方式就近排入内河，造成苏州河严重污染，上海市充分利用现有水利工程，加强苏州河沿线雨污河流污水泵站的优化运行管理，在全面治理各类污染源的同时，实施引清调水工程，促进水体的良性循环，改善了苏州河的水质[75]。

随后，国内其他地区陆续开展了利用活水工程改善水质的区域性试验研究和实践。例如：福州从闽江引水进入城区内河消除河道黑臭[76]；太湖流域管理局 2002 年 1 月启动了望虞河引江济太调水试验工程，调水期间，河网水体初步实现了有序流动，望虞河、太浦河等流域主要水体水质得到明显改善[77]；2007 年，太湖蓝藻暴发后，无锡市采取了人工增雨、调水引流、引清释污等手段补充太湖水量来抑制蓝藻的生长，在一定程度上改善了太湖的水质[78]。

#### 1.2.6.2 活水工程构建方法

（1）活水工程规划方案制定方法。

活水工程规划方案制定包含活水路线、活水方式、活水水量等 3 个基本要点。活水路线一般选择线路短、拆迁少、施工交通影响小的引水路线，保证输水路线的通畅，使净水合理分配到各主要河道。活水方式分为间断式活水和连续式活水两类。活水水量就是河湖引水规模，即需要引入多少净水量才能实现河湖水质改善的预期目的[79]。

确定活水水量是活水工程技术中最关键的部分，目前可用的方法如下[80]：

1）实物模型法。在已建成的、可利用的活水工程的地区进行活水实验，以实际调度形成的入河污染物与水质改善所需要的调水流量，得到拟合曲线，以此确定最佳调水流量。此方法需要有已建成的活水工程为前提，此外活水实验分析耗时较长。

2）水质达标稀释法。采用河湖漏失的污水量和水质、补水水质、水质目标计算补水量。

3）槽蓄法。槽蓄法适用于有闸坝控制的河道，根据河槽形状及河底高程等实测资料，测算出每条河道在目标水位下的槽蓄量，考虑蒸发渗漏损失和换水量，得到各河道生态恢复的生态需水量。

4）水文学中的蒙大拿法（Tennant法）。蒙大拿法是一种依赖于河流流量统计的方法，建立在历史流量记录的基础上，根据水文资料以年平均径流量百分数来描述河道内流量状态。蒙大拿法简单易操作，以预先确定的年平均流量百分数作为河流推荐流量，比较适合河流进行最初的目标管理和河流的战略性管理，可作为其他方法的一种检验。采用蒙大拿法计算时，按照最小生态流量不小于多年平均流量的 10％ 的标准计算，考虑下游生态用水及景观用水需要，按多年平均流量的 10％、15％、20％、30％ 的标准计算。一般研究认为，当枯水期河流基流为多年平均流量的 20％ 时，可保护鱼类、野生动物、生态景观处于良好状态，基流量为多年平均流量的 30％ 时，可达到水生生物生长的满意流量。

5）水质模型法。随着专家学者的深入研究，在分析河湖水体稀释容量和自净容量的基础上，探讨河湖污染物稀释扩散和截留净化规律，建立河湖稀释净化需水量的计算模型，从而确定引水水量和流量的方法。

（2）活水工程规划实践。

国内许多专家学者在不同区域研究了活水工程规划方案，例如：张燕[81]研究提出了常州市新北区北部高铁片区活水工程规划方案；费晓磊[82]研究提出了嘉兴市区河网活水工程调度方案以改善水环境；赵强等[83]基于水动力水质模型确定了无为县环城河活水工程引水规模，保障水质改善目标的实现。

## 1.2.7　水景观提升

城市水景观是城市景观的重要组成部分，一般包括城市河道、湖泊等水域本身以及与水域相连的滨水空间，与城市风貌、环境品质和居民的日常生活密切相关。提升城市水景观可营造休闲放松、修养保健的城市空间氛围，对于弘扬城市水文化、涵养城市水资源、维护城市水生态具有重要作用[84]。

滨水空间作为与城市水域相接壤的区域，它的空间范围通常包括水域空间及与之相邻的陆域空间，受自然环境、人类亲水活动的影响较大，兼具自然生态系统与人工生态系统的特点。因此，城市水景观提升应充分考虑与周边区域自然环境因素与人文环境因素的和谐交融，采取自然景观构建与人工景观建设相结合的方式，保持与水体原生自然景观、城市景观规划协调一致。

### 1.2.7.1　自然景观

自然景观的概念源于"回归自然"的发展理念，是指在滨水空间内通过自然式的植物配置方式，营造贴近自然的滨水植物景观。20 世纪 50 年代，欧洲开始对滨水区进行开发改造，并涌现了许多优秀的城市滨水公园建设案例。受国外滨水景观开发的影响，20 世纪 70 年代，我国开始了滨水城市和滨海、滨湖绿地景观的开发。但此时滨水植物应用较少，植物景观设计多有雷同，常照搬国外模式，未凸显地域特色[85]。自 20 世纪 90 年代以来，国内滨水绿地开发成为城市开发的热点，出现了一批规模大、档次高的滨水景观开发项目，如成都市府南河环城公园在全面绿化的基础上，承续蓉城文脉，构建出了以自然绿化风貌为背景的环城二十四景；北京奥林匹克森林公园通过结合场地地形条件，在充分利用现有湖区水系的基础上，设计了两套水循环系统，构建了缓解都市生态压力、提升城市形象的"龙头"水系格局；上海浦东张家浜依托浦东休闲廊文化优势，在滨水区进行原生植被恢复，采用上海地带性植物群落，创造出了集生态与游憩相协调的滨水植物景观。总体来看，我国对滨水区植物景观的研究起步较晚，目前仍处于初步应用的阶段，对滨水植物资源的保护、开发、应用的研究深度仍不够，尚未建立真正实用的滨水植物景观评价体系。

滨水植物景观规划设计主要包括滨水植物应用、滨水植物群落构成、植物配置的方式和艺术、植物与其他景观元素的结合造景、不同类型滨水区植物景观营造及特性、植物景观空间的营造等。由于滨水植物景观具有区域差异和时间差异，因此在景观规划设计中必须遵循科学性、生态性、针对性、安全性、艺术性、文化性和经济性等七大原则，注重适地适树、物种多样性、色相和季相变化、亲水和趣味滨水空间的营造[86]。滨水植物的构景元素有点（花坛、孤植树、树群、自然风景林等）、线（道路两侧、河流两岸及围墙边界等处的带状绿地空间）和面（与其他景观元素所构成的绿化空间）。

### 1.2.7.2　人工景观

城市滨水空间内会发生较多的亲水活动，如步行、观赏、戏水、休憩等，因此为协调好城市、水体与人之间的关系，城市水景观的提升还应注重营造良好的"亲水"场所，以满足人的近水、好水、戏水天性，通过建设各类亲水设施来构建人造滨水景观，在充分展示水的自然生态景观的同时，也为在城市滨水地带活动的人群创造安全、恰当的亲水场所。亲水景观便是基于这一理念打造的与一定的亲水服务功能相对应的人造景观，是城市水景观的重要内容[87]，主要包括亲水护岸、亲水平台、亲水广场、亲水步道、亲水栈桥、亲水踏步、亲水草坪、亲水沙滩等。

亲水护岸是指运用自然绿地和生态材料修筑而成的护岸，一般采用斜坡形或阶梯形，既可提供视觉的美感，也能种植树木。

亲水平台是设置于水体边缘，由陆面延伸至水面，供人们戏水玩耍的平台，可满足人们观景休息类和与水接触类等多种滨水游憩活动。

亲水广场是布置有休闲设施，供人们休闲散步、娱乐、健身、观赏水景用的公共空间，属于面积较大的亲水景观。

亲水步道是连接水域内外环境空间，串联起滨水广场、公园、绿化植物等的通道。

亲水栈桥是一种比亲水步道、亲水广场和亲水平台更加近水的一种亲水景观场所，一般设置在水深较浅的地段。

亲水踏步是滨水区内线形的亲水硬质环境，采用阶梯式踏步一直延伸到水面以下。

亲水草坪是滨水区内软质面状亲水景观，营造良好的公共休闲区。

亲水沙滩是充分利用滨水资源创建的不同于海滨沙滩的独特休闲空间，属于软质面状亲水景观，可容纳大量人流进行各类休闲娱乐活动。

### 1.2.8　智慧水务

美国在 2009 年 5 月提出智能水网的概念，该概念是由美国水创新联盟的私人组织创建的基金会提出的。智能水网在美国的发展主要有以下四个方向：建立水管理系统、基于水资源管理设施和智能电网的优化能源使用方案、水质和水量的联合检测平台、水资源高效管理系统的构建[88]。以色列基于水资源短缺问题，提出许多高科技的创新方法用以解决缺水问题。澳大利亚于 2007 年后提出建设智能水网；荷兰对智能水表标准进行了定制等。

我国智慧水务起步相对较晚，但是目前也取得了较大的进展。国务院 2012 年 7 月发布了《关于大力推进信息化发展和切实保障信息安全的若干意见》（国发〔2012〕23 号），这是首次以国家层面提出了引导和促进智慧城市的健康发展，明确提出水务系统是建设智慧城市的重要环节[89]。目前，我国智慧水务的建设和发展还不完善，尚处于初步发展阶段，国内各城市主要是根据当地水资源的特点和实际需求为出发，侧重解决专项领域问题，对城市水系统治理的统一智慧化管理与规划尚不成熟，如北京市主要侧重解决水资源调度问题，上海市主要出于提供更好的社会化服务，而海南省主要是为了促进河湖水系连通[90]。国内学者根据不同的水问题，提出了智慧城市视角下不同方向的深化应用和研究，包括城市洪涝问题应用[91]、城市排水管网监测点优化布置应用[92]、污水收集系统优化运行应用[93]、污水处理中的设计与应用[94]等。

当前，国内各城市对水安全、水环境、水生态、水资源等一体化智慧化管理还需做进一步的探讨和研究。国内相关学者提出了发挥"互联网＋"的作用，利用智慧水务保障居民用水安全，从根本上解决城市供水、用水和水污染等问题[95]，提出了智慧水务从解决单一目标向解决综合多元目标方向发展的思路。

## 1.3　国内外典型城市水环境综合治理实践

### 1.3.1　上海苏州河水环境综合治理[96]

苏州河是上海市的母亲河，又名吴淞江，全长 125km，在上海市境内 53.1km，其中上海市区段长约 17km，具有泄洪、航运、灌溉、排水等功能，是上海境内仅次于黄浦江的重要河流。20 世纪初，随着上海人口、经济的发展，原本水质清澈的苏州河一度受到工业废水和生活污水的污染，1920 年苏州河部分河段出现黑臭，到 20 世纪 70 年代，上海市境内苏州河已全线黑臭。

　　污染的苏州河严重影响了上海成为现代化国际大都市的形象，为消除黑臭，恢复苏州河昔日清澈的水质，上海市于 1988 年 8 月开始实施合流污水治理一期工程；1993 年年底，合流污水治理一期主体工程建成通水。1998—2011 年，上海市相继实施了苏州河水环境综合整治一期、二期和三期工程，治理措施主要包括以下内容。

　　1）支流污水截流。对那些对苏州河污染贡献较大的支流污染源进行截流，对分流制雨水泵站旱流污水截流，铺设污水干管，控制并收集源头污水；建设泵站将污水输送至排水系统总管集中外排。

　　2）污水处理设施建设。建设石洞口污水处理厂集中处理城市污水，避免污水未经处理直排长江，保护长江水源地；采用干化焚烧污泥处理工艺，达到污泥处置无害化和减量化。

　　3）综合调水工程。苏州河上游水质优于下游水质，利用闸泵控制工程，实施水资源调度，提高苏州河水体置换速度和自净能力，促进水体良性生态循环。

　　4）曝气复氧。采用曝气船对出现黑臭、溶解氧偏低的河段进行充氧作业，提升水体溶解氧，促进水体硝化作用，改善水质和水生态，为鱼类生存创造必要的条件。

　　5）水系连通。对苏州河以北的虹口港水系实施水系连通工程，加速河网水体置换速度，变往复流为单向流，避免受污染的港渠水体随潮汐向苏州河河口往复回荡，减轻苏州河河口处水质污染。

　　6）防汛墙改造。苏州河两岸防汛墙多次加高，且断面结构形式多样，存在严重的自然老化现象。对急、难、险段防汛墙体进行绿化改造，建设相应的市政基础设施与绿地亲水岸线，形成与周围城市环境相协调的风景带。

　　通过一期、二期、三期的治理，苏州河水环境面貌大为改观，河道水质、生态景观、防汛能力都有了显著提升，实现了由"黑臭河"向"景观河"的转变。2018 年 12 月，苏州河水环境综合整治四期工程正式开工建设，旨在进一步提升水质、加强生态修复，建设生态景观廊道、优化航运、防汛、休闲娱乐等综合功能。

## 1.3.2　英国伦敦泰晤士河水环境综合治理[97]

　　泰晤士河是英国的母亲河，全长 346km，流经伦敦市区与沿河的 10 多座城市。19 世纪以来，随着工业革命的兴起，河流两岸人口激增，大量工业废水、生活污水未经处理直排入河，加之沿岸垃圾随意堆放，泰晤士河水体发黑发臭，鱼类种群数量急剧减少，逐渐成为一条"死河"。

　　20 世纪 60 年代开始，英国政府以恢复泰晤士河自然生态为目标着手处理泰晤士河污染问题，主要采取了以下五个方面的措施。

　　1）通过立法严格控制污染物排放。对入河排污做出了严格规定，企业废水必须达标排放，实行企业排污许可制度，定期检查，起诉、处罚违法违规排放等行为。

　　2）启动污水处理厂及配套管网建设。共修建 450 多座污水处理厂，并最终合并为几座大型污水处理厂，其中百克慕污水处理厂是当时欧洲最大的污水处理厂。配套修建地下排污管道，逐步形成完整的污水处理系统，断绝河水污染来源。

　　3）加强流域水资源水环境综合管理。1963 颁布了《水资源法》，成立了河流管理局，

1973 年《水资源法》修订后，全流域 200 多个涉水管理单位合并成泰晤士河水务管理局，形成流域综合管理模式。

4）加大新技术的研究与利用。研发采用活性污泥法处理工艺，并对尾水进行深度处理，显著提升水质改善效果。

5）采用对河流充氧的措施提高暴雨期间河流溶解氧浓度，减轻暴雨对水质的不利影响。

20 世纪 70 年代，泰晤士河水质显著改善，重新出现鱼类并逐年增加；1975 年后，通过产业经济结构调整、污水处理设施技术升级改造等措施进一步巩固治理成果；80 年代后期，泰晤士河重现自然河流生态，无脊椎动物达到 350 多种，鱼类达到 100 多种，包括鲑鱼、鳟鱼、三文鱼等名贵鱼种。目前，泰晤士河水质完全恢复到了工业化前的状态，被认为是世界上流经都市地区水质最好的河流。

### 1.3.3　法国巴黎塞纳河水环境综合治理[98]

塞纳河全长 776.6km，流经巴黎市区段长 12.8km，是孕育巴黎现代文明的重要历史大河。20 世纪 60 年代初，因上游农业过量施用化肥农药、工业企业大量排污、生活污水与垃圾随意排放等原因，塞纳河巴黎市区段水质污染严重，河水极度富营养化，生态系统崩溃，仅有两三种鱼类勉强存活。另外由于下游河床淤积，存在洪水安全隐患，沿岸景观也受到影响。

塞纳河巴黎市区段水环境治理措施主要包括以下内容。

1）截污治理。政府规定污水不得直排入河，要求搬迁废水直排的工厂，大规模新建污水处理设施，污水处理率提高了 30%。

2）完善城市下水道。巴黎下水道总长 2400km，共有 1300 多名维护工人，负责清扫坑道、修理管道、监管污水处理设施等工作，配备了清砂船及卡车、虹吸管、高压水枪等专业设备，并使用地理信息系统等现代技术进行管理维护，每年从污水中回收大量固体垃圾。

3）削减农业污染。一方面从源头加强化肥农药等面源控制，另一方面对 50% 以上的污水处理厂实施脱氮除磷改造，减少因化肥施用产生的入河营养物质。

4）河道蓄水补水。建设大型蓄水湖和水闸、船闸、堤坝对河道水量进行调节，稀释和降解水中污染物，改善河道航运条件。

5）河岸带景观打造。对河堤进行整治，采用石砌河岸，避免冲刷造成泥沙流入；建设二级河堤，高层河堤抵御洪涝，低层河堤改造为景观河道，建设集生态环境、河岸景观、防汛抗灾于一体的滨河景观廊道。

6）加强河道管理。根据水生态环境保护需要，不断修改完善法律制度，严厉查处违法违规现象，多渠道筹集河道管理资金。

经过综合治理，塞纳河水生态状况得到大幅度改善，生物种类显著增加，河水清澈，重返自然风貌。

### 1.3.4　日本东京隅田川水环境综合治理[99]

隅田川是起源于日本东京都北区新岩渊水门的荒川分支，全长 23.5km，流经东京下町中心，是东京的母亲河。第二次世界大战后日本经济高速发展，东京都地区人口集中、工厂密布，污水排放量大且极难迁移扩散，致使隅田川的水质急剧恶化，到 20 世纪 60 年代初期，水中生化需氧量浓度达到 40mg/L 左右，鱼类不见踪影，彻底成为一条臭气熏天的"黑臭河"，延续了 230 年的隅田川烟火大会也被遗憾叫停。

为改善日益严重的隅田川水生态问题，净化河流水质，恢复河流自然生态系统，日本政府和民间采取多种措施对隅田川进行综合治理，主要包括以下内容。

1）加强沿河排污监管。严禁将工业废水和居民生活污水直接排入隅田川，严格控制沿岸工业企业数量并加强监管，从源头削减污染物入河量。

2）提高污水收集率。1960 年，东京污水收集率仅为 10% 左右，对污水管网设施重视程度还不高，存在大量的污水管网空白区。通过完善污水管网和污水处理能力建设，污水收集率于 1980 年达到了 77%，BOD 浓度显著降低，达到了当时的水质标准，下水道的建设也不断完善，在 1988 年普及率达到 90%。

3）结合生态清淤与生态补水。清除河床底泥 400 余万 m³，大幅度削减内源污染；修建"荒川溢洪道"等引水设施，从清洁水源引水，稀释河中污染物，加速其扩散和迁移，促进隅田川水质的提升。

4）开展"自然型河川"建设。从 1985 年开始，当地成立了很多保护隅田川的民间组织，定期开展河流鱼类观察活动，关注河流生态恢复情况。改缓隅田川两岸的混凝土护岸，对下游混凝土防洪墙进行拆除，修建亲水平台，营造适于生物栖息的自然生态景观。

经过多年的治理，隅田川水质在 2000 年后开始明显改善，岸边水生植物恢复生长，鱼类、水鸟重返河流，沿途修建了大量各具特色的桥梁，街灯齐放，风光秀丽，水上渡船往来频繁，岸上游人如织，成为一处人文、生态、景观交融的旅游胜地。

### 1.3.5　韩国首尔清川溪水环境综合治理[100]

清溪川全长 10.84km，自西向东流经首尔市，汇入中浪川后流往汉江。20 世纪 40 年代，随着城市化进程和经济的快速发展，大量的生活污水和工业废水排入河道，后来又实施河床硬化、砌石护坡、裁弯取直等工程，严重破坏了河流自然生态环境，导致河水流量变小、水质变差，生态功能基本丧失。50 年代，政府用水泥板封盖河道，使其长期处于封闭状态，成为暗渠。70 年代，更在河道封盖上建设高架道路，一度被视为"现代化"标志。

21 世纪初，政府下决心开展综合整治和水质恢复，主要采取了以下三方面的措施。

1）暗渠复明。2005 年，总投资 3900 亿韩元（约 3.6 亿美元）的"清溪川复原工程"竣工，拆除了清川溪河道上的高架道路，清除了水泥封盖，清理了河床淤泥，通过种植各类水生植物，打造沿岸景观，征集兴建多种横跨河道的特色桥梁，还原河流自然面貌。

2）全面截污。新建污水处理净化系统，两岸铺设截污管道，将污水送入污水处理厂统一处理，并截流初期雨水。

3）生态补水。旱季从汉江取水，通过泵站注入河道，加上净化处理后的城市地下水，保持清川溪长年不断流，河流水深保持在 40cm 以上。

清川溪治理后除生化需氧量和总氮两项指标外，各项水质指标均达到韩国地表水一级标准，成为首尔市中心重要的生态景观和旅游景点。由于生态环境、人居环境的改善，周边房地产价格飙升，旅游收入激增，带来了巨大的经济效益和社会效益。

## 1.4 本书主旨内容

本书以江苏省江阴市城区水环境综合治理为例，介绍平原河网区水环境综合治理规划的经验，按照"控污为先、引水扩容、水岸同治"的基本思路，提出污水系统提质增效、水污染控制、水生态修复、水安全保障、水系统连通、水景观提升、水管理能力建设七大治理内容。从源头控制、过程提质、末端削减、内源治理、水系连通、生态修复、智慧管理等方面入手，科学制定水环境综合治理的近远期工程与非工程措施，削减入河污染负荷，提升河道水环境容量，修复河道水生态环境。

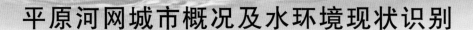

# 第 2 章

# 平原河网城市概况及水环境现状识别

## 2.1 引言

江阴市位于长江三角洲太湖平原北缘，境内水资源发达，河网交织，沟、渠、塘密布，属于典型的平原河网城市，是长江三角洲乃至全国重要的交通枢纽和物流中心，水生态环境地位重要。但由于江阴市经济发展速度较快，产业结构偏重，能耗高、污染排放总量过大，导致江阴市水体水质逐步恶化，水质型缺水成为江阴市可持续发展的软肋。

为全面改善江阴市城区水生态环境治理，按照既定计划实现消黑目标，江阴市于2018 年开展了江阴市城区黑臭水体治理工程。本书通过对工程实施过程中基于"点源、面源、内源""源头、过程、末端"及"厂、网、河、湖"一体化的系统整治思路提出的污染控制、清淤疏浚、生态修复、景观提升等设计方案进行提炼总结，形成统筹考虑"水资源、水安全、水环境、水生态、水景观、水管理"的水环境综合治理规划体系，通过全面诊断城区水系统现状问题，围绕近期消黑、远期水质提升的目标，提出科学系统的水环境综合治理规划方案。

## 2.2 城市概况

### 2.2.1 自然概况

#### 2.2.1.1 地理位置

江阴市位于东经 $119°59'\sim120°34'30''$、北纬 $31°40'34''\sim31°57'36''$，东西长 58.5km，南北宽 31km，总面积 987.5km²，地处长三角沪宁杭城市群中心地带，北枕长江与靖江隔江相望，南近太湖与无锡接壤，东邻张家港、常熟市，距上海市 178km，西邻常州市，距南京市 192km，是江苏沿江城市带与泰锡宜城镇发展轴交汇处，也是苏锡常都市圈向苏中、苏北经济辐射的必经通道。江阴市水域面积 175.8km²，河网水系发达，为典型的平原河网城市，且是长江下游集水路、公路、铁路于一体，江、河、湖、海联运的重要交通枢纽城市。国家一级干线新长铁路取道江阴，连接陇海、浙赣两大铁路动脉。京沪高速、常合高速、锡通高速、沪蓉高速穿越江阴境内。境内的锡澄运河沟通长江、太湖，连接京杭大运河。1992年正式对外开放的江阴港可以直通海外，2010年已成为全国第5个亿吨级内河港口，是带动江阴区域经济发展的重要资源。

#### 2.2.1.2　地形

江阴市境内除几座小山外，均为平原地区。河道纵横，星罗棋布，土壤肥沃，宜于农作物生产，是典型的鱼米之乡。全境地势稍呈东北高、西南低。境内地貌，南北自西横河至长江，东西自君山向西，经夏港、西石桥至璜土石庄为高地，地面高程均在6.0m（吴淞）以上，长江沿江为洼地，是由长江水挟带泥沙沉积并经围垦而成的圩田，古称沙田，属长江三角洲的边缘部分。西南为低洼圩区，属太湖沼泽地区的一部分。全市地貌主要分为长江冲积平原、太湖水网平原及低山丘陵。

#### 2.2.1.3　土壤植被

江阴北部沿江一带为潮土和渗育型水稻土，由长江泥沙冲积沉积母质发育而成，以沙质为主。西南部和东南部为脱潜型水稻土，由湖积母质发育而成，黏性较强。中部为漂洗型水稻土和潴育型水稻土，由黄土状母质发育而成。低山丘陵区为粗骨型黄棕壤和普通型黄棕壤，由砂岩和石英砂岩风化的残积物发育而成。

植物资源主要有四大类：粮油农作物类（水稻、小麦、大麦、油菜等）、蔬菜类（番茄、葱、蒜等上百种）、瓜果类（葡萄、桃子、梨、西瓜等）和林木花卉类（茶叶、竹、杉、松、杜鹃、夹竹桃等）。

#### 2.2.1.4　水文气象

江阴地处北亚热带季风气候区，又邻近长江下游入海口处，属海洋性气候。具有四季分明、季风显著、温和湿润、梅雨集中、降水季节性强、时空分布不均、无霜期长的特点。江阴市年平均气温15.8℃，平均无霜期227天，平均降水量为1098.3mm，年最大降雨量为2217.5mm（2016年），最大日降雨量为260.5mm（2015年6月6日），年最少降雨量为581.8mm（1978年）。梅雨期一般在6月中旬至7月下旬，雨期20天左右，年平均梅雨量为260mm，年最大梅雨量发生在1991年，为810.3mm。多年平均降雪日数为7～8天，多年平均积雪日数为5～7天，最大积雪厚度可达180mm，冻土厚度平均为10～12cm。全年盛行东南偏东风，年平均风速大约为3m/s，年风速变化小，多年平均8级大风日数平约为7天。多年平均有雾日数近30天。

本书高程系统如无特别说明，均采用1985国家高程基准系统高程，1985国家高程基准系统高程＝吴淞高程－1.92m。

### 2.2.2　社会经济概况

#### 2.2.2.1　区划与人口

经过近几年的行政区划调整，全市现辖璜土、周庄、华士、新桥、顾山、长泾、祝塘、徐霞客、青阳、月城10个镇和澄江、南闸、云亭、夏港、申港、利港等6个街道，共计16个镇（街道），197个行政村，57个居民委员会，46个村居合一社区。2018年末，全市常住人口 165.18 万人，户籍人口 125.95 万人，其中典型区内户籍人口 30.4 万人。

#### 2.2.2.2　经济概况

改革开放以来，江阴经济发展的步伐不断加快，特别是乡镇民营经济的腾飞成为江阴社会经济发展的特色和亮点，经济质量、发展速度及居民生活水平在全国处于较为领先的地位，江阴在全国 1‰土地上，以全国 1‰的人口，创造了全国 1/240 的国内生产总值，连续 15 年在全国县城经济基本竞争力排名中蝉联榜首，已全面实现小康。拥有销售超百亿元的企业 20 家、上市公司 47 家、新三板挂牌企业 52 家，入围"中国企业 500 强"的 9 家、"中国民营企业 500 强"的 12 家、"中国制造业企业 500 强"的 16 家，先后荣获全国文明城市、中国工业百强县第一、中国全面小康十大示范县市等百余项荣誉，是中央确定的改革开放 30 年全国 18 个典型地区之一。

#### 2.2.2.3　土地利用

江阴市城区面积合计为 76.95km²，现状土地利用类型以建设用地为主。农用地、建设用地及其他土地面积分别为 12.94km²、61.39km² 及 2.62km²，面积占比分别为 16.82%、79.78% 及 3.41%。其中，河流水面面积为 2.62km²，占比 3.41%。

#### 2.2.2.4　棚户区改造

为改善群众居住条件和人居环境，提高群众生活质量，江阴市根据《江阴市棚户区（危旧房）2015—2017 年改造规划》和《江阴市棚户区（危旧房）2017—2019 年改造规划》实行棚户区改造，截至 2019 年已完成改造 497774.71m²，部分改造 229992.43m²。

## 2.3　水系概况

### 2.3.1　水系演变历史

江阴是一座因水而兴的城市，历史上的江阴城是个水城，其水系纵横交错、风景优美，是一座景色宜人的滨水城市。东城河原为古江阴护城河，江阴筑城开挖，护城河环绕着城池的四周，内城河贯穿于城池的南北东西，内城河连接着护城河，护城河的北端通龙须河、黄田港直达长江，护城河的南端连通运粮河、应天河直达太湖；明初时期，长江潮水自黄田港进入城内，南城门外城中河经护城河折入东转河后向西拐入郑泾河，接古顺塘河继续向西；明万历年间，疏浚郑泾河（古运河），同时在东转河与郑泾河处新开运粮河直通应天河，并与九里河相接通；1956 年，在古运粮河西侧 500m 外新开通江运河，截弯拉直河道向南通南闸至无锡，1970 年应天河向西直通锡澄运河。清末同治年间江阴城区地图如图 2.3.1 所示。

江阴城区通江及区域性连通河道有锡澄运河、白屈港、老夏港河、西横河、东横河、应天河等，这些河道历史悠久，从古至今历经多次疏浚、整治。锡澄运河北起长江，南交于大运河，史载东晋元帝年间（276—322 年）凿通，此后进行了多次疏浚。白屈港为江阴中部地区的主要通江引排河道之一，原为白屈港港口至东横河长约 4.3km 的弯曲小港，自清朝开始，白屈港河不断被疏浚拓宽，清同治十二年（1873 年）、光绪六年（1880 年）、民国 3 年（1914 年）江阴地方政府曾大规模征工浚河。1957 年冬，拓浚老河道，开挖新

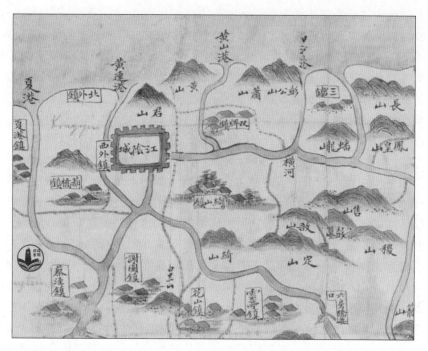

图 2.3.1　清末同治年间江阴城区地图

河道，向南沟通松桥浜，一直延伸至应天河，并在港口建节制闸。1969 年疏浚老夏港河长江口至西横河段，后由于长期未清淤和整治，河道淤积、河坡坍塌严重，1998 年和2010 年又重新对老夏港进行了整治。西横河是澄西地区沟通各通江河道的横向河道，新中国成立前后多次拓浚，在 2011 年进行了进一步河道整治。东横河为江阴城以东的横向河道，古为江阴三大干河之一，宋天禧四年（1020 年）江阴知军崔立动用巨大人力、财力开挖横河 60 里，通运漕。应天河为江阴东部地区的主要引排调节河道，经过多次疏、拓浚，1987 年最后一次拓浚，部分河段截弯取直，河长略有缩短。

江阴城区河道主要有澄塞河、东城河、黄山港、兴澄河、北潮河、运粮河、东转河、工农河、团结河、创新河、芦花沟河、鲥鱼港等。这些河道已先后进行了整治，内容多为河道清淤疏浚、驳岸整治修复。原黄山港河道为农业灌排河道，北起长江边的黄山港口（原称洋牌港口），向西南穿过滨江路黄山岗桥后再向南至东横河，全长 5.17km。过东横河向南经过位于黄山路西侧的长 1.41km 的红卫河连通澄塞河。2001 年年初市政府对黄山港进行了整治，将黄山港河道南北向截弯取直，同时将红卫河西移与黄山港成一条直线，并向南延伸新开与澄塞河接通。澄塞河于 1974 年开挖，东接红卫河，西通东城河，2002 年当黄山港河道整治完成后，该河道并入城区调水工程，作为从黄山港引入的长江水通向城南地区的一条必经通道。创新河始创建于 20 世纪 60 年代，由于河道断面小，通水不畅，为加速该地区排水同时解决黄山湖通往长江的出水通道，2000 年 5 月从黄山小学起沿春申路接通鲥鱼港，开通了创新河。鲥鱼港河古为江阴城内水注入长江的主要河道，早年水面宽阔，舟楫穿行，而后运河改道，部分河段淤塞，北段逐步堵塞，仅存南段狭窄水道，20 世纪 80 年代，建设鲥鱼港路时，北段河道填埋改建成涵管，南段河道保留，作为江阴城内虹桥小区排水河道，河水入东横河。

由于农村罱河泥积肥，江阴镇、村级河道在 20 世纪 80 年代前能较好地维持河道不受淤积。80 年代后，随着乡镇工业的快速发展和农业产业结构调整，罱河泥积肥这一传统生产方式消失，且乡镇生产生活尾水排放污染加剧，镇、村级河道河床淤积日趋严重，引水、排涝、降渍等作用受到严重影响。

伴随城市化进程加快，江阴城区水系治理滞后于城市建设，水系破坏严重，水脉不明，水面面积剧减，断头河、断头沟现象严重。

### 2.3.2　现状水系布局

#### 2.3.2.1　区域水系格局

武澄锡虞区内河网密布，大体可分为入江河道、入湖河道和内部调节河道三类。入江河道主要有白屈港、锡澄运河、新夏港、新沟河、澡港、张家港、十一圩港等；入湖河道有梁溪河、曹王泾、直湖港等；内部调节河道东西向有锡北运河、九里河、伯渎港、应天河等，以及北塘河、三山港和采菱港等内部引排河道。区域内骨干河道除发挥行洪排涝作用外，锡澄片涉及的望虞河属流域"引江济太"清水通道，新沟河属流域引排水通道（排水河道和应急"引江济太"清水通道），走马塘为澄锡虞高片的排水通道，白屈港为锡澄片引江清水通道，而锡澄运河原规划主要为锡澄片排水通道，但随江边定波枢纽的规划建设，亦可发挥引江清水通道作用。无锡地区引江清水通道与调水引流示意图如图 2.3.2 所示。

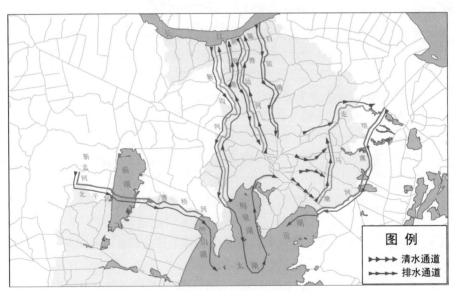

图 2.3.2　无锡地区引江清水通道与调水引流示意图

#### 2.3.2.2　江阴市水系格局

江阴市属于典型的平原河网区，锡澄运河纵贯南北，沟通长江、太湖。境内河网交织，沟、渠、塘密布，主要河道分布均匀，河网密度平均 4.98km/km²。水利条件优越，遇旱可直接引江潮入境，遇涝可排入江内、湖内，同时承受上游常州、无锡客水过境。

江阴市全市水系以白屈港东控线为界，分为两大水系，西部属于太湖流域武澄锡低片水系，东部属于澄锡虞高片水系。南北向通江河道主要承担防洪排涝、引水、航运等功能，在长江口门段均建有节制闸控制；东西向河流主要起到沟通水系，排涝、引水调蓄水量等功能。江阴市周边水系如图 2.3.3 所示。

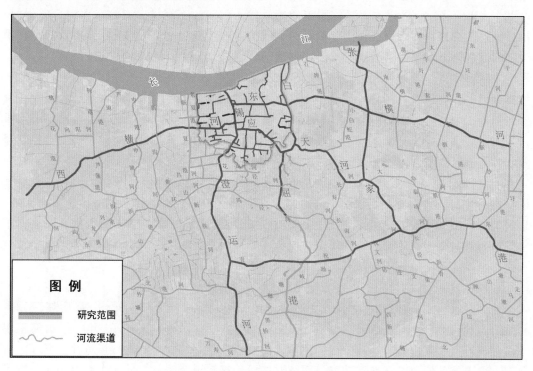

图 2.3.3　江阴市周边水系图

### 2.3.2.3　江阴城区水系格局

江阴城区排水方向为北排长江，南北向河道为主要排涝河道，东西向河道主要起沟通水系的功能。现状骨干河道呈"三横三纵"格局，"三横"为西横河、东横河和应天河，"三纵"为老夏港河、锡澄运河和白屈港。骨干河道之间缺乏有效沟通，畅通性不佳。江阴城区地势总体呈北高南低、东高西低，除人民路以北地势较高，大多在 4.0m 以上，能自流排水外，其他区域地面高程一般在 3.5m 以下。排涝方向主要是经"三纵"北排长江，"三横"及规划北横河起连通作用，其他水系起辅助作用。目前城区主要通过黄山港（8m³/s）进行引水活水，而白屈港（100m³/s）引水时关闭白屈港西侧东横河及应天河的闸站处于关闭状态，水流基本上不进入城区。

江阴地区水势流向比较复杂，南北流向为：一般情况下，青祝河以南入大运河进太湖，以北入长江，在长江低潮和太湖水位较高时，全部北入长江；东西流向为：一般情况下，由西向东，在沿江各闸站引排水或调水引流时，水势流向随流量大小或调水闸站控制无规律变化。

（1）"三纵"河道。

1）老夏港河。老夏港河是江阴以西的一条通江河道，北起长江，南接西横河，总长

3.5km，长江口至镇澄路段 2011 年已经整治，但镇澄路至西横河段尚未整治，淤积严重，影响过水能力。江阴城市西扩，老夏港河即将成为城区河道，规划对老夏港河全线进行河道疏浚并结合夏港集镇段改造与保留的古桥、名人故居，建设亲水设施，营造景观水利。

2）锡澄运河。锡澄运河北起长江，南连太湖，全长 37.4km，其中江阴城区段 8.6km。锡澄运河自古以来就是江阴市的主要骨干河道，东有横向支流东横河、应天河、冯泾河、青祝河等，西接西横河、黄昌河、环山河等，并沟通澄西河流。锡澄运河是江阴中部和澄锡虞地区主要的通江引排河道和通航河道。锡澄运河为五级航道，是沟通苏南、苏北及华东各省市的重要航道。锡澄运河改道至夏港河，经黄昌河接原锡澄运河，航道等级提升为三级，该项目（含新夏港河、黄昌河）由交通部门组织实施。改造后的锡澄运河穿越夏港（原）、南闸、月城、青阳低洼圩区，圩堤达标结合航道开展达标建设，沿河排涝泵站由航道改造一并实施。航道改造后，原城区段河道两侧建设景观建设，并设控制建筑物，形成城区水系的主要调节河道。

3）白屈港。白屈港北起肖山长江口，南至无锡市区北兴塘，全长 44.6km，其中江阴城区段 9.4km。白屈港是江阴中部地区的引排河道和通航河道，工业用水的主要来源，也是太湖流域武锡澄低片引排工程的主要组成部分。近年来全线拓浚工程已完成，河道正常发挥防洪、排涝、调水和航运作用，创造了良好的社会和经济效益。由于受通航船行波和引排水水流冲刷的影响，部分河段两岸坍塌严重、河床淤积明显。

（2）"三横"河道。

1）西横河。西横河东起锡澄运河，西通武进北塘河，全长 26.6km，江阴城区段老夏港以东长 4.5km，是澄西地区沟通各通江河道的重要横向河道。2001 年对新沟河至锡澄运河段进行了疏浚，新沟河以西江阴境内段淤积严重，规划对其进行拓疏并上升为六级航道。由于城区段取消了航道功能，因此对东段进行河道疏浚，在城区水系保护区配以景观设施，形成沿河景观带。

2）东横河。东横河从锡澄运河至张家港市杨舍镇谷渎港，全长 27.2km，其中江阴城区段长 6km，是沟通锡澄运河和白屈港的横向河道，东横河目前不通航。通过定波闸、东横河西节制闸调度锡澄运河、白屈港水走向。

3）应天河。应天河从锡澄运河至张家港河，总长 18.4km，其中江阴城区段 4.9km，河底平均宽 15m，河道平均宽 20～30m，连通锡澄运河、白屈港、张家港三条主要通江河道，是江阴东部地区主要引排调节河道，也是江阴市沟通锡、虞、苏、沪等地的主要航道之一。2009 年已疏浚了张家港河至白屈港段，还需建设白屈港至锡澄运河段 8km。

结合《江阴市防洪规划》《江阴市蓝线规划》，将江阴城区研究区域内 53 条主要河道划分为一级河道、二级河道、三级河道和四级河道。一级河道为具有区域性引排水功能的河道，有锡澄运河和白屈港；二级河道共 6 条，为构成市域河网骨架的主要河道，承担着全市水系的主要的引排、水量调度和航运任务，有老夏港河、黄山港、北横河、西横河、东横河和应天河；三级河道共 34 条，为影响一个排水片范围的河道，是沟通骨干河道的次要河道，包括团结河、普惠中心河、工农河、兴澄河、北潮河、东城河、运粮河、澄塞河、夹沟河、龙泾河、红光引水河、东转河等；四级河道共 11 条，为沟通一个排水片内部水系的河道，仅承担滞涝、生态、景观等功能，包括江锋中心河、老应浜、双人河等。

江阴城区 53 条主要河道及 8 个主要湖泊特征见表 2.3.1 和表 2.3.2，江阴市城区水系如图 2.3.4 所示。

表 2.3.1　　　　　　　　　江阴城区 53 条主要河道特征表

| 编号 | 名　称 | 河道等级 | 河长/km | 河宽/m |
|---|---|---|---|---|
| 1 | 白屈港 | 1 | 7.805 | 60 |
| 2 | 锡澄运河 | 1 | 7.746 | 50～90 |
| 3 | 老夏港河 | 2 | 4.201 | 20～30 |
| 4 | 北横河 | 3 | 1.914 | 6 |
| 5 | 规划北横河 | 2 | 1.364 | 10 |
| 6 | 西横河 | 2 | 4.444 | 30 |
| 7 | 黄山港 | 2 | 6.382 | 12 |
| 8 | 东横河 | 2 | 6.545 | 28 |
| 9 | 应天河 | 2 | 4.975 | 40 |
| 10 | 史家村河 | 3 | 1.020 | 10 |
| 11 | 南新河 | 3 | 1.030 | 10 |
| 12 | 普惠中心河 | 3 | 2.360 | 7 |
| 13 | 芦花沟河 | 3 | 1.320 | 15 |
| 14 | 团结河 | 3 | 3.216 | 10 |
| 15 | 葫桥中心河 | 3 | 0.948 | 10 |
| 16 | 朱家坝河 | 3 | 0.795 | 6 |
| 17 | 迎丰河 | 4 | 1.230 | 6 |
| 18 | 澄塞河 | 3 | 2.777 | 14 |
| 19 | 东城河 | 3 | 1.383 | 12 |
| 20 | 龙泾河 | 3 | 2.413 | 10 |
| 21 | 绮山中心河 | 3 | 0.648 | 8 |
| 22 | 运粮河 | 3 | 0.990 | 23 |
| 23 | 东转河 | 3 | 1.579 | 13 |
| 24 | 工农河 | 3 | 3.577 | 12 |
| 25 | 北潮河 | 3 | 3.006 | 25 |
| 26 | 皮弄中心河 | 3 | 2.240 | 7 |
| 27 | 兴澄河 | 3 | 2.701 | 30 |
| 28 | 夹沟河 | 3 | 2.051 | 17 |
| 29 | 计家湾河 | 3 | 0.549 | 5 |
| 30 | 江锋中心河 | 4 | 0.565 | 5 |
| 31 | 双人河 | 3 | 0.530 | 7 |
| 32 | 青山河 | 3 | 0.451 | 18 |
| 33 | 长沟河 | 3 | 0.361 | 6 |

| 编号 | 名　　称 | 河道等级 | 河长/km | 河宽/m |
|---|---|---|---|---|
| 34 | 红光引水河 | 3 | 0.778 | 8 |
| 35 | 朝阳河 | 4 | 0.511 | 10 |
| 36 | 迎风河 | 4 | 0.485 | 8 |
| 37 | 创新河 | 3 | 1.465 | 8 |
| 38 | 老鲥鱼港 | 3 | 1.175 | 6 |
| 39 | 秦泾河 | 3 | 0.475 | 6 |
| 40 | 双牌河 | 3 | 1.311 | 6 |
| 41 | 黄田港 | 3 | 0.964 | 40 |
| 42 | 东风河 | 4 | 0.349 | 8 |
| 43 | 祁山中心河 | 3 | 0.641 | 7 |
| 44 | 璜大中心河 | 4 | 0.512 | 12 |
| 45 | 采矿河 | 4 | 0.762 | 17 |
| 46 | 红星河 | 3 | 0.819 | 8 |
| 47 | 新丰河 | 4 | 0.577 | 6 |
| 48 | 斜泾河 | 3 | 0.313 | 7 |
| 49 | 老应浜 | 4 | 0.509 | 20 |
| 50 | 新泾河 | 4 | 0.360 | 7 |
| 51 | 火叉浜 | 4 | 0.494 | 7 |
| 52 | 老应天河 | 3 | 0.726 | 21 |
| 53 | 立新中心河 | 3 | 0.385 | 8 |

表 2.3.2　　　　　　　　　　　　江阴城区 8 个主要湖泊特征表

| 编号 | 湖　名 | 面积/m² | 湖容/m³ |
|---|---|---|---|
| 1 | 黄山湖 | 117000 | 351000 |
| 2 | 芙蓉湖 | 44000 | 132000 |
| 3 | 望江公园景观湖 | 36000 | 90000 |
| 4 | 普惠公园景观湖 | 12000 | 30000 |
| 5 | 通富路景观湖 | 7000 | 14000 |
| 6 | 青山路北景观湖 | 22000 | 44000 |
| 7 | 青山路南景观湖 | 33000 | 66000 |
| 8 | 铜厂路景观湖 | 13000 | 32500 |

## 2.3.3　控制单元划分

划分控制单元是有效实施水环境管理的重要途径，能将复杂的水环境问题分解到各控制单元内，做到分区控制、问题导向和精准施策，从而实现研究区域水环境质量改善。针对城市水环境问题，在划分控制单元的过程中，应充分考虑城市水系现状、水资源自然汇

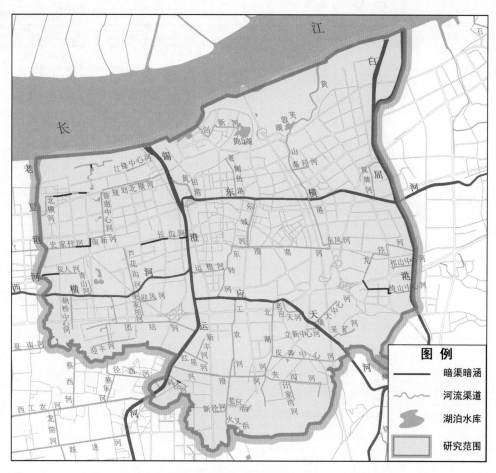

图 2.3.4　江阴市城区水系图

水规律、行政边界划分、城市下垫面分布及地形特征、排水分区及管网分布情况及水体污染特征的有效衔接。

　　基于此，本项目利用 ArcGIS 软件，在叠合城区水系、行政边界、排水管网、地形高程、遥感卫星地图等数据的基础上，结合污染源排放现状，将江阴城区 76.95km² 内河道所对应的 87.67km² 的汇流区范围划分为 48 个控制单元，其分布如图 2.3.5 所示，各控制单元基本信息见表 2.3.3。

表 2.3.3　　　　　　　　　　江阴市城区水系控制单元信息汇总表

| 编号 | 控制单元名称 | 面积/km² | 代表河道 |
|---|---|---|---|
| 1 | 老夏港河控制单元 | 2.5252 | 老夏港河 |
| 2 | 堤外直排控制单元 | 0.9239 | 排江 |
| 3 | 规划北横河Ⅰ区控制单元 | 0.8334 | 规划北横河 |
| 4 | 规划北横河Ⅱ区控制单元 | 2.1089 | 规划北横河 |
| 5 | 江锋中心河控制单元 | 0.2691 | 江锋中心河 |

续表

| 编号 | 控制单元名称 | 面积/km² | 代表河道 |
|---|---|---|---|
| 6 | 北横河控制单元 | 0.5482 | 北横河 |
| 7 | 普惠中心河控制单元 | 1.7945 | 普惠中心河 |
| 8 | 史家村河控制单元 | 0.759 | 史家村河 |
| 9 | 南新河控制单元 | 0.4159 | 南新河 |
| 10 | 双人河控制单元 | 0.6319 | 双人河 |
| 11 | 青山河控制单元 | 0.104 | 青山河 |
| 12 | 芦花沟河控制单元 | 1.0892 | 芦花沟 |
| 13 | 西横河Ⅰ区控制单元 | 0.3932 | 西横河 |
| 14 | 西横河Ⅱ区控制单元 | 1.0669 | 西横河 |
| 15 | 西横河Ⅲ区控制单元 | 1.7762 | 西横河 |
| 16 | 长沟河控制单元 | 0.5 | 长沟河 |
| 17 | 葫桥中心河控制单元 | 1.3653 | 葫桥中心河 |
| 18 | 红光引水河控制单元 | 0.6222 | 红光引水河 |
| 19 | 朱家坝河控制单元 | 0.1595 | 朱家坝河 |
| 20 | 迎风河控制单元 | 0.0854 | 迎风河 |
| 21 | 团结河控制单元 | 2.6751 | 团结河 |
| 22 | 锡澄运河控制单元 | 7.2769 | 锡澄运河 |
| 23 | 创新河控制单元 | 1.0186 | 创新河 |
| 24 | 黄山湖控制单元 | 1.6981 | 黄山湖 |
| 25 | 要塞公园控制单元 | 1.1105 | 排江 |
| 26 | 老鲥鱼港控制单元 | 0.8212 | 老鲥鱼港 |
| 27 | 黄山港控制单元 | 5.6539 | 黄山港 |
| 28 | 秦泾河控制单元 | 0.3836 | 秦泾河 |
| 29 | 东横河Ⅰ区控制单元 | 2.9053 | 东横河 |
| 30 | 东横河Ⅱ区控制单元 | 3.0379 | 东横河 |
| 31 | 东城河控制单元 | 0.8898 | 东城河 |
| 32 | 澄塞河控制单元 | 3.5022 | 澄塞河 |
| 33 | 运粮河控制单元 | 0.6268 | 运粮河 |
| 34 | 东转河控制单元 | 1.0647 | 东转河 |
| 35 | 东风河控制单元 | 0.3298 | 东风河 |
| 36 | 龙泾河控制单元 | 2.3302 | 龙泾河 |
| 37 | 红星河控制单元 | 0.9585 | 红星河 |
| 38 | 北潮河控制单元 | 2.4286 | 北潮河 |

| 编号 | 控制单元名称 | 面积/km² | 代表河道 |
|---|---|---|---|
| 39 | 老应天河控制单元 | 0.1838 | 老应天河 |
| 40 | 应天河控制单元 | 4.7391 | 应天河 |
| 41 | 兴澄河控制单元 | 0.8233 | 兴澄河 |
| 42 | 工农河Ⅰ区控制单元 | 2.2771 | 工农河 |
| 43 | 工农河Ⅱ区控制单元 | 2.406 | 工农河 |
| 44 | 斜泾河控制单元 | 0.4076 | 斜泾河 |
| 45 | 老应浜控制单元 | 0.1618 | 老应浜 |
| 46 | 夹沟河控制单元 | 2.4216 | 夹沟河 |
| 47 | 皮弄中心河控制单元 | 0.9066 | 皮弄中心河 |
| 48 | 白屈港控制单元 | 16.6609 | 白屈港 |
| 合计 | | 87.67 | |

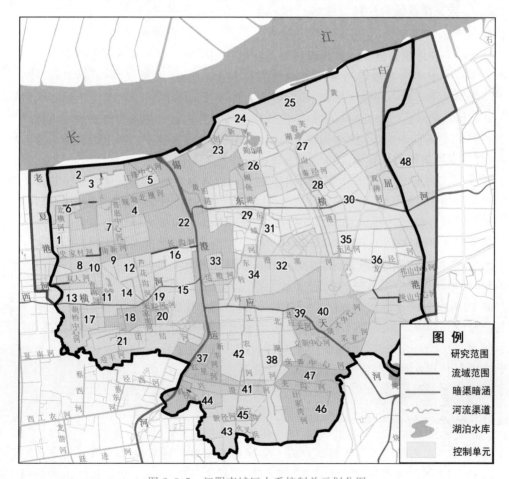

图 2.3.5　江阴市城区水系控制单元划分图

## 2.4　水系统治理情况

### 2.4.1　水污染控制工程

#### 2.4.1.1　城市生活污染源控制工程

江阴市城区 20 世纪 90 年代开始建设污水处理厂及其污水收集系统,乡镇从 2000 年以后开始建设排水管网。近年来,江阴市在水环境治理中投入了大量的人力和物力,对城市水环境的改善起到了重要的作用。根据调查统计,截至 2018 年,江阴城区已建成污水处理厂 5 座(研究范围内 3 座)、污水管道约 77.24km、截污管道约 12.7km、污水泵站13 座,农村生活污水已完成收集的自然村有 11 个,已完成雨污分流小区达 96.9%,规划区域内污水处理规模为 23 万 m³/d。规划区大部分地块已实现雨污分流,但还有部分老城区、片区内的合流制管道没有改造,规划区多数小区内部仍有雨污水错接、混接和管网破损的情况。

#### 2.4.1.2　城市面源污染控制工程

近几年,江阴开始注重海绵城市建设,根据《江阴市海绵城市专项规划(2016—2030)》,江阴城区规划通过海绵城市建设,在各类用地内因地制宜建设透水铺装、下沉式绿地、生物滞留设施、绿色屋顶等低影响开发设施,综合采取“渗、滞、蓄、净、用、排”等措施,最大限度地减少城市开发建设对生态环境的影响,将 70% 以上的降雨就地消纳和利用。到 2020 年,城市建成区 20% 以上的面积达到目标要求;到 2030 年,城市建成区 80% 以上的面积达到目标要求。

#### 2.4.1.3　农田面源污染控制工程

2017 年“263”专项行动开展以来,江阴市先后签发了《江阴市畜禽养殖禁养区和限养区界定规划》(澄政发〔2017〕120 号)、《江阴市农药集中配送体系建设实施建议》(澄政办发〔2018〕37 号)等管理文件,2017 年全市农药使用量下降 14t,2018 年全市农药使用量下降 4.8t。2018 年江阴市完成化肥减量 1286t,化肥用量相比 2015 年下降 9.1%,全市测土配方点位总数达到了 300 个。

#### 2.4.1.4　河道内源治理工程

自 2013 年以来,江阴市政府已多次组织实施城区河道清淤工程,完成了多条河道内源污染整治。其中,2013 年实施北潮河河道清淤工程;2015 年完成龙泾河、芦花沟河、朱家坝河、迎风河等河道的清淤工作;2016 年及 2017 年江阴市分别对长沟河、普惠中心河、南新河、双人河、创新河、老鲥鱼港、东风河及葫桥中心河等黑臭河道进行整治,实施了河道清淤工程。

### 2.4.2　水生态修复工程

2011 年,对创新河(鹅洲路至大桥小学操场覆盖桥涵)段驳岸采用混凝土砖砌筑进行改造;2013 年,将北潮河岸坡整治为生态格宾石笼驳岸;2014 年,江阴市规划局委托江阴市城乡规划设计院编制了《江阴市蓝线规划(2014—2030)》,明确了蓝线控制的范围，制定了河口线和两侧保护线控制标准；2015 年，江阴市环保局组织完成编制《江阴市生态红线区域保护规划》，分别划定了国家级、省级等 5 类 9 处生态红线区域，并提出了分级管控措施；江阴市组织编制《江阴市海绵城市专项规划（2016—2030）》，规划构建"两带秀江山、七泾润碧城、八脉携十园"的自然空间格局，形成"六横十一纵"的水体生态廊道；同年，完成对龙泾河、朱家坝河、迎风河、芦花沟的岸坡整治，打造绿化景观工程；2017 年，对普惠中心河、南新河、葛桥中心河、东风河进行岸坡修复。

### 2.4.3 防洪排涝工程

1991 年全面实施太湖骨干工程以来，武澄锡引排工程完成了武澄锡西控制线、白屈港东控制线上的建筑物建设，区域内部完成了白屈港枢纽及河道、澡港枢纽与河道、新夏港枢纽及河道等骨干工程建设，区域现状防洪能力基本达到 20 年一遇。2006 年，江阴市城区已经进行了一轮防洪除涝规划，重点对城区防洪除涝、水环境、水生态工程进行了梳理。至此，区域经多年持续治理，基本形成了沿长江控制线、沿太湖控制线、武澄锡西控制线防止外洪入侵和区域内部防止高片水入侵低片的白屈港控制线屏障。武澄锡低片区内洪涝水通过澡港、桃花港、利港、新沟河、锡澄运河、白屈港以北排长江为主，城区防洪排涝形势也随之改善。但近十年来，随着城区扩展、常州防洪大包围建成运行、长江与太湖承泄涝水区域的调整，以及规划中的锡澄运河北排工程等的实施，江阴城区防洪除涝的工情水情已经发生变化，城区防洪除涝形势日益严峻。

### 2.4.4 水系连通工程

江阴市区内大小河流成网，呈现了较为明显的江南水乡特点。然而，进入 20 世纪 80 年代后期，随着市区规模扩大，城市人口猛增，工业、生活等污水排量剧增，水环境日趋恶化，尤其是东转河、运粮河等河道，河水黑臭，河边居民反响强烈。为解决该问题，在市政府着手对城区河道进行整治的同时，于 2001 年启动建设黄山港调水工程。该调水工程规划利用黄山港闸站引长江水，入黄山港河道北段，并通过东横河水立交工程，或直接进入东横河，或从河底箱涵穿越东横河到达黄山港河道南段，而后流入澄塞河、东转河、运粮河、应天河等，改善这些河道内的水质，加快这些河道内河水的流速。工程于 2003 年年底前结束，建成后发挥了巨大作用。

2003 年以来，为进一步改善城区河道水质状况，江苏省江阴市政府全面实施长江调水工程，利用周期性的长江潮位落差优势，充分发挥沿江水利工程的功能，形成长江与内河水的交换通道，促使全市主要水体有序流动，提高了内河水的自净能力，较好地改善了内河水质。

2018 年，无锡市开始实施锡澄片骨干河网畅流活水工程，在江阴市城区主要基于白屈港线路和锡澄运河线路，利用已建的白屈港泵站（白屈港抽水站）及规划拟建的锡澄运河泵站（锡澄运河定波枢纽的抽水站）等作为调水泵站自长江向锡澄片引流。其中，白屈港泵站现装机流量为 100m³/s（双向泵站，4 用 1 备），若长时间持续引水至少需考虑 1 台泵轮休备用，因此该站可用于连续引水的流量现状按不大于 80m³/s 计。规划建设的锡澄运河泵站，设计流量为 120m³/s（双向泵站，3 用 1 备）。

### 2.4.5　水景观提升工程

2010 年，江阴市城乡规划设计院编制了《江阴市绿线规划（2010—2030）》，明确了绿线控制的范围；规划"四横三纵、一核五片"的市域绿地结构；明确城市绿地率达到 40%，城市绿化覆盖率 50% 以上的规划目标；制定了河渠水土涵养林带保护线控制标准。

2013 年，江阴市编制了《江阴市绿地系统规划（2013—2030）》，确定了中心城区"两带秀江山、七泾润碧城、八脉携十园"的绿地系统结构，明确了水系景观廊道作为特色景观风貌廊道的控制内容及规划要求。

2016 年，江苏省城镇与乡村规划设计院编制了《江阴市近期建设规划（2016—2020）》，确定了对滨江外滩地区、沿锡澄运河地区的建设引导，明确了加快滨江公园建设、推进锡澄运河两岸景观建设、完成应天河公园建设、整治河道及绿化的规划思路。

2017 年，江阴市城乡规划设计院编制了《环城绿道建设工程（一期）》方案，确定了从大桥公园开始，途经黄山森林公园、滨江公园、运河公园、应天河公园等，全长 30km 的环城绿道（一期）建设方案，至 2018 年年底，30km 环城绿道基本建设完成。

在工程建设方面，江阴市分别于 2011 年完成创新河岸坡整治，2013 年完成北潮河 1.4km 景观长廊建设，2015 年完成芦花沟河北段绿化景观工程建设，2017 年完成葫桥中心河、东风河岸坡修复建设，2019 年基本完成了沿锡澄运河、黄山港、应天河的环城绿道建设。

### 2.4.6　水管理工程

自 2011 年江苏省开展水利现代化试点建设以来，江阴市作为省水利现代化示范市，将水利信息化作为水利现代化的基础支撑和重要标志，着力加强智慧水利建设，率先从全面提升感知能力、全面加强互联互通、提高基础设施能力、实现信息充分共享、大力推进智慧应用 5 个方面进行了水利信息化的探索与实践。目前，已建成以水雨情自动监测与预报预警、小型闸泵站监测与远程控制、河网水资源优化调度、河长制协同办公、水利工程精细化管理、水利视频集中共享及电子政务、水利移动 App 等为主的智慧水利一体化应用门户。

## 2.5　相关规划解读

### 2.5.1　江阴市城市总体规划（2011—2030 年）

（1）城市发展目标。

远期目标是将江阴市建设为人民生活幸福、社会和谐稳定、经济充满活力、城乡协调发展、文化特色鲜明、生态环境优美、民主法制健全的国际化滨江花园城市。

（2）城市性质。

江阴市是长江下游滨江新兴中心城市，历史文化名城。

（3）城市形态。

中心城区规划形成主、副城的"双城"空间布局结构。以规划环城林带为界，以西为主城，以东为副城。主城划分为城中、城南、城东、城西等 4 个分区；副城包括云亭分区、周庄分区、华士分区 3 个分区；环城林带范围为观山、秦望山、花山、绮山、定山、稷山、香山、凤凰山、长山等构成的山体连绵带。

（4）城市特色。

①自然特色，山水福地、江南绿都；②人文特色，霞客故里、魅力古城；③产业特色，高效产业、港城枢纽；④空间特色，南疏北密、双城拥山。

（5）生态建设与环境保护。

有效保护重要生态功能保护区、逐渐提高林木覆盖率，形成各生态空间有机联系的生态系统网络，建设成国家级生态文明城市。构建"两片四带"的生态安全格局结构。"两片"为"低山生态保育片"和"湿地生态保育片"，"四带"为"长江生态保育带""锡澄运河生态保育带""京沪高速公路生态防护带"及"常合高速公路生态防护带"。

（6）中心城区空间景观引导。

中心城区空间景观引导包括环城绿带特色引导、主城特色引导、副城特色引导三大部分。其中，环城绿带特色引导以观山—秦望山—花山—绮山—定山—稷山—香山—凤凰山—长山等为载体，形成具有生态保育、休闲旅游、文化体验等功能的绿色开放空间；主城特色引导构建沿长江、锡澄运河、京沪高速公路绿色休闲廊道为主体的π形特色景观廊道和旧城区、城市外滩、城市客厅等为主体的特色景观片区；副城特色引导构建澄杨路和申张线为主体的十字形特色景观廊道和副城核心片区、华西村等为主体的特色景观片区。

（7）历史文化保护。

市域历史文化资源的保护包括市域山水环境和运河水网的保护、历史文化名村名镇的保护、市域历史建筑的保护等。保护目标为继承和保护江阴市的江防要塞之城、百越舟车之会、吴文化起源之地等历史文化特色；保护历史城区的整体格局和风貌；合理利用文化遗产，使其历史文化内涵和价值得到充分展示。

（8）旅游规划。

将江阴培育成苏锡常地区的生态旅游示范基地和中国最具魅力商务休闲旅游目的地。规划形成"两城、一廊、一片"的旅游空间布局。"两城"指主城和副城旅游与综合服务区；"一廊"指古文化体验旅游走廊；"一片"指南部文化生态休闲旅游片区。

## 2.5.2 江阴市水系规划（2011—2030 年）

（1）规划范围。

规划范围为江阴全市域，总面积为 987.53km$^2$（包括长江水域 56.7km$^2$）。

（2）规划目标。

统筹考虑水安全、水资源、水环境、水生态、水景观要求，完善河湖水网体系，确定水系格局，定位河道功能，制定水系整治方案，完善河道管理措施，保障城市防洪排涝安全，提升城乡水资源承载能力，协调水陆生态系统，营造滨水空间环境，实现河道"安全、水清、流畅、岸绿、景美"的总体目标。

（3）规划任务。

摸清全市水系现状，规划骨干河网总体布局，确定河道功能和等级，制定河道整治方案，确定水循环线路及调度方案，制定河道生态景观建设方案，确定骨干河网的尺寸规模，制定完善河道管理措施。

（4）规划成果。

1）水系总体布局。提出由 13 纵 11 横市级河道及 88 条重要镇级河道组成骨干河道布局，提出河道拓浚、疏浚、连通、开挖、清障等水系治理措施；确定了骨干河网的规模、断面尺寸，即一般情况下，区域性河道河底高程 0～0.5m，河底宽度不小于 10m；市级河道河底高程 0～1.0m，河底宽度不小于 6m；镇级河道河底高程 0～1.5m，河底宽度不小于 5m；制定了澄西区、城区以及东部高片 3 条区域水循环路线；明确了河道控制宽度，即市级及部分河道蓝线控制范围为背水坡堤脚外 5～10m，无堤防河道，以水域、滩地及河口两侧 5～10m 确定控制距离。

2）水系功能分析。由设计暴雨推求了江阴市近、远期规划工况下骨干河道 200 年一遇、100 年一遇和 50 年一遇的设计水位；计算得到全市各圩区 20 年一遇的规划排涝模数和排涝流量；以省政府批复的 29 个水功能区为计算单元，进行纳污能力计算，得到 2020 年、2030 年 COD、$NH_3$-N 的纳污能力，并根据地表水体水质保护目标和管理规定，进一步计算得到全市各水功能区 50％、75％和 90％保证率下污染物限排总量；提出了长江滩地保留区、白屈港生态廊道、南部河网湖荡湿地保护区、月城镇西部水生态保护区、城区水系建设区、应天河（城区段）风光带 6 个重要水生态功能区；构建了“一片四线九带十八点”的水景观、水文化、水旅游体系。

3）水系工程措施。对市级及以上河道、骨干镇级河道进行拓浚工程、清淤工程、护岸工程及景观绿化工程，并对其他镇村河道提出了相应的整治要求；对滨江、东横河、大河港、西横河、应天河、锡澄运河、白屈港、申港河及老夏港河进行景观带建设，同时对南部湿地进行景观片建设。

4）中心城区各街道水系布局。确定澄江街道总河道数为 49 条，结合澄江街道断头浜多、水环境较差、水网结构不完善、河道淤积严重、局部地区易受涝等问题，通过新开河道、截弯取直、拓宽疏浚等措施完善水系布局，规划后水面率为 9.1％（不含长江）。确定南闸街道总河道数为 56 条，结合南闸镇镇区水系不畅、自然河道被挤占、河道淤积严重、存在断头浜、岸坡护砌等水土保持力度小等问题，通过新开河道、清淤疏浚、护岸建设等措施完善水系布局，规划后水面率为 10.4％。确定云亭街道河道总数为 34 条，结合云亭街道部分河网不健全、水质问题突出、水面率减小、河道淤积严重等问题，通过对区域内不合理的水系布局进行优化、整理、沟通，形成分别以白屈港、应天河、半夜浜为“一纵一横一斜”云亭骨干河网水系，规划后水面率为 8.39％。确定城东街道总河道数为 28 条，结合城东街道存在断头浜、镇区水系不畅、河道淤积严重、水质问题突出等问题，通过新开河道、清淤疏浚、护岸及景观建设等措施完善水系布局，规划后水面率为 5.3％（不含长江）。

## 2.5.3　江阴市水资源综合规划（2011—2030 年）

本规划范围为江阴全市域，总面积 987.53km²（包括长江水域 56.7km²）。

（1）总体目标。

到 2030 年建立健全适应江阴市经济社会发展要求、标准较高、应急有序的防洪减灾体系，建成配置优化、量质并重、利用高效的水资源保障体系，河湖通畅、水源安全、环境优美的水环境保护体系，有效支撑江阴市经济社会可持续发展。

（2）分项目标。

1）水资源开发利用。到 2030 年，生活、生产和生态环境用水得到充分保障。全面建成与现代化水平相适应的节水型社会，从根本上改变全市国民经济和社会发展用水外延式增长方式，各项节水指标基本达到国内外先进水平。

2）水资源保护。到 2030 年，江阴市城镇生活污水处理率达到 98%，水污染物排放强度持续下降，主要水（环境）功能区水质明显改善，水（环境）功能区水质达标率提高到 95% 以上，主要污染物入河湖总量控制在水（环境）功能区限排总量的范围之内，水体富营养化状况得到显著改善，全市水环境质量进一步提高，促进江阴市社会和经济的发展。

3）饮用水源地安全。到 2020 年，全面解决江阴市饮用水源地保障问题，保障水源地水质稳定达到 II 类水标准；建立饮用水源地布局与保护方案；完成应急备用水源地的建设。

4）防洪排涝。到 2030 年，在各类规划防洪排涝工程实施的基础上，江阴市防洪标准为市中心城区及沿江地区防洪标准为抵御 200 年一遇的洪水，其他地区防洪标准为抵御 100 年一遇洪水，全面加固长江堤防，防御标准达到 100 年一遇；排涝标准为抵御 20 年一遇 24h 设计暴雨。

5）水系。全面提升河道管理能力和水平，结合乡镇布局规划和社会经济发展的战略目标，逐步改变河网水系面貌，恢复、强化和扩展河道的防洪排涝和水环境、水景观等综合功能，实现河道"水清、河畅、岸绿、景美"的总体目标，既保持江南水乡优美的田园风光，又呈现发达先进的现代文明。

6）水生态、水景观、水文化。以水生态保护和体现江南水乡特色为目标，加大对水自然生态系统的保护力度，将水景观要素有机穿插在城市水系格局中，强调城市、人、河、湖的和谐统一，创建国内一流的、现代化的、同时体现江阴历史文化底蕴的水景观，实现滨水空间景观的生态、旅游、文化功能的统一和可持续发展，促进江阴市景观体系的完善，使整个河网水系生态系统成为江阴生态文明建设的重要组成部分，实现"水优、水活、水清、水美"的城市水网文化，充分展示江阴山水风光、文化底蕴和国际化滨江花园城市风貌。

## 2.5.4　江阴市水环境综合治理总体规划（2017—2030 年）

江阴市水环境综合治理总体规划涵盖了江阴市域 $987km^2$ 范围内 17 个镇（街道）的重要镇级以上河道，确立了水生态、水资源、水安全、水管网、水景观和水文化目标。

（1）水生态。

水清河畅。实现长江 II 类水质，清水河道、水源地周边通江河道、城区整治过的河道 III 类水质，其他骨干河道 IV 类以上水质的水环境目标。

（2）水资源。

优质高效。实施饮用水源地达标建设工程和饮用水水质提升工程，确保饮用水源水量有保障，水质优良。到 2030 年，从根本上改变全市国民经济和社会发展用水外延式增长方式，各项节水指标基本达到国内外先进水平。积极响应国家长江经济带发展战略，充分发挥江阴"江尾海头"的区位优势，构建"江海河"联运水上交通体系。

（3）水安全。

稳固可靠。到 2030 年，江阴市市中心城区及沿江地区防洪标准为抵御 200 年一遇的洪水，其他地区防洪标准为抵御 100 年一遇洪水，排涝标准为抵御 30 年一遇 24h 设计暴雨。

（4）水管网。

系统成网。到 2030 年，城镇污水主管网覆盖率 100％，村庄生活污水治理覆盖率 100％，城市供水管网漏损率低于 8％。

（5）水景观。

岸绿景美。根据江阴城市景观的现状和特点，通过生态水系治理、滨河廊道建设、水利风景区建设和滨水公园建设，构建江阴市水景观体系，形成市民倍感亲近、形式多样的水边景点，充分彰显江阴市特有的水系生态景观文化和滨江花园城市特色。

（6）水文化。

人水和谐。在保护的基础上，应优中选优，打响军事文化、江鲜文化等水文化品牌，全面提升江阴软实力。

## 2.5.5　江阴市城镇污水专项规划（2018—2030 年）

（1）规划范围。

规划范围为江阴市域，总面积 987.53km²，包括全市 2 个经济开发区、3 个街道和 10 个乡镇，分别为高新技术开发区、临港经济开发区、澄江街道、南闸街道、云亭街道以及璜土镇、月城镇、青阳镇、徐霞客镇、华士镇、周庄镇、新桥镇、长泾镇、顾山镇、祝塘镇。

（2）规划内容包括。

1）污水处理设施布局。建立功能完善的、与城市发展相适应的"厂网并举、泥水并重、再生利用"的污水处理设施格局，全面提升设施运行管理水平，充分发挥污水厂效能，保护好水资源，实现可持续发展。

2）排水体制。近期采用截流式合流制进行过渡，远期实行分流制。对于城镇新区、老城镇的改造地区，严格按照雨污分流制设计、建设，工业企业内部管网按雨污分流的要求建设。对于老城区，暂不具备雨污分流条件，但远期有条件进行雨污分流的排水系统，其排水体制确定为分流制，在近期通过截流、调蓄和处理相结合的措施，解决系统雨天溢流污水，远期待改造完成后，溢流污染控制设施可用于城镇初期雨水的污染控制。

3）规划指标。近期（2020 年）实现城区、镇区范围内污水主干管的全覆盖，建成区污水收集次干管、支管持续推进。远期（2030 年）实现城区、镇区范围内污水支管的全覆盖。根据《2016 年江阴统计年鉴》，江阴市污水城区和镇区处理率已经达到 96.5％和 86.89％。近远期规划指标详见表 2.5.1。

## 2.5.6　江阴市蓝线规划（2014—2030 年）

本规划范围为江阴市全市域，总面积 987.5km²，其中划定城市蓝线的区域为城镇规划用地范围，总面积约 536.35km²，其他区域以水系保护为主。

表 2.5.1  近远期规划指标一览表  %

| 规划指标 | 近 期 | | | 远 期 | | |
|---|---|---|---|---|---|---|
| | 2020 年 | | | 2030 年 | | |
| | 城区 | 镇区 | 农村 | 城区 | 镇区 | 农村 |
| 生活污水集中处理率 | 96.5 | 86.89 | 80 | 96.5 | 90 | 85 |
| 工业废水处理率 | 100 | | | 100 | | |
| 再生水利用率 | 25 | | | 30 | | |
| 污泥无害化处置率 | 100 | | | 100 | | |

（1）规划目标。

以建设滨江花园名城为指导，构建完善的水系功能体系，力求人水和谐，合理划定城市地表水体保护和控制的地域界线，使区域河流功能顺畅，主要河道成为景观廊道，加强沿江生态湿地和南部湿地生态保育片的保护，凸显江阴"江、山、水、城"的城市形象，促进城市可持续发展。

（2）保护线控制标准。

1）流域性河道：即长江，其保护线以长江防洪堤背水坡堤脚外 15m 划定。

2）区域性河道：以河口线外两侧各 15m 划定保护界线。涉及防洪圩堤的河段，两侧保护宽度以背水坡堤脚线起算。

3）主要河道：以河口线外两侧各 10m 划定保护界线。涉及防洪圩堤的河段，两侧保护宽度以背水坡堤脚线起算。

4）次要河道：以河口线外两侧各 5m 划定保护界线。涉及防洪圩堤的河段，两侧保护宽度以背水坡堤脚线起算。

5）支河（沟渠）：以河口线外两侧各 5m 划定保护界线。

## 2.5.7 江阴市城区防洪除涝规划（2017 年）

本规划范围北至长江，西至老夏港河，东至白屈港，南与南闸街道、云亭街道等接壤，面积约 76.95km²。

规划目标：建成集工程、管理和保障为一体的现代化防洪除涝减灾体系，提高洪水调控能力和安全保障能力，解除洪涝灾害威胁；建成与生态环境保护相协调的水环境保护体系，改善人居环境，达到水清、岸固、畔绿、景美、畅通，建成高效、统一的水管理体系，保障防洪安全，保护水环境，最终实现人水和谐，促进经济社会可持续发展。

### 2.5.7.1 防洪标准

长江防洪：主江堤、港堤达到 100 年一遇，穿堤建筑物按 100 年一遇设计洪潮水位设计，大中型建筑物按 200～300 年一遇洪潮水位校核。

城区防洪：按 100 年一遇设防（抵御 200 年一遇洪水）。

### 2.5.7.2 排涝标准

排涝标准为 20 年一遇。达到 20 年一遇最大 24h 降雨确保每个时段（以 1h 为一时段）骨干河道水位不超过控制水位。

#### 2.5.7.3　改善水环境标准

通过水系连通及引水调水，调引清洁水源，区域河网水质明显提高，达到河段水域功能要求。

江阴市城区根据规划区骨干河网格局及涝水汇集的范围，以锡澄运河、西横河、东横河、应天河为界分成以下 5 个排水分区。

1）排水 Ⅰ 区：该区位于锡澄运河以西、西横河以北，面积约 14.92km²。滨江路以北、老夏港东侧及西横河北侧地面高程为 5.0～5.5m，其他区域地势较高，地面高程在 6.0m 以上。该区河网密度较低，北横河（规划）、普惠中心河—芦花沟河（计划连通）为该区骨干排水河道。

2）排水 Ⅱ 区：该区位于锡澄运河以西、西横河以南，面积约 6.68km²。该区域地势较低，地面高程大多在 5.0m 以下，涝水难以自流排除，需通过泵站控制内河水位。

3）排水 Ⅲ 区：该区位于锡澄运河以东、东横河以北，面积约 19.17km²。该区地势较高，地面高程在 6.0m 以上，涝水自流排除。该区河网密度较低，黄山港为该区骨干排水河道。

4）排水 Ⅳ 区：该区位于锡澄运河以东、东横河以南、应天河以北，面积约 21.2km²。澄塞河以北地势较高，地面高程大多在 6.0m 以上，其他区域地面高程在 5.0～5.5m。该区新河、东城河、运梁河、澄塞河—龙泾河（计划沟通）为该区骨干排水河道。

5）排水 Ⅴ 区：该区位于锡澄运河以西、应天河以南，面积约 14.98km²。除北潮河两侧地面高程在 5.0m 以上，其他区域地势较低，地面高程大多在 5.0m 以下，涝水难以自流排除，需通过泵站排除涝水。

### 2.5.8　江阴长江生态保护与绿色发展"1＋9"规划（2017—2035 年）

江阴长江生态保护与绿色发展"1＋9"规划确立了生态江阴（建设"山灵水秀、环境友好、节约集约"的生态文明之城）、绿色江阴（建设"创新活力、集约紧凑、协同高效"的绿色发展之城）、魅力江阴（建设"人文活力、特色彰显、幸福和谐"的魅力宜居之城）的总体目标，并确立了包括生态保护、绿色发展和魅力彰显三大系统九个子系统、45 个指标小项。

其中，涉及水生态环境的指标有：到 2022 年化学需氧量排放强度≤0.3kg/万元，氨氮排放强度≤0.025kg/万元，城镇污水集中处理率≥95%，雨水年径流总量空置率≥70%，省级水功能区水质达标比例≥85.7%，水面率≥15.4%，自然湿地保护率≥20.3%，单位 GDP 新鲜水耗≤10m³/万元，工业用水重复利用率≥81.8%，蓝绿空间占比≥42%；到 2035 年化学需氧量排放强度≤0.15kg/万元，氨氮排放强度≤0.02kg/万元，城镇污水集中处理率 100%，雨水年径流总量空置率≥75%，省级水功能区水质达标比例≥95%，水面率≥15.4%，自然湿地保护率≥20.3%，单位 GDP 新鲜水耗≤4m³/万元，工业用水重复利用率≥83%，蓝绿空间占比≥50%。

### 2.5.9　江阴市海绵城市专项规划（2016—2030 年）

规划范围及年限：以 2015 年年底街道建制的空间范围作为本次规划范围。东至江阴市界、云亭街道—周庄镇界线，南至江阴大道—云亭街道，西至临港街道—璜土镇界线，北至长江，总面积约 337.97km$^2$（不含长江水域面积），主要包括澄江、临港、南闸、云亭、城东 5 个街道。

规划基准年为 2015 年，近期规划期限到 2020 年，远期到 2030 年。

1）总体目标：从江阴市长期发展和战略高度出发，将海绵城市建设理念贯穿城市规划、建设与管理的全过程，全面提升江阴市的水生态、水安全、水环境、水资源、水文化水平，推进新老城融合发展，创新海绵城市开发建设模式，建设有现代山水文化名城特色的创新型海绵城市。通过海绵城市建设，综合采取"渗、滞、蓄、净、用、排"等措施，最大限度地减少城市开发建设对生态环境的影响，将 70% 以上的降雨就地消纳和利用。到 2020 年，城市建成区 20% 以上的面积达到目标要求；到 2030 年，城市建成区 80% 以上的面积达到目标要求。

2）分类目标：2016 版《海绵规划》海绵城市建设指标见表 2.5.2。

表 2.5.2　　　　　　　　　2016 版《海绵规划》海绵城市建设指标表

| 类别 | 项 | 指　　标 | 单位 | 近期目标（2020 年） | 远期目标（2030 年） |
|---|---|---|---|---|---|
| 一、水生态 | 1 | 年径流总量控制率 | % | 75 | |
| | 2 | 生态岸线修复 | % | 75 | 85 |
| | 3 | 水面率 | % | 4 | 5 |
| | 4 | 城市热岛效应 | — | 缓解 | 明显缓解 |
| 二、水安全 | 5 | 城市防洪标准 | A | 100 | 200 |
| | 6 | 内涝防治标准 | A | 20 | 30 |
| | 7 | 饮用水安全 | — | Ⅱ类，部分Ⅲ类 | Ⅱ类，部分Ⅲ类 |
| 三、水环境 | 8 | 水功能区水质达标率 | % | 85 | 98 |
| | 9 | 城市面源污染控制（以 SS 计） | % | 50 | 65 |
| 四、水资源 | 10 | 雨水资源利用率 | % | 5 | 10 |
| | 11 | 污水再生利用率 | % | 20 | 30 |
| | 12 | 管网漏损控制 | % | 10 | 8 |
| 五、制度建设 | 13 | 规划建设管控 | — | 出台并实施 | |
| | 14 | 蓝线、绿线划定与保护 | — | 出台并实施 | |
| | 15 | 技术规范与标准建设 | — | 出台并实施 | |
| | 16 | 投融资机制建设 | — | 出台并实施 | |
| | 17 | 绩效考核与奖励机制 | — | 出台并实施 | |
| | 18 | 产业化 | — | 出台并实施 | |
| 六、显示度 | 19 | 连片示范效应 | — | 30% 以上达到要求 | 60% 以上达到要求 |

## 2.5.10　江阴市城市绿地系统规划（2013—2030 年）

规划目标：全面塑造系统稳定、综合功能完善、特色鲜明、具有生态典范性的"滨江山水花园城"。

市域绿地系统将形成"山水双环，一片七泾"的生态空间结构，构筑生态型、多层次、多功能、网络式的生态绿地空间体系。"双环"为环城生态山林带、环市域湿地田园保护带;"一片"指南部田园生态控制片区;"七泾"包括锡澄运河、白屈港河、西横河、应天河、张家港河、新锡澄运河、青祝河 7 条滨水生态绿廊。

中心城区整体布局将形成"两带秀江山、七泾润碧澄、八脉携十园"的绿地系统结构。其中,"两带"为十里沿江风光带、二十里湖山绿廊;"七泾"以"十里运河"为重点,培育锡澄运河、西横河—东横河、应天河、白屈港、新锡澄运河、新沟河、张家港河 7 条特色滨水生态绿廊;"八脉"为穿越中心城区的滨江路、芙蓉大道、江阴大道、世纪大道、长山大道、大桥公园绿带、第二过江通道、海港大道 8 条重要交通景观绿廊;"十园"指兼顾城市中心城区公园绿地布局的均衡及综合性公园合理分布,规划的要塞森林公园、黄山湖公园、蟠龙山公园、锡澄公园、临港新城公园、城南公园、敔山湖公园、副城中心公园、张家港河公园、华西公园 10 处公共游憩服务功能完备的标志性城市综合性公园。

### 2.5.11　无锡市锡澄片骨干河网畅流活水规划(2018 年)

本规划通过宏观分析锡澄片引排格局,提出构建和依托白屈港、锡澄运河、望虞河三条清水通道以及江南运河、走马塘、新沟河三条排水通道的"三进三出"总体布局,如图2.5.1 所示。

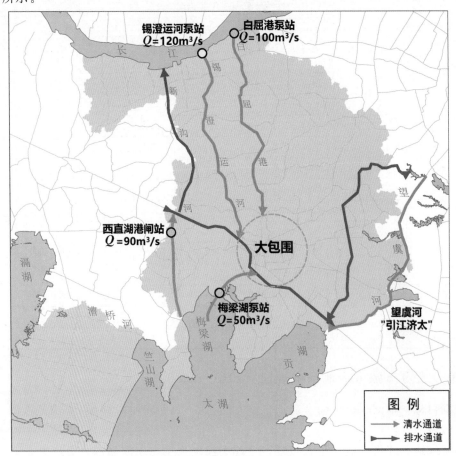

图 2.5.1　《无锡市锡澄片骨干河网畅流活水规划》规划活水布局图

本规划在江阴市城区主要基于白屈港线路和锡澄运河线路，利用已建的白屈港泵站（白屈港抽水站）及规划拟建的锡澄运河泵站（锡澄运河定波枢纽之抽水站）等作为调水泵站，自长江向锡澄片引流。通过抬高局部水位形成水头差，改善河网水动力条件，增加水体流动性，以动治静，达到对锡澄片河网畅流活水和增加水环境容量、适度改善水环境之效。

其中，白屈港泵站现装机流量为 $100m^3/s$（双向泵站，4 用 1 备），若长时间持续引水至少需考虑 1 台泵轮休备用，因此该站可用于连续引水的流量现状按不大于 $80m^3/s$ 计。规划建设锡澄运河泵站，设计流量为 $120m^3/s$（双向泵站，3 用 1 备），预计在 2020 年左右完成。

# 2.6 水资源现状

## 2.6.1 水资源总量

全市多年平均地表水资源量约 4.03 亿 $m^3$，折合径流深为 377.3mm，多年平均地表径流系数为 0.36。全市本地水资源总量是本地地表水资源量与地下水不重复量之和，多年平均为 5.31 亿 $m^3$。全市本地水资源丰枯变化悬殊，水资源量最丰的 1991 年达到了 5.87 亿 $m^3$，而最枯的 1978 年仅 2.81 亿 $m^3$，丰枯相差达 1.09 倍。

全市本地水资源可利用量由地表水资源可利用量与地下水资源可开采量组成，多年平均为 3.0 亿 $m^3$，其中地表水资源可利用量 2.74 亿 $m^3$，为扣除河道内基本生态需水量和不可利用洪水量后剩余的地表径流量，地下水资源可开采量为 0.26 亿 $m^3$。

江阴市过境水量十分丰富，主要为长江水。在三峡工程蓄水前（1950—2002 年）多年平均径流量为 9052 亿 $m^3$；三峡工程蓄水后（2003—2008 年）多年平均径流量为 8148 亿 $m^3$。多年来，江阴沿长江一线兴建了许多引排工程，洪水期向长江排泄洪涝水，枯水期自长江引水。长江水资源对于江阴市的供水发挥了极其重要的作用。江阴市的长江取水量占长江过境水量的比例非常小，对长江水量基本没有不利的影响。

### 2.6.2 水资源开发利用

#### 2.6.2.1 供水量

2017 年全市供水量 31.2575 亿 $m^3$。其中地表水源供水量 31.2479 亿 $m^3$（含长江水源 29.15 亿 $m^3$），地下水源供水量 0.0096 亿 $m^3$。

#### 2.6.2.2 用水量

2017 年全市总用水量（简称考核口径用水量）13.6974 亿 $m^3$。其中农业用水量、工业用水量、生活用水量和城镇环境用水量分别为 2.2420 亿 $m^3$、9.8029 亿 $m^3$、1.4325 亿 $m^3$ 和 0.2200 亿 $m^3$，占比分别为总用水量的 16.4%、71.6%、10.4% 和 1.6%。

#### 2.6.2.3 水资源开发利用程度

2017 年江阴市总用水量 13.70 亿 $m^3$，其中本地地表水供水 2.09 亿 $m^3$，约为供水总量的 15.3%，地下水供水 0.01 万 $m^3$，全市本地水资源可利用量多年平均为 3.0 亿 $m^3$，本地水资源利用率高达 70%，而长江的外河引提水为 11.60 亿 $m^3$，为供水总量的 84.7%，大大弥补了本地地表水资源不足的问题。总体来看，江阴市水量维度承载力较强，处于不超载状态。

#### 2.6.2.4 水质维度承载能力

水质型缺水是江阴可持续发展的软肋，城区水质较差，均不能稳定达到地表水Ⅲ类标准，目前仅建有绮山备用水源工程，水库总库容 348 万 $m^3$，有效调节库容 335 万 $m^3$，仅能满足应急期间每天 40 万 t 的供水量连续 7 天的供水要求。江阴本地水资源量不足，城乡供水 80% 以上来自长江，城乡居民生活用水以长江为唯一水源，水质维度承载能力还比较弱，提升城区水质才是加强水资源承载力的主要途径。

### 2.6.3 饮用水源地现状

江阴市域饮用水以长江为主要水源，水质基本达到《地表水环境质量标准》（GB 3838—2002）中Ⅱ～Ⅲ类标准。境内长江沿线共有 3 个饮用水水源地，4 个取水口，服务 6 座水厂，自来水供水范围覆盖江阴全境、无锡市区全境及常州市区，总供水能力为 226 万 $m^3$/d，其中供应江阴市 116 万 $m^3$/d，供应无锡市区 80 万 $m^3$/d，供应常州市区 30$m^3$/d。目前江阴供水已实现市域范围内全覆盖，各水厂供水系统基本完善。

为保障江阴城市供水安全，现状饮用水水源除长江水外还有两处应急备用水源，当有突发污染物进入长江时，将启动应急水源。一处备用水源是位于长江窑港饮用水水源地保护区内的黄丹地下水，另一处备用水源是位于绮山南麓的绮山湖应急水源，主要为肖山水厂提供应急水源。

## 2.7 排水系统现状

### 2.7.1 现状排水体制

江阴市城区排水体制以分流制为主，保留有少部分合流制，其中雨污分流区面积约 63.07km²，占总面积的 82.0%。合流区面积约 7.51km²，占总面积的 9.8%，城区合流区主要分布在文富路以东、大桥路以西、环城南路以北、致富路/澄江路以南；西园路以南、S338 省道以北、通渡南路以东、锡澄运河以西地块，主要排放入锡澄运河、东横河、澄塞河、东城河、老鲥鱼港河、长沟河、西横河等河流。江阴城区仍存在部分污水管网待建设区域，面积约 6.37km²，占总面积的 8.3%，主要分布于城区西部、西横河南北地块。江阴城区排水体制现状分布详如图 2.7.1 所示。

### 2.7.2 污水系统现状

#### 2.7.2.1 污水分区

根据《江阴市城镇污水专项规划修编（2018—2030 年）》，江阴市分为四大污水片区：城西片区（临港开发区、璜土镇）、城中片区（澄江街道、高新区）、城东南片区（云亭街道、周庄镇、华士镇、新桥镇）、城南片区（顾山镇、长泾镇、祝塘镇、青阳镇、徐霞客

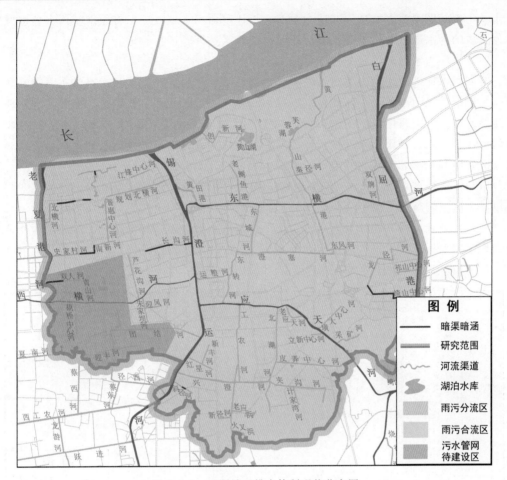

图 2.7.1  江阴城区排水体制现状分布图

镇、月城镇）。本次规划区位于城中片区，城中片区现有 5 座污水处理厂，根据厂站服务范围划分为澄西污水处理厂、南闸污水处理厂、暨阳污水处理厂、滨江污水处理厂及申利污水处理厂服务区。其中随着企事业单位的改迁及结构调整，南闸污水处理厂远期并入澄西污水处理厂，暨阳和申利污水处理厂远期并入滨江污水处理厂。本次规划区域主要位于澄西污水处理厂、滨江污水处理厂的服务范围内。

（1）澄西污水处理厂服务范围（约 74.6km²）。

澄西污水处理厂现状服务范围为：朝阳路—天鹤路—人民路—锡澄高速公路以西的澄江街道辖区；新沟河以东、港城大道以北临港开发区辖区。

（2）滨江污水处理厂服务范围（约 41.6km²）。

滨江污水处理厂现状服务范围为：朝阳路—天鹤路—人民路—锡澄高速公路以东的澄江街道辖区；东横河以北高新开发区辖区。

（3）南闸污水处理厂服务范围（约 10.9km²）。

南闸污水处理厂现状服务范围为南闸街道。根据《江阴市城市总体规划（2011—2030年）》《江阴市"十二五"环境保护与生态建设规划》，近期将完成南闸污水处理厂的整合工作，将现状南闸污水处理厂改造为泵站、扩建澄西污水处理厂，将原南闸污水处理厂服务范围内的污水通过泵站加压提升后排至澄西污水处理厂进行处理。

（4）暨阳污水处理厂服务范围（约 10.6km²）。

暨阳污水处理厂现状服务范围为芙蓉大道以南、花山以北、新长铁路以东、锡澄高速以西。根据《江阴市城市总体规划（2011—2030 年）》的用地性质调整，暨阳污水处理厂用地性质调整为交通用地（沪常宁城际铁路江阴站），现状暨阳污水处理厂服务的工业企业的搬迁、关闭，暨阳污水处理厂将关闭，地块污水将转输至澄西污水处理厂。

（5）申利污水处理厂服务范围（约 10.6km²）。

申利污水处理厂现状服务范围：东横河以南、白屈港以东的高新开发区辖区［含应天河以北片区（云新三村和名豪山庄除外）］，云亭污水处理厂改造为泵站，将辖区内污水泵入申利污水处理厂统一处理，远期待江苏申利实业股份有限公司搬迁后、滨江污水处理厂规划扩建用地拆迁后，将申利污水处理系统纳入滨江污水处理系统。

江阴城区污水系统分区如图 2.7.2 所示。

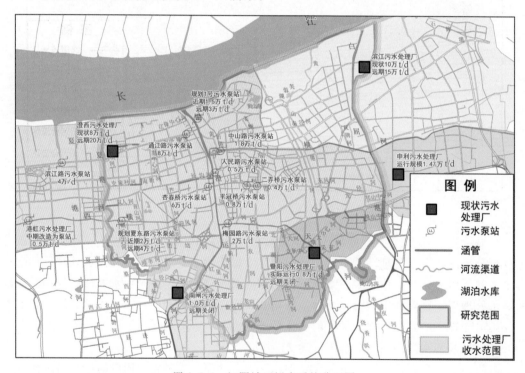

图 2.7.2　江阴城区污水系统分区图

5 座污水处理厂近期总设计规模 23 万 t/d（表 2.7.1）。

### 2.7.2.2　污水处理厂及管网

本次系统规划范围内涉及的现状污水处理厂主要有 3 座，分别为澄西污水处理厂、滨江污水处理厂和暨阳污水处理厂。

（1）澄西污水处理厂。

澄西污水处理厂设计规模为 8.0 万 t/d，实际运行规模为 7.15 万 t/d，工业废水比例

表 2.7.1 江阴市城区污水处理厂一览表

| 编号 | 名　　称 | 现状规模/(万 t/d) | 运行规模/(万 t/d) | 排放水体 |
|---|---|---|---|---|
| 1 | 江阴市暨阳水处理有限公司 | 1.5 | 0.80 | 应天河 |
| 2 | 光大水务（江阴）有限公司澄西污水处理厂 | 8.0 | 7.15 | 老夏港河 |
| 3 | 光大水务（江阴）有限公司滨江污水处理厂 | 10 | 10.09 | 白屈港 |
| 4 | 江阴市清泉水处理有限公司（申利污水处理厂） | 2.5 | 1.47 | 白屈港 |
| 5 | 江阴市南闸综合污水处理有限公司（恒通排水） | 1.0 | 0.72 | 锡澄运河 |
| | 合　　计 | 23 | 20.23 | |

为 17.7％。该片区污水通过江西路、滨江大道、西外环路、文富路等道路现状 $DN400\sim$ $DN1350$ 污水主管收集后进入澄西污水处理厂处理。现地块污水经处理后排入老夏港河。

（2）滨江污水处理厂。

滨江污水处理厂设计规模为 10.0 万 t/d，实际运行规模为 10.09 万 t/d，工业废水比例为 55％。该片区污水通过外环路、砂山路、滨江路、科技大道、蟠龙山路等道路上现状 $DN500\sim DN1500$ 污水主管收集后进入滨江污水处理厂处理。$DN800$ 污水主管收集后进入澄江东路污水泵站，提升后进入滨江污水处理厂处理。地块污水经处理后排入白屈港。

（3）暨阳污水处理厂。

暨阳污水处理厂设计规模为 1.5 万 t/d，实际运行规模为 0.8 万 t/d，现地块污水经处理后排入应天河，远期关停后。

（4）进出水水质。

根据污水处理厂进水水质资料，澄西污水处理厂近 30 个月（2017 年 1 月—2019 年 5 月）COD 指数最高值为 332.0mg/L，BOD 指数最高值为 112.80mg/L，COD 平均值为 171.1mg/L，BOD 平均值为 69.3mg/L。

滨江污水处理厂近 30 个月 COD 指数最高值为 457.0mg/L，BOD 指数最高值为 140.0mg/L，COD 平均值为 225.2mg/L，BOD 平均值为 89.8mg/L。

澄西和滨江污水处理厂的进水 BOD 平均值均低于 100mg/L，进水 COD 值则波动较大，且澄西污水处理厂进水 COD 波动峰值逐渐减小，而滨江污水处理厂进水 COD 波动峰值则逐渐增加。

江阴城区污水处理厂进水浓度变化趋势如图 2.7.3 所示。

根据调查以及环保部门提供的数据，现有污水处理厂尾水均按照一级 A 排放标准执行。

可见，规划区内污水处理厂现状污水进水水质不稳定，COD、BOD 浓度偏低，河水倒灌、管网破裂、地下水入渗等现象普遍，污水处理厂基本满负荷运转，后期需加强管网检测及维修，并且随着城区干支管的外延，加之南闸、申利及暨阳污水处理厂的转输汇入，滨江、澄西污水处理厂须进行扩容建设。

**2.7.2.3 污水泵站**

江阴城区现状建成运行的污水泵站共 10 座，在建污水泵站 1 座（夏东路污水泵站，规模 2 万 t/d，收集西横河、通渡河、夏岗河区域内部分污水送入澄西污水处理厂），建成运行的污水泵站分别是通江路泵站（8 万 t/d）、杏春桥泵站（6 万 t/d）、梅园路泵

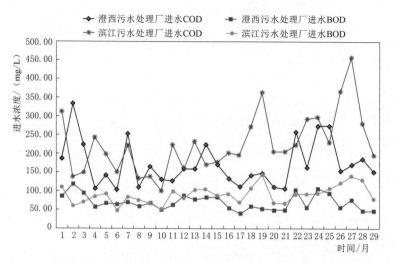

图 2.7.3　江阴城区污水处理厂进水浓度变化趋势图

站（2 万 t/d）、中山路泵站（1.8 万 t/d）、西门泵站（0.5 万 t/d）、平冠桥泵站（0.8 万 t/d）、二弄桥泵站（0.4 万 t/d）、迎阳路泵站（2 万 t/d）、砂山路泵站（2 万 t/d）、澄江东路污水泵站（5 万 t/d）。

　　以锡澄高速公路（京沪高速）为界，城区西部有污水泵站 9 座（供澄西厂），城区东部有污水泵站 3 座（供滨江厂）。城西部分：污水分别经①二弄桥泵站→平冠桥泵站→杏春桥泵站，②梅园路泵站→杏春桥泵站，③西门泵站→杏春桥泵站，④中山路泵站→杏春桥泵站四条线路汇集于杏春桥泵站，后经杏春桥泵站→通江路泵站→澄西污水处理厂线路统一输送至澄西污水处理厂处理，夏东路泵站建成后，可直接将该片区污水经夏东路泵站→澄西污水处理厂线路输送至澄西污水厂处理；城东部分：污水分别经①迎阳路泵站→澄江东路泵站，②砂山路泵站→澄江东路泵站两条线路汇集于澄江东路泵站，后统一输送至滨江污水处理厂进行处理。污水泵站流程如图 2.7.4 所示。

　　江阴市城区污水处理厂、泵站布置情况如图 2.7.2 所示。

### 2.7.2.4　污水管网系统

　　规划区域进入滨江污水处理厂与澄西污水处理厂主干管已形成，部分支管与泵站配套管网未建（砂山路泵站配套管网系统、梅园路污水泵站配套污水管网工程、二弄桥污水泵站配套污水管网工程、杏春桥污水泵站配套污水管网工程等），已建成污水管网 133.6km，待建管网 77.85km。干支管网建成率 63.2%。

### 2.7.3　雨水系统现状

　　江阴市城区排涝方向为北排长江，南北向河道为主要排涝河道，东西向河道主要起沟通水系的功能。除了江堤以外和沿江山体分水岭以北地区雨水直排或机排长江之外，其余地区降雨地面径流主要通过雨水管渠收集后就近排入内河水系水体，通过调蓄和转输，最后汇入长江。城区内部分低洼地，涝水无法自流汇集，通过分设雨水泵站抽排至附近河道。

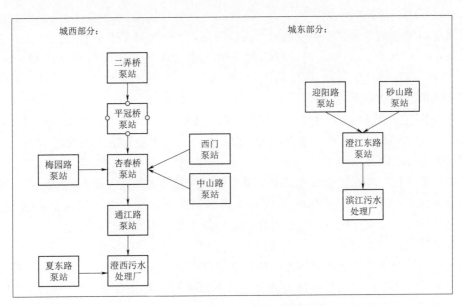

图 2.7.4 江阴城区污水泵站流程图

区内多数市政道路都建设了雨水管道，由于早期建设期间无相应规划指导，主要采取就近排河的思路，在河网密布地区，基本能满足设计标准下的雨水排放要求，但是随着城市的发展水系逐步减少，雨水管收水范围扩大，城市硬化面积增加，雨水系统逐渐不堪重负。对比现行设计标准计算，城区大多数新建的雨水管道都存在设计标准较低的制约。经统计，雨水管道已建成总长是 186.67km，管网覆盖率是 62.4%。

### 2.7.3.1 雨水汇水区

根据水系汇水边界、河堤和雨水管网收集范围可将城区细分为 48 个雨水汇水区。

（1）老夏港河控制单元。

老夏港河控制单元位于城区西侧，老夏港以西、长江路以东、青山路以北片区，汇水面积 2.53km²。主要沿五星路建有 2 排 $d400 \sim d600$ 雨水管，收集周边降雨后排入老夏港；青山路和夏南街建有 2 排 $d600 \sim d1200$ 雨水管，收集周边降雨后排入老夏港。

（2）堤外直排控制单元。

堤外直排控制单元位于城区北侧长江堤外，汇水面积 0.92km²。主要包含澄西船厂，片区地势较高，雨水通过厂区管道排江。

（3）北横河 I 区控制单元。

北横河 I 区控制单元位于城区北侧长江堤内，江峰路北、长江大堤南、老夏港河东、疏港路西包围区域，汇水面积 0.83km²。主要沿江峰路建有 2 排 $d400 \sim d1200$ 现状雨水管，收集周边降雨后排入北横河。

（4）北横河 II 区控制单元。

北横河 II 区控制单元位于 I 区控制单元南侧，衡山路东、通富路北、通江北路西、江峰路南包围区域，汇水面积 2.11km²。主要沿滨江西路建有 2 排 $d400 \sim d1000$ 现状雨水管，文富北路建有 2 排 $d600 \sim d1200$ 现状雨水管，收集周边降雨后排入北横河。

（5）江锋中心河控制单元。

江锋中心河控制单元位于锡澄运河入江口西侧，文富北路东、通渡北路以北、江峰路两侧区域，汇水面积 0.27km²。目前该片区缺少雨水收集系统，雨水就近排入江锋中心河。

（6）北横河控制单元。

北横河控制单元位于老夏港河东侧、衡山路西、滨江西路两侧区域，汇水面积 0.55km²。目前片区内主要建有澄西污水处理厂，片区雨水就近排入北横河。

（7）普惠中心河控制单元。

普惠中心河控制单元位于五星路北、夏东路以东、文富北路以西、衡山路东、滨江西路南包围区域，汇水面积 1.79km²。主要沿通富路、五星路，普惠路建有 2 排 $d400\sim d1350$ 现状雨水管，地势较高，收集周边降雨后排入普惠中心河。

（8）史家村河控制单元。

史家村河控制单元位于老夏港河东侧、五星路南、人民西路北、西环外路以西包围区域，汇水面积 0.76km²。该片区地势低洼，仅在西环外路建有 2 排 $d400\sim d1000$ 现状雨水管，收集周边降雨后排入史家村河。

（9）南新河控制单元。

南新河控制单元位于普惠路西侧、西环外路以东、人民西路北、五星路南包围区域，汇水面积 0.42km²。目前五星路和西环外路建有 2 排 $d400\sim d1350$ 现状雨水管，收集周边降雨后排入南新河。

（10）双人河控制单元。

双人河控制单元位于老夏港河东侧、青山路北、人民西路南、西环外路以西包围区域，汇水面积 0.63km²。该片区现状主要为农田和工厂，缺少雨水收集系统，雨水就近排入双人河。

（11）青山河控制单元。

青山河控制单元位于西横河北侧、青山路南、西环外路以西包围区域，汇水面积 0.10km²。目前主要沿青山路建有 2 排 $d400\sim d1000$ 现状雨水管，收集周边降雨后向西排入夏港河，其余片区雨水就近排入青山河。

（12）芦花沟河控制单元。

芦花沟河控制单元位于人民西路南、南外环路东、文富南路以西区域，汇水面积 1.09km²。目前主要沿普惠路、天庆路、青山路建有 2 排 $d600\sim d1200$ 现状雨水管，分别收集芦花沟河东西两侧降雨后排入河。

（13）西横河 I 区控制单元。

西横河 I 区控制单元位于老夏港与西横河交汇处，汇水面积 0.39km²。目前该片区仅青山路建有 2 排 $d1200\sim d1350$ 现状雨水管，收集青山路周边降雨后向西排入老夏港河。

（14）西横河 II 区控制单元。

西横河 II 区控制单元位于西环外路以东、南外环路西、毗陵西路以北包围区域，汇水面积 1.07km²。目前该片区仅青山路建有 2 排 $d400\sim d1000$ 现状雨水管，收集青山路周边降雨后向西排入芦花沟河，其余片区雨水就近排入西横河。

（15）西横河Ⅲ区控制单元。

西横河Ⅲ区控制单元位于锡澄运河西侧、芙蓉大道北侧、青山路南包围区域，汇水面积 1.78km²。目前主要沿青山路建有 2 排 $d400 \sim d800$ 现状雨水管，通渡南路建有 2 排 $d600 \sim d800$、$d1000 \sim d1200$ 现状雨水管，青园路建有 2 排 $d400$ 现状雨水管，璜塘路建有 $d600$ 现状雨水管，分别收集周边降雨后排入西横河。

（16）长沟河控制单元。

长沟河控制单元位于长沟河与锡澄运河交汇处，青山路以北、文富北路以东区域，汇水面积 0.50km²。现状为合流制，主要沿人民西路建有 $d600 \sim d1200$ 现状合流管，通渡南路建有 2 排 $d1000$ 现状合流管，青山路建有 $d600 \sim d800$ 现状雨水管，分别收集周边降雨后排入长沟河。

（17）葫桥中心河控制单元。

葫桥中心河控制单元位于主城区西侧、西横河以南、西外环路东侧包围区域，汇水面积 1.37km²。该片区位于城市边缘，开发程度较小，雨水就近排入葫桥中心河。

（18）红光引水河控制单元。

红光引水河控制单元位于西横河和团结河之间，西外环路东侧与朱家坝河包围区域，汇水面积 0.62km²。该片区位于城市边缘，开发程度较小，目前该片区仅普惠路建有 2 排 $d600 \sim d800$ 现状雨水管，收集周边降雨后向西排入西横河，其余片区雨水就近排入红光引水河。

（19）朱家坝河控制单元。

朱家坝河控制单元位于西横河和团结河之间，普惠路和南外环路包围区域，汇水面积 0.16km²。该片区位于城市边缘，开发程度较小，目前该片区沿朱家坝河建有 2 排 $d600 \sim d1000$ 现状雨水管，收集周边降雨后排入河，其余片区雨水就近排入朱家坝河。

（20）迎风河控制单元。

迎风河控制单元位于朱家坝河东侧，汇水面积 0.09km²。该片区位于城市边缘，开发程度较小，目前缺少雨水收集系统，雨水就近排入迎风河。

（21）团结河控制单元。

团结河控制单元位于主城区南侧边缘，芙蓉大道以南、锡澄运河以西包围区域，汇水面积 2.68km²。该片区目前主要为农田和工厂，缺少雨水收集系统，雨水就近排入团结河。

（22）锡澄运河控制单元。

锡澄运河控制单元南至芙蓉大道、应天河，西至西外环路、文富路，东至黄山路、东外环路，北至滨江路、长江大堤，汇水面积 7.28km²。该片区主要为截流式合流制，河道周边地块雨水经管道收集后就近排入锡澄运河，并沿河建有黄田街、黄田港、五星、西门、杏春桥等排涝泵站，保障汛期城区排水通畅。

（23）创新河控制单元。

创新河控制单元位于城区北侧长江堤内，滨江中路以北区域，汇水面积 1.02km²。该片区地形较高，建有较为完善的雨水收集系统，沿鲥鱼港路两侧建有 2 排 $d1000 \sim d1800$ 现状雨水管，收集春申路、鲥鱼港路周边降雨后排入创新河，后进入长江，汛期通过鲥鱼港排涝泵站抽排。

（24）黄山湖控制单元。

黄山湖控制单元位于城区北侧长江堤外，临江路以北区域，汇水面积 1.70km²。该片区地形较高，沿临江路有 2 排 $d400 \sim d1000$ 现状雨水管，收集周边降雨后排江。

（25）要塞公园控制单元。

要塞公园控制单元位于要塞森林公园、江阴长江大桥东侧，汇水面积 1.11km²。该片区地形较高，雨水就近排入长江。

（26）老鲥鱼港控制单元。

老鲥鱼港控制单元位于城区中部，北至滨江中路、南至益健路、东至朝阳路、西至虹桥北路，汇水面积 0.82km²。老鲥鱼港以东片区主要为分流制，建有较为完善的雨水收集系统，沿澄康路、澄江西路、文化西路、健康路建有 $d400 \sim d1000$ 现状雨水管，收集周边降雨后排入老鲥鱼港；老鲥鱼港以西片区主要为合流制，沿澄江西路、文化西路、健康路建有 $d600 \sim d800$ 现状合流管，收集周边降雨后向西排入东横河。

（27）黄山港控制单元。

黄山港控制单元位于京沪高速沿线，南至人民东路、西至大桥路、北至长江，汇水面积 5.65km²。该片区总体地势较高，建有较为完善的雨水收集系统，周边雨水排入黄山港，经澄塞河、新河排入锡澄运河。

（28）秦泾河控制单元。

秦泾河控制单元位于黄山港东侧，南至长江路、东至文化中路、北至澄江中路，汇水面积 0.38km²。该片区沿黄山路和秦泾河建有 $d400 \sim d800$ 现状雨水管，收集周边降雨后排入秦泾河。

（29）东横河Ⅰ区控制单元。

东横河Ⅰ区控制单元位于城区中部，锡澄运河和黄山河之间，北至滨江东路、南至东横河、西至锡澄运河、东至大桥路，汇水面积 2.91km²。该片区主要为合流制，沿中山北路、虹桥北路、澄康路、朝阳路、大桥路建有 $d600 \sim d1200$ 现状合流管，收集周边降雨后排入东横河。

（30）东横河Ⅱ区控制单元。

东横河Ⅱ区控制单元位于黄山河和白屈港之间，北至长江路、南至新华路、西至黄山路、东至东外环路，汇水面积 3.04km²。该片区主要为分流制，建有较为完善的雨水收集系统，沿黄山路、迎阳路、砂山路建有 2 排 $d600 \sim d1200$ 现状雨水管，收集周边降雨后排入东横河。

（31）东城河控制单元。

东城河控制单元位于城区中部，东横河与澄塞河之间，西至虹桥南路、东至文定路，汇水面积 0.89km²。该片区为合流制，沿延陵路、阳光路、人民东路、南街、青果路建有 $d400 \sim d1000$ 现状合流管，收集周边降雨后排入东城河。

（32）澄塞河控制单元。

澄塞河控制单元西至花山路、南至南外环路、东至澄杨路、北至新华路，汇水面积 3.5km²。该片区主要为分流制，建有较为完善的雨水收集系统，沿花山路、澄南路、人民东路、绮山路、新华路建有 $d600\sim d1200$ 现状雨水管，收集周边降雨后排入澄塞河，另外大桥南路和花鸟市场建有排涝泵站，抽排片区雨水入澄塞河。

（33）运粮河控制单元。

运粮河控制单元位于城区中心、锡澄运河东侧，北至环城南路、西至环城西路、南至毗陵路、东至剪金街，汇水面积 $0.63km^2$。该片区建有较为完善的雨水收集系统，沿连洋路、通运路、五运路、梅园大街、中山南路建有 2 排 $d400\sim d1200$ 现状雨水管，收集周边降雨后排入运粮河。

（34）东转河控制单元。

东转河控制单元位于运粮河东侧，北至迎宾路、西至剪金街、南至应天河、东至花山路，汇水面积 $1.06km^2$。东转河以西片区建有较为完善的雨水收集系统，沿长庆路、五运路、新燕路建有 2 排 $d400\sim d1200$ 现状雨水管，收集周边降雨后排入东转河；东转河以东片区开发程度低，雨水收集系统缺乏，雨水就近排入东转河。

（35）东风河控制单元。

东风河控制单元位于北至新华路、西至黄山路、南至人民东路、东至澄张路，汇水面积 $0.33km^2$。该片区面积较小，周边新华路、黄山路、澄张路已建有 2 排 $d400\sim d600$ 现状雨水管，收集周边降雨后排入东风河。

（36）龙泾河控制单元。

龙泾河控制单元位于北至新华路、西至澄张路、南至芙蓉大道、东至新园路，汇水面积 $2.33km^2$。人民北路以北片区建有较为完善的雨水收集系统，沿名贤路、贯庄路、东外环路建有 2 排 $d400\sim d1200$ 现状雨水管，收集周边降雨后排入龙泾河；人民北路以南片区开发程度低，雨水收集系统缺乏，雨水就近排入龙泾河。

（37）红星河控制单元。

红星河控制单元位于城区南部，锡澄运河东侧，北至芙蓉大道、东至梅园大街、南至兴澄河，汇水面积 $0.96km^2$。该片区靠近城市边缘，开发程度较小，为建设雨水收集系统，雨水就近排入红星河。

（38）北潮河控制单元。

北潮河控制单元位于城区南部，应天河与兴澄河之间，西至花山路、东至大桥南路，汇水面积 $2.43km^2$。大桥南路以北片区建有较为完善的雨水收集系统，沿立新路、花山路、北潮路建有 2 排 $d400\sim d1200$ 现状雨水管，收集周边降雨后排入北潮河；大桥南路以南片区开发程度低，雨水收集系统缺乏，雨水就近排入北潮河。

（39）老应天河控制单元。

老应天河控制单元位于城区西南部，北至南外环路、东至澄杨路、南至花东路，汇水面积 $0.18km^2$。该片区及主要包含丽岛华都小区，小区内部建有完善的雨水收集系统。

（40）应天河控制单元。

应天河控制单元位于应天河南侧，西至埠路桥路、南至立新路，汇水面积 $4.74km^2$。大桥南路以西片区建有较为完善的雨水收集系统，沿花山路、澄南路、埠路桥路、绮山路、华侨路建有 2 排 $d600\sim d1200$ 现状雨水管，收集周边降雨后排入应天河，应天河北岸建有城南排涝泵站，南岸建有姚家渡排涝站；大桥南路以东片区开发程度低，缺乏雨水收集系统，雨水就近排入应天河。

（41）兴澄河控制单元。

兴澄河控制单元位于城区南部，西至锡澄运河、南至斜泾路、东至花山路、北至大桥南路，汇水面积 0.82km²。该片区靠近城市边缘，片区内主要为工业厂房，雨水就近排入兴澄河。

（42）工农河Ⅰ区控制单元。

工农河Ⅰ区控制单元于城区南部，应天河与兴澄河之间，西至梅园大街、东至花山路，汇水面积 2.28km²。该片区开发城区较低，仅沿虹桥南路、立新路、花北路、世新路、花山路建有 2 排 $d800 \sim d1200$ 现状雨水管，收集周边降雨后排入工农河，其他片区雨水就近排入河。

（43）工农河Ⅱ区控制单元。

工农河Ⅱ区控制单元于城区南部边缘，汇水面积 2.41km²。片区内主要为工业厂房和农田，缺乏雨水收集系统，雨水就近排入工农河。

（44）斜泾河控制单元。

斜泾河控制单元于城区南部边缘，锡澄运河和兴澄河交汇处，汇水面积 0.41km²。片区内主要为工业厂房和绿地，缺乏雨水收集系统，雨水就近排入河。

（45）老应浜控制单元。

老应浜控制单元于城区南部边缘，新长铁路以西，汇水面积 0.16km²。片区内主要为工业厂房和农田，缺乏雨水收集系统，雨水就近入河。

（46）夹沟河控制单元。

夹沟河控制单元于城区南部边缘，新长铁路以东、锡澄高速以西区域，汇水面积 2.42km²。片区内主要为工业厂房和山地，雨水自然排放为主。

（47）皮弄中心河控制单元。

皮弄中心河控制单元于城区南部边缘，大桥南路以东、花东路以西区域，汇水面积 0.91km²。片区内主要为工业厂房和绿地，雨水自然排放为主。

（48）白屈港控制单元。

白屈港控制单元于城区东侧，北至长江大堤、长山，东至主城区边界，南至定山、绮山，西至黄山路、东外环路，汇水面积 16.66km²。该区域靠近城区边缘，雨水收集系统建设滞后，雨水以自然排放为主。

### 2.7.3.2　雨水泵站现状

因汛期水位较高，市区内地势较低处渍水需经泵站抽排，经过多年的城市建设，城区已形成抽排及自排结合的城市排水体系。在常水位时，城区雨水可自流排出。汛期河道水位高时，城区雨水泵站启动。目前城区已建成雨水泵站 12 座，总规模 17.36m³/s，详见表 2.7.2。

### 2.7.3.3　历史积涝点

城区内局部地区因地形地势、排水设施不足等各种原因造成积水点，总计共 18 处，主要分布在锡澄运河、东横河周边，其分布如图 2.7.5 所示。

表 2.7.2                                     江阴市城区现状雨水泵站汇总表

| 编号 | 泵站名称 | 泵站地址 | 规　模 |
|------|----------|----------|--------|
| 1 | 秦泾泵站 | 秦泾桥西南 | 500ZQB-100 潜水轴流泵 2 台，功率为 55kW，流量 1.29m³/s，500ZQB-70 潜水轴流泵 2 台（2017 年新增） |
| 2 | 杏春桥泵站 | 杏春桥东桥堍 | 1500ZQB-100 潜水轴流泵 3 台，功率 55kW，流量 1.9m³/s |
| 3 | 滨江路泵站 | 滨江路立交南 | WQ400-10-22 潜水排污泵 2 台，功率为 22kW，AS75-ZCB 潜水排污泵 1 台，功率为 7.5kW，流量 0.53m³/s |
| 4 | 新华路泵站 | 新华路与澄张公路交叉口 | 潜水排污泵 2 台，功率为 37kW，潜水排污泵 1 台，功率 55kW，流量 1.2m³/s |
| 5 | 澄南泵站 | 埠路桥路东侧，应天河北侧 | 潜水轴流泵 3 台，功率为 135kW，潜水轴流泵 2 台，功率为 95kW，流量 7.5m³/s |
| 6 | 五星排涝泵站 | 滨江路五星桥堍 | 潜水轴流泵 2 台，功率为 55kW，流量 1.1m³/s |
| 7 | 东外环立交泵站 | 东外环芙蓉大道北侧 | 潜水轴流泵 3 台，功率为 37kW，流量 1.21m³/s |
| 8 | 华侨路泵站 | 华侨路，花山路西侧 | 潜水排污泵 3 台，功率为 11kW，流量 0.3m³/s |
| 9 | 虹桥路（红卫公变） | 虹桥路与塘前路交叉口高架下方 | 潜水排污泵 3 台，功率为 22kW，流量 0.47m³/s，1 闸门＋3 阀门 |
| 10 | 虹桥路（园庵公变南 01 号杆旁） | 虹桥路与塘前路交叉口高架下方 | 潜水排污泵 2 台，功率为 11kW，流量 0.6m³/s，1 闸门＋2 阀门 |
| 11 | 扬子泵站 | 文化路，虹桥路往西 50m | 潜水排污泵 2 台，功率为 22kW，流量 0.45m³/s |
| 12 | 毗陵路泵站 | 大桥路西侧，毗陵路往北 50m | 一体式成品埋式泵站，流量 0.78m³/s |
| 合计 | | | 总规模 17.36m³/s |

1）砂山路南段：该积水点位于易涝区内，为涝区最低点，平均地面标高 3.5m 左右，局部低点 3.2m 左右，加之南北两地势较高，路面雨水都往该积水点汇聚，且排水管道管径偏小，故产生大面积水。

2）文化路花园路交汇处：该积水点相对地势较低，地面标高 3.8m 左右，周边地面标高在 4.3m 左右，经现场调查积水原因主要为管道雨水管管径偏小及管道堵塞。

3）新扬子大酒店：该积水点相对地势较低，地面标高 4.4m 左右，但周边地面标高为 4.90～7.5m，由于原有排水箱涵被阻断，暴雨时，周边地区雨水无法及时排走，倒灌到新扬子大酒店。

4）人民路新华书店：该积水点相对地势较低，地面标高仅 3.80m，周边地面标高大部分在 4.80m 左右，下游排涝站规模偏小，暴雨时周边雨水倒灌，形成积水。

5）环城南路西段：该积水点位于涝区内，地面标高仅 3.0～3.7m，极易产生内涝，且南门排涝泵站拆除后，无法及时降低河道水道，暴雨时无法及时排出，形成内涝。

6）人民东路 155 弄：该积水点相对地势较低，地面标高为 3.8～3.9m，周边地势 4.1～4.4m，雨水管管径偏小，暴雨时周边雨水无法及时排出，倒灌至积水点。

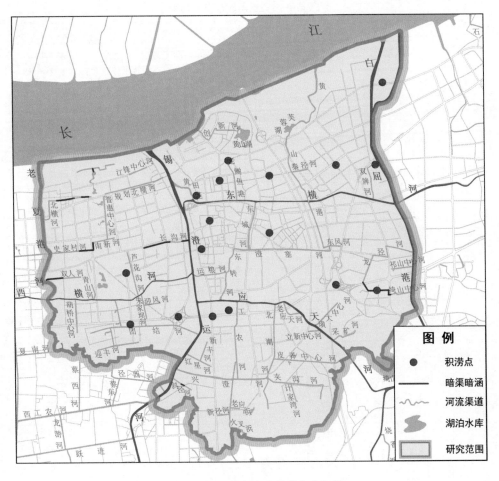

图 2.7.5　江阴市城区积涝点分布图

7）君山路 30 弄：该积水点相对地势很低，地面标高仅 3.2～3.4m，周边地面标高为 4.4～5.2m，经现场调查，30 弄雨水管排出口被破坏，暴雨时，自身雨水难以排出，加之周边雨水倒灌，形成内涝。

8）君巫路 91 号：该积水点相对地势较低，地面标高 6.9m 左右，周边地面标高 7.5m 左右，原有雨水出口被破坏，暴雨时，周边雨水倒灌，形成积水。

9）青山路与普惠路交叉区域：该积水点为新建区，主要原因为基础设施不完善，雨水管管径偏小。

10）滨江东路兴澄特钢：该积水点位于涝区，地势较低，由于兴澄特钢建设时，陈泗港被填埋，雨水没有外排通道，导致大面积积水。

11）澄张公路、白屈港交汇处北侧：该积水点地势较低，地面标高 3.30m 左右，周边地面标高在 4.0m 左右，由于雨水管道出水口被堵塞，导致积水。

12）芙蓉大道澄鹿立交：澄鹿立交下地势较低，最低处仅 2.1m 左右，雨水排入公交公司西侧池塘内，并且北侧锡澄高速立交的雨水也排入此河塘，但河塘出水通道并不畅通，水面面积不大，只能起少量调蓄作用，雨水无法及时排出，导致雨季易积水。

13）芙蓉大道龙泾河南：由于龙泾河被改造为箱涵，导致过水能力下降，引起路面积水。

14）芙蓉大道与工农河交汇处西北侧：该处位于城南涝区，是花山路立交与梅园路立交之间的最低点，易受内涝灾害。

15）梅园路立交：立交下方地势低洼，为周边最低处，雨水难以自然外排，暴雨时积水严重。

16）芙蓉大道、通江路立交：立交桥下地势低洼，排涝设施缺乏，雨季易受内涝。

17）芙蓉大道、普惠路交叉口南侧：原有雨水管道被附近工地破坏，未得到恢复，导致雨季内涝。

## 2.7.4 沿河截流管现状

根据《江阴市城区黑臭水体整治工程可行性研究》（2018年4月），现状53条河道仅有4条建有沿河截流管，主要位于东横河、东城河、澄塞河及锡澄运河等河道周边，具体情况如下：

### 2.7.4.1 东横河截流系统

东横河截流系统以朝阳路为界，分为一期和二期，其中一期工程截流管沿东横河折线铺设，中途数次斜穿东横河，采用 $d1000 \sim d1200$ 钢筋混凝土管，总长约1659m，有截流井18座。二期工程污水截流管由西向东铺设，经迎阳桥东侧泵站提升，接入砂山路污水管。二期系统分新、老城区两大部分。大桥路以东为新城区，污水管由东横河北岸 $d800$ 钢筋混凝土顶管和延陵东路 $DN400$ 拖拉管组成，主要功能为收集新城区生活污水，大桥绿洲、大桥新村、锦隆小区等东横河北岸小区的污水接入 $d800$ 污水管；丽都花园、颐和绿苑、海澜名花苑、大顺纺织公司、第三轻工机械厂等东横河南岸小区、企业的污水接入延陵东路、迎阳路污水管。大桥路以西为老城区，在东横河、花园路、长江路、延陵路设置污水截流管，收集东横河南北岸小区的污水。

### 2.7.4.2 东城河截流系统

东城河截流管主要沿朝阳关路、环城东路及迎宾路铺设。朝阳关路污水截流管管径 $DN300 \sim DN500$，全长623m；迎宾路污水截流管管径 $DN400$，全长358m；环城东路（南街—阳光桥段）管径 $DN300$，全长418m。

### 2.7.4.3 澄塞河截流系统

澄塞河截流管主要沿环城南路自东向西铺设，东侧起点为环城南路与绮山路交叉口，管道向西接入中山南路下污水管道中，主要功能为收集澄塞河两岸的生活污水，截流管管径 $DN400 \sim DN800$，管道主线全长约2km。

### 2.7.4.4 锡澄运河西岸截流系统

锡澄运河西岸截流管主要沿通江南路自南向北铺设，最终接入滨江西路澄西污水厂附近的污水主干管道中，南侧起点为通江南路与芙蓉大道交叉口附近，主要功能为收集通江南路两侧地块的污水及锡澄运河西岸截流井截流的污水，并于通江南路与青山路交叉点附近接入锡澄运河东侧环城西路污水管，截流管向北铺设至通渡北路后接入通江路污水泵站中，最终纳入进厂污水主干管道。截流管管径 $DN800 \sim DN1350$，管道主线全长约 6.97km。

现状截流设施因设备老化、截污不彻底，均存在漏水、溢流等问题，其余河道并无沿河截污管，不少生活污水直排河道，对河道造成污染（图 2.7.6）。

（a）临河而建的民居污水直排　　　　　　　　（b）民居无序混接

图 2.7.6　沿河截污管的缺失

## 2.7.5　建筑单体排水现状

通过对规划范围内城市已建成区排水系统的调查，区内建筑主要有三种典型类型：住宅区、企事业单位及城中村，住宅小区以分流为主，仍有少量合流体制。

### 2.7.5.1　建筑民宅源头混错接

（1）立管混错接。

民宅立管混错接的现象，无论是老旧小区，还是新建小区都存在（图 2.7.7）。老旧小区，因为建设年限久远，不少立管破损维修时，直接将厨房用水改接至雨水立管中。新建小区，多数是住户，私下更改阳台功能，加装洗手池、设置洗衣机，将生活污水排入建筑雨水立管，造成源头起的雨污水混流。

（a）老小区错接　　　　　　　　　　（b）新小区洗衣机水进阳台雨水立管

图 2.7.7　立管混错接

（2）一楼民建改商业。

有些建筑物由于承租者的经营需要，改一楼民宅为底商：餐饮店、洗车店、菜市场等，这些都是雨水管道旱季排污的重要原因，地面冲洗污水往往直排雨水篦子，这些废水含有洗涤剂、油类等，排入河道往往造成一定污染（图2.7.8）。

（a）汽车冲洗水直排雨水口　　　　　　（b）一楼改餐饮，地面冲洗水直排雨水口

图2.7.8　底商雨污水混接

餐饮店，室外大排档地面冲洗水，携带餐饮油污，直排临近雨水篦子；洗车店往往露天洗车，洗涤废水排至雨水篦子；菜市场中尤其是禽类、鱼类摊点，往往会将含血、油废水排至雨水篦子，这些物质难以降解，且容易腐败，滋生细菌，造成污染。

以上污水错接、直排，难以勘察及改造，均为隐藏的污染点源。经调查，中心区27条河道周边，有23个一楼改底商的点源须整改。

### 2.7.5.2　企事业单位室外内混接

不少企事业单位早期建设时为节省投资，室内排出管没有实现雨污水分流，使得管网系统难以改造，管理困难，有待整治。经调查，中心城区27条河道周边共有31个企事业，其中有7个企事业单位排水管网需要改造。

### 2.7.5.3　城中村的雨污合流及直排

河道附近的城中村，雨污水未有序收集，随意合流直排至临近河道，对河道水体污染严重（图2.7.9）。

根据《江阴市城区黑臭水体整治工程可行性研究》（2018年4月），对城区27条河流周边地块的排水单元的体制进行了分类及汇总。

以上27条河道周边共有164个小区，31个企业，33个城中村。其中158个小区为分流制，仅6个小区为合流制，需要做雨污水分流改造；31个企业中有7个企业存在污水直排的问题，需要改造，33

图2.7.9　城中村污水直排

个城中村中有 26 个城中村为雨污水合流，目前城中村的管网改造，近期只实施污水收集系统，远期完善雨水系统。23 个民建一楼底商，存在污水直排路面雨水问题，需要改造。

根据现场走访及地形图比对，对城区其他 26 条河道的周边排水单元也进行了统计和汇总。

以上 26 条河道多位于偏远地带，在自然村、农田附近，附近小区个数偏少，经现场走访，多为干支管缺失地带，需要雨污水分流改造和干支管完善。

经统计，江阴市城区约有 226 个小区需做混错接改造，56 个小区需做雨污水分流改造。

### 2.7.6　农村排水系统现状

根据《江阴市村庄生活污水治理专项规划（2018—2030 年）》及现场走访，经与街道确认，目前规划范围内有 57 个计划拆迁或已完成截污纳管村庄（表 2.7.3），还有 37 个自然村有待纳管整改（图 2.7.10）。

（a）自然村化粪池未纳管　　　　　　　（b）自然村沿河直排口

图 2.7.10　农村排水现状图

### 2.7.7　排水管网普查

2014 年 5 月至 2015 年 5 月，江阴市排水管理处委托相关单位对城区 20 多个小区及道路进行了 CCTV 的管道检测及评估，形成了《江阴市排水管道 CCTV 检测评估报告》。根据检测评估报告，本次检测管道总长约 44526m，发现管道缺陷 716 处，其中结构性缺陷共计 682 处，功能性缺陷共计 34 处。经对检测图纸成果分析，发现小区里存在错漏接509 处。

#### 2.7.7.1　管线错漏接现状

根据 2014—2015 年的管线普查图纸成果，不少小区虽是分流制，但存在不少污水管道混错接到雨水管道的问题。本书对以下 27 条河道周边小区的错漏接问题进行了统计和汇总，具体成果见表 2.7.4。

#### 2.7.7.2　管道缺陷现状

根据《城镇排水管道检测与评估技术规程》（CJJ 181—2012），管道结构性缺陷是指

表 2.7.3 江阴市城区农村污水治理现状统计表

| 编号 | 街道 | 行政村 | 自然村 | 数量/户 | 实施方案 |
|---|---|---|---|---|---|
| 1 | 澄江街道 | 红光村 | 尤家埭 | 24 | 拆迁 |
| 2 | | | 朱家村 | 33 | 完成 |
| 3 | | | 施家村 | 35 | 完成 |
| 4 | | | 陈家村 | 44 | 完成 |
| 5 | | | 吕家村 | 40 | 完成 |
| 6 | | | 刘家村 | 44 | 完成 |
| 7 | | | 夏家村 | 23 | 完成 |
| 8 | | 通运村 | 陶家村 | 30 | 拆迁 |
| 9 | | | 里梅园 | 55 | 拆迁 |
| 10 | | | 邓家村 | 49 | 拆迁 |
| 11 | | | 小庄上 | 46 | 拆迁 |
| 12 | | | 肖家埭 | 22 | 拆迁 |
| 13 | | | 陆家村 | 23 | 拆迁 |
| 14 | | | 葛李村 | 25 | 拆迁 |
| 15 | | | 张林村 | 25 | 拆迁 |
| 16 | | 璜塘上 | 官桥头 | 32 | 拆迁 |
| 17 | | | 西小村 | 24 | 拆迁 |
| 18 | | | 三甲里 | 31 | 拆迁 |
| 19 | | | 璜塘上 | 28 | 拆迁 |
| 20 | | 蒲桥社区 | 戴家村 | 53 | 拆迁 |
| 21 | | | 塘前村 | 34 | 拆迁 |
| 22 | | | 寇家村 | 35 | 拆迁 |
| 23 | | | 徐家村 | 36 | 拆迁 |
| 24 | | | 戴家村 | 37 | 拆迁 |
| 25 | | 革新社区 | 璜大村 | | 拆迁 |
| 26 | | | 汤家庄 | | 拆迁 |
| 27 | | | 省田里 | | 拆迁 |
| 28 | | | 璜铜桥 | 380 | 已拆迁 |
| 29 | 澄江街道 | 绮山村 | 路贯村 | | 拆迁 |
| 30 | | | 绮下村 | | 拆迁 |
| 31 | | 皮弄村 | 沿河村 | | 拆迁 |
| 32 | | | 虎头村 | | 拆迁 |
| 33 | | | 皮弄村 | | 拆迁 |
| 34 | | 谢园村 | 北谭村 | 50 | 已拆迁 |
| 35 | | | 焦家村 | 30 | 已拆迁 |

| 编号 | 街道 | 行政村 | 自然村 | 数量/户 | 实施方案 |
|------|------|--------|--------|---------|----------|
| 36 | 澄江街道 | 工农村 | 承家墩 | | 拆迁 |
| 37 | | | 尹家角 | | 拆迁 |
| 38 | | | 新桥头 | | 拆迁 |
| 39 | | | 张家场 | | 拆迁 |
| 40 | | 先锋社区 | 刘家村 | 15 | 已改造 |
| 41 | | | 薛家村 | 45 | 已改造 |
| 42 | | | 皇家村 | 23 | 已改造 |
| 43 | | 文富社区 | 黄泥坝 | 35 | 完成 |
| 44 | | | 蔡家埭 | 85 | 完成 |
| 45 | | | 施家村 | 55 | 完成 |
| 46 | | 蒲桥社区 | 黄龙村 | 33 | 完成 |
| 47 | 夏港街道 | 夏东村 | 石柱头 | 2 | 完成 |
| 48 | | | 茶安路 | 3 | 完成 |
| 49 | | | 沿河东路 | 4 | 完成 |
| 50 | | 普惠村 | 钱家村 | 50 | 已拆迁 |
| 51 | | | 陈家村 | 40 | 已拆迁 |
| 52 | | | 羌家埭 | 46 | 已拆迁 |
| 53 | | | 树园里 | 34 | 规划拆除 |
| 54 | | | 华家村 | 33 | 申请拆迁 |
| 55 | | | 刘家村 | 43 | 申请拆迁 |
| 56 | | | 姚家塘 | 18 | 申请拆迁 |
| 57 | | | 黄新桥 | 41 | 申请拆迁 |

表 2.7.4　　　　管网普查报告 27 条河道周边小区错漏接汇总

| 编号 | 河流名称 | 小区数量/个 | 错漏接个数/个 | 城中村个数/个 | 城中村面积/m² | 备注 |
|------|----------|-------------|---------------|---------------|----------------|------|
| 1 | 长沟河 | 1 | 3 | 1 | 229705 | |
| 2 | 普惠中心河 | 5 | 2 | 无 | 0 | |
| 3 | 南新河 | 1 | 0 | 无 | 0 | |
| 4 | 龙泾河 | 2 | 0 | 2 | 253164 | |
| 5 | 双人河 | 0 | 0 | 0 | 0 | |
| 6 | 朱家坝河 | 0 | 0 | — | — | 无管线资料 |
| 7 | 迎风河 | 0 | 0 | — | — | 无管线资料 |

| 编号 | 河流名称 | 小区数量 /个 | 错漏接个数 /个 | 城中村个数 /个 | 城中村面积 /m² | 备 注 |
|---|---|---|---|---|---|---|
| 8 | 芦花沟河 | 4 | — | — | — | 无管线资料 |
| 9 | 史家村河 | 2 | 0 | 无 | — | |
| 10 | 青山河 | — | — | — | — | 无管线资料 |
| 11 | 葫桥中心河 | — | — | — | — | 无资料 |
| 12 | 江锋中心河 | — | — | — | — | 无资料 |
| 13 | 创新河 | 7 | 42 | 3 | 102824 | |
| 14 | 黄山港 | — | — | — | — | 无资料 |
| 15 | 东横河 | — | — | — | — | 无资料 |
| 16 | 北潮河 | — | — | — | — | 无资料 |
| 17 | 老应天河 | — | — | — | — | 无管线资料 |
| 18 | 北横河 | — | — | — | — | |
| 19 | 老鲋鱼港 | 4 | 24 | 6 | 454405 | |
| 20 | 东城河 | 14 | — | 1 | 279326 | 该区域小区未找到错接 |
| 21 | 澄塞河 | 22 | 432 | 1 | 316659 | |
| 22 | 东风河 | 0 | 0 | 0 | 0 | |
| 23 | 东转河 | 4 | — | — | — | 无小区管网资料 |
| 24 | 运粮河 | 1 | 6 | 0 | 0 | 只有一个小区管网 |
| 25 | 红星河 | 0 | 0 | 0 | 0 | 汇水区为企业 |
| 26 | 斜泾河 | 0 | 0 | 0 | 0 | 汇水区为企业 |
| 27 | 老应浜 | 0 | 0 | 0 | 0 | 汇水区为企业 |

管道结构本体遭受损伤,影响强度、刚度和使用寿命的缺陷;管道功能性缺陷是指导致管道过水断面发生变化,影响畅通性能的缺陷。结构性缺陷与功能性缺陷具体评断内容见表2.7.5,常见的管道缺陷如图2.7.11所示。

根据江阴城区2014—2015年的管网普查成果,各小区及道路缺陷情况汇总见表2.7.6。

根据报告,检测出的排水管道内部隐患中,结构性缺陷比功能性缺陷更多,结构性缺陷主要为2级、3级缺陷,共547处,占总结构性缺陷80.2%;功能性缺陷主要为3级、4级缺陷,共31处,占总功能性缺91.2%。

表 2.7.5　　　　　　　　　　　　　结构性缺陷与功能性缺陷评断表

| 符号名称 | | 代码 | 图例 | 备　注 |
|---|---|---|---|---|
| 结构性缺陷 | 脱节 | TJ | | 影响管道结构的特性缺陷 |
| | 支管暗接 | AJ | | |
| | 变形 | BX | | |
| | 错位 | CW | | |
| | 渗漏 | SL | | |
| | 腐蚀 | FS | | |
| | 胶圈脱落 | JQ | | |
| | 破裂 | PL | | |
| | 异物侵入 | QR | | |
| 功能性缺陷 | 沉积 | CJ | | 影响管道使用状况的特性缺陷 |
| | 结垢 | JG | | |
| | 障碍物 | ZW | | |
| | 树根 | SG | | |
| | 洼水 | WS | | |
| | 坝头 | BT | | |
| | 浮渣 | FZ | | |

表 2.7.6　　　　　　　　　　　　　　　管网普查结果汇总表

| 编号 | 名　称 | 管道长度 /m | 结构性缺陷/个 | | | | | 功能性缺陷/个 | | | | |
|---|---|---|---|---|---|---|---|---|---|---|---|---|
| | | | 1级 | 2级 | 3级 | 4级 | 合计 | 1级 | 2级 | 3级 | 4级 | 合计 |
| 1 | 创新路 | 213 | | 6 | 11 | 4 | 21 | | | | | 0 |
| 2 | 虹桥七村 | 1586 | | 6 | 10 | 2 | 18 | | | | | 0 |
| 3 | 景园小区 | 3108 | | 5 | 17 | 6 | 28 | | | | | 0 |

| 编号 | 名　　称 | 管道长度 /m | 结构性缺陷/个 | | | | | 功能性缺陷/个 | | | | |
|---|---|---|---|---|---|---|---|---|---|---|---|---|
| | | | 1级 | 2级 | 3级 | 4级 | 合计 | 1级 | 2级 | 3级 | 4级 | 合计 |
| 4 | 茶果路 | 195 | | 3 | | | 3 | | | | | 0 |
| 5 | 龙胜苑 | 1349 | | 8 | 8 | | 16 | | | | | 0 |
| 6 | 黄山湖别墅 | 1288 | 2 | 6 | 1 | | 9 | | 1 | | | 1 |
| 7 | 鹅山花苑、暨阳小区 | 592 | | 50 | 43 | 5 | 98 | | | | | 0 |
| 8 | 大桥小学东 | 588 | | 8 | 6 | 2 | 16 | | | | | 0 |
| 9 | 黄田新村、君山路 | 7030 | | 68 | 77 | 5 | 150 | | | 1 | 3 | 4 |
| 10 | 滨江路北、公园路东 | 4645 | | 11 | 20 | 32 | 63 | | | 7 | 3 | 10 |
| 11 | 市政公用局 | 1518 | | 2 | 7 | 6 | 15 | | | | | 0 |
| 12 | 鲥鱼港路、长江左岸花园 | 2711 | | | 7 | 6 | 13 | | | | 1 | 1 |
| 13 | 春申路8号、上丰小区 | 6765 | | 5 | 13 | 15 | 33 | | | | 2 | 2 |
| 14 | 江海新村 | 3298 | | 6 | 12 | 2 | 20 | | | 2 | 2 | 4 |
| 15 | 创新一村 | 1470 | | 23 | 15 | 6 | 44 | | | | | 0 |
| 16 | 虹桥七村 | 2303 | | 16 | 29 | 9 | 54 | | | | | 0 |
| 17 | 长电科技、钢绳小区 | 5867 | | 23 | 25 | 33 | 81 | | 2 | 7 | 3 | 12 |
| 合　计 | | 44526 | 2 | 246 | 301 | 133 | 682 | 0 | 3 | 17 | 14 | 34 |

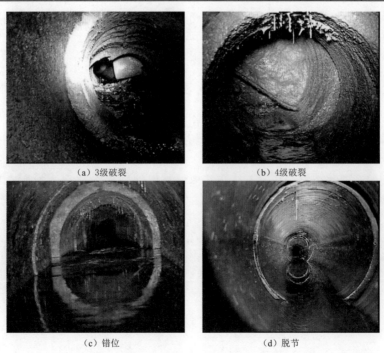

（a）3级破裂　　　　　　　　　　　　（b）4级破裂

（c）错位　　　　　　　　　　　　（d）脱节

图 2.7.11（一）　常见的管道缺陷

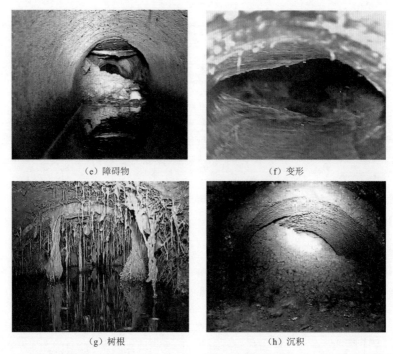

（e）障碍物　　　　　　　　　（f）变形

（g）树根　　　　　　　　　（h）沉积

图 2.7.11（二）　常见的管道缺陷

目前，轻微、中度缺陷占总缺陷比例较高。若不及时采取措施对其加以修复，现状 1 级、2 级缺陷极有可能会迅速恶化。3 级、4 级缺陷以较为严重的脱节、错口、变形、破裂，以及功能性的沉积、障碍物等类型为主。根据《城镇排水管道检测与评估技术规程》（CJJ 181—2012），结构性缺陷等级评定为 3 级的管段，该管段结构在短期内可能会发生破坏，应尽快修复；结构性缺陷等级评定为 4 级的管段，该管段结构已经发生或即将发生破坏，应立即修复。

考虑当年管网普查后，也仅对 1 级、2 级缺陷进行了修复，时隔 4 年，管网会有新的损伤出现，根据其他城市的运营普查经验，本次规划城区已建管网的缺陷比例按 35% 取值，其中以 2 级、3 级结构性缺陷为主，亟待修复及改建。

### 2.7.7.3　规划区管道错漏接及缺陷分析

参照现有管道普查资料的特点，结合其他城市的管网普查经验，规划区内的 28 条河的管道问题汇总详见表 2.7.7。

表 2.7.7　　　　　　　　　　　规划区内河道管道规划修复量

| 编号 | 河道名称 | 市政管网总长度/m | 缺陷等级 | 缺陷数量/处 | 缺陷长度/m | 淤积情况/m | 周边小区 | | |
|---|---|---|---|---|---|---|---|---|---|
| | | | | | | | 数量/个 | 管网问题 | 规模/处 |
| 1 | 创新河 | 6500 | 1 | 222 | 2275 | 520 | 7 | 错漏接 | 42 |
| | | | 2 | 144 | | | | | |
| | | | 3 | 70 | | | | | |
| | | | 4 | 24 | | | | | |

续表

| 编号 | 河道名称 | 市政管网总长度/m | 缺陷等级 | 缺陷数量/处 | 缺陷长度/m | 淤积情况/m | 周边小区 | | |
|---|---|---|---|---|---|---|---|---|---|
| | | | | | | | 数量/个 | 管网问题 | 规模/处 |
| 2 | 芦花沟 | 9000 | 1 | 308 | 3150 | 720 | 4 | 错漏接 | 24 |
| | | | 2 | 200 | | | | | |
| | | | 3 | 97 | | | | | |
| | | | 4 | 33 | | | | | |
| 3 | 长沟河 | 7000 | 1 | 240 | 2450 | 560 | 1 | 错漏接 | 6 |
| | | | 2 | 156 | | | | | |
| | | | 3 | 76 | | | | | |
| | | | 4 | 26 | | | | | |
| 4 | 龙泾河 | 6200 | 1 | 212 | 2170 | 496 | 4 | 错漏接 | 24 |
| | | | 2 | 138 | | | | | |
| | | | 3 | 67 | | | | | |
| | | | 4 | 23 | | | | | |
| 5 | 朱家坝河 | 3800 | 1 | 130 | 1330 | 304 | 7 | 错漏接 | 42 |
| | | | 2 | 84 | | | | | |
| | | | 3 | 41 | | | | | |
| | | | 4 | 14 | | | | | |
| 6 | 双人河 | 4700 | 1 | 161 | 1645 | 1880 | 0 | 错漏接 | 0 |
| | | | 2 | 104 | | | | | |
| | | | 3 | 51 | | | | | |
| | | | 4 | 17 | | | | | |
| 7 | 南新河 | 6500 | 1 | 222 | 2275 | 2600 | 1 | 错漏接 | 6 |
| | | | 2 | 144 | | | | | |
| | | | 3 | 70 | | | | | |
| | | | 4 | 24 | | | | | |
| 8 | 普惠中心河 | 8400 | 1 | 287 | 2940 | 3360 | 4 | 错漏接 | 24 |
| | | | 2 | 187 | | | | | |
| | | | 3 | 91 | | | | | |
| | | | 4 | 31 | | | | | |
| 9 | 老应天河 | 1700 | 1 | 58 | 595 | 680 | 7 | 错漏接 | 42 |
| | | | 2 | 38 | | | | | |
| | | | 3 | 18 | | | | | |
| | | | 4 | 6 | | | | | |

续表

| 编号 | 河道名称 | 市政管网总长度/m | 缺陷等级 | 缺陷数量/处 | 缺陷长度/m | 淤积情况/m | 周边小区 | | |
|---|---|---|---|---|---|---|---|---|---|
| | | | | | | | 数量/个 | 管网问题 | 规模/处 |
| 10 | 迎风河 | 1450 | 1 | 50 | 508 | 580 | 0 | 错漏接 | 0 |
| | | | 2 | 32 | | | | | |
| | | | 3 | 16 | | | | | |
| | | | 4 | 5 | | | | | |
| 11 | 北潮河 | 13200 | 1 | 452 | 4620 | 5280 | 5 | 错漏接 | 30 |
| | | | 2 | 293 | | | | | |
| | | | 3 | 142 | | | | | |
| | | | 4 | 48 | | | | | |
| 12 | 葫桥中心河 | 6250 | 1 | 214 | 2188 | 2500 | 1 | 错漏接 | 6 |
| | | | 2 | 139 | | | | | |
| | | | 3 | 67 | | | | | |
| | | | 4 | 23 | | | | | |
| 13 | 史家村河 | 4450 | 1 | 152 | 1558 | 1780 | 2 | 错漏接 | 12 |
| | | | 2 | 99 | | | | | |
| | | | 3 | 48 | | | | | |
| | | | 4 | 16 | | | | | |
| 14 | 江锋中心河 | 3800 | 1 | 130 | 1330 | 1520 | 2 | 错漏接 | 12 |
| | | | 2 | 84 | | | | | |
| | | | 3 | 41 | | | | | |
| | | | 4 | 14 | | | | | |
| 15 | 东风河 | 1400 | 1 | 48 | 490 | 560 | 7 | 错漏接 | 42 |
| | | | 2 | 31 | | | | | |
| | | | 3 | 15 | | | | | |
| | | | 4 | 5 | | | | | |
| 16 | 老应浜 | 1100 | 1 | 38 | 385 | 440 | 0 | 错漏接 | 0 |
| | | | 2 | 24 | | | | | |
| | | | 3 | 12 | | | | | |
| | | | 4 | 4 | | | | | |
| 17 | 斜泾河 | 900 | 1 | 31 | 315 | 360 | 0 | 错漏接 | 0 |
| | | | 2 | 20 | | | | | |
| | | | 3 | 10 | | | | | |
| | | | 4 | 3 | | | | | |

| 编号 | 河道名称 | 市政管网总长度/m | 缺陷等级 | 缺陷数量/处 | 缺陷长度/m | 淤积情况/m | 周边小区 | | |
|---|---|---|---|---|---|---|---|---|---|
| | | | | | | | 数量/个 | 管网问题 | 规模/处 |
| 18 | 老鲥鱼港 | 8000 | 1 | 274 | 2800 | 3200 | 10 | 错漏接 | 60 |
| | | | 2 | 178 | | | | | |
| | | | 3 | 86 | | | | | |
| | | | 4 | 29 | | | | | |
| 19 | 东城河 | 10400 | 1 | 356 | 3640 | 4160 | 11 | 错漏接 | 66 |
| | | | 2 | 231 | | | | | |
| | | | 3 | 112 | | | | | |
| | | | 4 | 38 | | | | | |
| 20 | 澄塞河 | 12200 | 1 | 417 | 4270 | 4880 | 28 | 错漏接 | 168 |
| | | | 2 | 271 | | | | | |
| | | | 3 | 132 | | | | | |
| | | | 4 | 44 | | | | | |
| 21 | 东转河 | 9800 | 1 | 335 | 3430 | 3920 | 4 | 错漏接 | 24 |
| | | | 2 | 218 | | | | | |
| | | | 3 | 106 | | | | | |
| | | | 4 | 36 | | | | | |
| 22 | 运粮河 | 6700 | 1 | 229 | 2345 | 2680 | 6 | 错漏接 | 36 |
| | | | 2 | 149 | | | | | |
| | | | 3 | 72 | | | | | |
| | | | 4 | 24 | | | | | |
| 23 | 北横河 | 1700 | 1 | 58 | 595 | 680 | 7 | 错漏接 | 42 |
| | | | 2 | 38 | | | | | |
| | | | 3 | 18 | | | | | |
| | | | 4 | 6 | | | | | |
| 24 | 黄山港 | 34600 | 1 | 1184 | 12110 | 13840 | 12 | 错漏接 | 72 |
| | | | 2 | 769 | | | | | |
| | | | 3 | 373 | | | | | |
| | | | 4 | 126 | | | | | |
| 25 | 东横河 | 18600 | 1 | 636 | 6510 | 7440 | 50 | 错漏接 | 300 |
| | | | 2 | 413 | | | | | |
| | | | 3 | 201 | | | | | |
| | | | 4 | 68 | | | | | |

| 编号 | 河道名称 | 市政管网总长度/m | 缺陷等级 | 缺陷数量/处 | 缺陷长度/m | 淤积情况/m | 周边小区 | | |
|---|---|---|---|---|---|---|---|---|---|
| | | | | | | | 数量/个 | 管网问题 | 规模/处 |
| 26 | 青山河 | 1400 | 1 | 48 | 490 | 560 | 0 | 错漏接 | 0 |
| | | | 2 | 31 | | | | | |
| | | | 3 | 15 | | | | | |
| | | | 4 | 5 | | | | | |
| 27 | 红星河 | 2500 | 1 | 86 | 875 | 1000 | 7 | 错漏接 | 42 |
| | | | 2 | 56 | | | | | |
| | | | 3 | 27 | | | | | |
| | | | 4 | 9 | | | | | |
| 28 | 规划区其余河流 | 129020 | 1 | 2942 | 45157 | 10321.6 | | 错漏接 | 420 |

#### 2.7.7.4　通沟淤泥及高水位

经管网普查资料统计及分析，规划区内市政排水管道淤积现象普遍，约 77km 管道有淤泥。沿河市政管道及城区污水主干管均存在满水位运行的现象。

## 2.8　水环境现状

### 2.8.1　水功能区现状

#### 2.8.1.1　水功能区划

根据《江阴市水功能区划报告》（2002 年 12 月），江阴市城区范围内共划分一级水功能区 8 个（均为开发利用区），二级水功能区 8 个（饮用水源区 1 个，工业、农业用水区 5 个，景观娱乐用水区 2 个）（表 2.8.1）。二级水功能区位置分布如图 2.8.1 所示。

表 2.8.1　　　　　　　　　　　　江阴市城区水功能区划

| 序号 | 水系 | 一级区名称 | 二级区名称 | 功能排序 | 水质目标 | 起始断面 | 终止断面 | 长度/km | 项目区长度/km | 等级 |
|---|---|---|---|---|---|---|---|---|---|---|
| 1 | 白屈港 | 白屈港无锡开发利用区 | 白屈港江阴市饮用水水源区 | 饮用 | Ⅲ | 长江 | 界河 | 30.9 | 7.8 | 省级重点 |
| 2 | 锡澄运河 | 锡澄运河无锡开发利用区 | 锡澄运河江阴工业、农业用水区 | 工业农业 | Ⅳ | 长江 | 泗河口 | 23.4 | 7.8 | 省级 |
| 3 | 老夏港 | 老夏港江阴开发利用区 | 老夏港工业、农业用水区 | 工业农业 | Ⅳ | 长江 | 西横河 | 4.3 | 4.2 | |
| 4 | 黄山港 | 黄山港江阴开发利用区 | 黄山港江阴景观、娱乐用水区 | 景观 | Ⅳ | 长江 | 澄塞河 | 6.4 | 6.4 | |

续表

| 序号 | 水系 | 一级区名称 | 二级区名称 | 功能排序 | 水质目标 | 起始断面 | 终止断面 | 长度/km | 项目区长度/km | 等级 |
|---|---|---|---|---|---|---|---|---|---|---|
| 5 | 应天河 | 应天河江阴开发利用区 | 应天河江阴市工业、农业用水区 | 工业农业 | IV | 锡澄运河 | 张家港河 | 16.2 | 4.6 | 省级 |
| 6 | 东横河 | 东横河江苏开发利用区 | 东横河江阴景观、娱乐用水区 | 景观 | IV | 锡澄运河 | 白屈港 | 6.5 | 6.5 | |
| 7 | 西横河 | 西横河江苏开发利用区 | 西横河无锡、常州工业、农业用水区 | 工业农业 | IV | 澡港 | 锡澄运河 | 26 | 4.4 | 省级 |
| 8 | 东城河 | 东城河江阴开发利用区 | 东城河江阴景观、娱乐用水区 | 景观 | IV | 东横河 | 应天河 | 3.1 | 1.4 | |

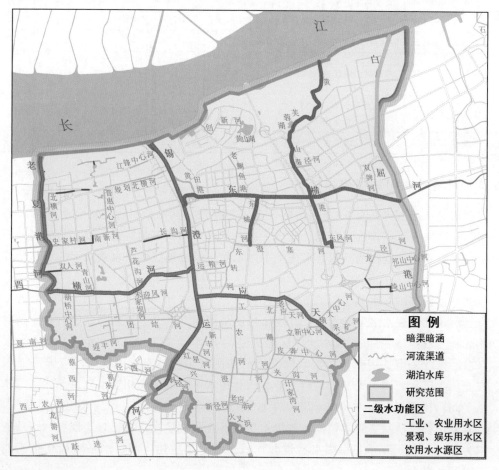

图 2.8.1 江阴市二级水功能区划图

## 2.8.1.2 水功能区水质现状

根据《江阴市水资源公报（2017 年）》，2017 年江阴市城区参评的 8 个水功能区中，有 2 个水功能区（白屈港江阴市饮用水水源区，应天河江阴市工业、农业用水区）全年综合评价达到相应的水质目标要求，年度达标率为 25%；有 6 个水功能区（锡澄运河江阴工业、农业用水区，老夏港工业、农业用水区，黄山港江阴景观、娱乐用水区，东横河江阴景观、娱乐用水区，西横河无锡、常州工业、农业用水区，东城河江阴景观、娱乐用水区）全年综合评价未达到相应的水质目标，超标项目为 $NH_3-N$。

2017 年江阴城区功能区水质评价情况见表 2.8.2。

表 2.8.2　　　　　　　　2017 年江阴城区水功能区水质评价情况表

| 序号 | 功能区类别 | 水功能区名称 | 河流 | 监测断面 | 现状水质 | 水质目标 | 年均值评价情况 | 超标项目 |
|---|---|---|---|---|---|---|---|---|
| 1 | 饮用水水源区 | 白屈港江阴市饮用水水源区 | 白屈港 | 东新桥 | Ⅲ | Ⅲ | 达标 | |
| 2 | 工业农业用水区 | 锡澄运河江阴工业、农业用水区 | 锡澄运河 | 西门大桥 | 劣Ⅴ | Ⅳ | 不达标 | $NH_3-N$ |
| 3 | 工业农业用水区 | 老夏港工业、农业用水区 | 老夏港 | 老夏港桥 | Ⅴ | Ⅳ | 不达标 | $NH_3-N$ |
| 4 | 景观娱乐用水区 | 黄山港江阴景观、娱乐用水区 | 黄山港 | 秦泾桥 | 劣Ⅴ | Ⅳ | 不达标 | $NH_3-N$ |
| 5 | 工业农业用水区 | 应天河江阴市工业、农业用水区 | 应天河 | 云长桥 | Ⅲ | Ⅳ | 达标 | |
| 6 | 景观娱乐用水区 | 东横河江阴景观、娱乐用水区 | 东横河 | 新蒲桥 | Ⅳ | Ⅳ | 不达标 | $NH_3-N$ |
| | | | | 君山桥 | 劣Ⅴ | | | |
| 7 | 工业农业用水区 | 西横河无锡、常州工业、农业用水区 | 西横河 | 澄东桥 | 劣Ⅴ | Ⅳ | 不达标 | $NH_3-N$ |
| 8 | 景观娱乐用水区 | 东城河江阴景观、娱乐用水区 | 东城河 | 平冠桥 | 劣Ⅴ | Ⅳ | 不达标 | $NH_3-N$ |

## 2.8.2　河流（湖泊）水质目标

江阴市城区范围内共有 53 条河流和 8 个主要湖泊，其水质目标的确定将综合考虑水功能区达标要求及江阴市水环境相关要求。对已划分水功能区的河道，按水功能区水质目标确定；未划定水功能区的河道，考虑上下游水质目标的连续性及水质目标的可达性综合确定。

根据《江阴市"六水共建"三年行动计划（2017—2020 年）》，到 2020 年，全市全面消除黑臭河道和地表水劣Ⅴ类水质。江阴市城区范围内共涉及 8 个水功能区（含 4 个省级水功能区），根据《江阴市省级水功能区达标整治方案》，截止到 2020 年，4 个省级水功能区（白屈港江阴市饮用水水源区，锡澄运河江阴市工业、农业用水区，应天河江阴工业、农业用水区，西横河无锡、常州工业、农业用水区）应达到相应水质目标。

基于此，在规划近期（2019—2020 年），通过污水提质增效工程、水污染控制工程、水生态修复工程等项目实施，使 4 个省级水功能区达到相应水质目标，实现城区水功能区达标率为 50%，同时消除城区黑臭河道和地表水劣Ⅴ类水体，城区水系水质均达到地表水Ⅴ类标准及以上。

在规划远期（2021—2030 年），通过对城区水环境的综合规划与治理，使城区划定的 8 个水功能区稳定达到相应水质目标，未划分水功能区的河道，水质达到地表水Ⅳ类标准。

各规划水平年城区水系的水质目标详见表 2.8.3。

表 2.8.3　　　　　　　　　　　江阴市城区水系的水质目标

| 序号 | 水体名称 | 水 质 目 标 | | 备　　注 |
|---|---|---|---|---|
| | | 2020 年 | 2030 年 | |
| 1 | 白屈港 | Ⅲ类 | Ⅲ类 | |
| 2 | 锡澄运河 | Ⅳ类 | Ⅳ类 | |
| 3 | 老夏港河 | Ⅳ类 | Ⅳ类 | |
| 4 | 北横河 | Ⅴ类 | Ⅳ类 | 水质提升河道 |
| 5 | 规划北横河 | Ⅴ类 | Ⅳ类 | |
| 6 | 西横河 | Ⅳ类 | Ⅳ类 | |
| 7 | 黄山港 | Ⅴ类 | Ⅳ类 | 轻度黑臭河道 |
| 8 | 东横河 | Ⅴ类 | Ⅳ类 | 轻度黑臭河道 |
| 9 | 应天河 | Ⅳ类 | Ⅳ类 | |
| 10 | 史家村河 | Ⅴ类 | Ⅳ类 | 轻度黑臭河道 |
| 11 | 南新河 | Ⅴ类 | Ⅳ类 | 重度黑臭河道 |
| 12 | 普惠中心河 | Ⅴ类 | Ⅳ类 | 重度黑臭河道 |
| 13 | 芦花沟河 | Ⅴ类 | Ⅳ类 | 轻度黑臭河道 |
| 14 | 团结河 | Ⅴ类 | Ⅳ类 | |
| 15 | 葫桥中心河 | Ⅴ类 | Ⅳ类 | 轻度黑臭河道 |
| 16 | 朱家坝河 | Ⅴ类 | Ⅳ类 | 重度黑臭河道 |
| 17 | 迎丰河 | Ⅴ类 | Ⅳ类 | |
| 18 | 澄塞河 | Ⅴ类 | Ⅳ类 | 水质提升河道 |
| 19 | 东城河 | Ⅴ类 | Ⅳ类 | 水质提升河道 |
| 20 | 龙泾河 | Ⅴ类 | Ⅳ类 | 重度黑臭河道 |
| 21 | 绮山中心河 | Ⅳ类 | Ⅳ类 | |
| 22 | 运粮河 | Ⅴ类 | Ⅳ类 | 水质提升河道 |
| 23 | 东转河 | Ⅴ类 | Ⅳ类 | 水质提升河道 |
| 24 | 工农河 | Ⅴ类 | Ⅳ类 | |
| 25 | 北潮河 | Ⅴ类 | Ⅳ类 | 轻度黑臭河道 |
| 26 | 皮弄中心河 | Ⅴ类 | Ⅳ类 | |
| 27 | 兴澄河 | Ⅴ类 | Ⅳ类 | |
| 28 | 夹沟河 | Ⅴ类 | Ⅳ类 | |
| 29 | 计家湾河 | Ⅴ类 | Ⅳ类 | |
| 30 | 江锋中心河 | Ⅴ类 | Ⅳ类 | 轻度黑臭河道 |
| 31 | 双人河 | Ⅴ类 | Ⅳ类 | 重度黑臭河道 |
| 32 | 青山河 | Ⅴ类 | Ⅳ类 | 轻度黑臭河道 |
| 33 | 长沟河 | Ⅴ类 | Ⅳ类 | 重度黑臭河道 |

| 序号 | 水体名称 | 水 质 目 标 | | 备　注 |
|---|---|---|---|---|
| | | 2020 年 | 2030 年 | |
| 34 | 红光引水河 | V 类 | IV 类 | |
| 35 | 朝阳河 | V 类 | IV 类 | |
| 36 | 迎风河 | V 类 | IV 类 | 轻度黑臭河道 |
| 37 | 创新河 | V 类 | IV 类 | 轻度黑臭河道 |
| 38 | 老鲋鱼港 | V 类 | IV 类 | 水质提升河道 |
| 39 | 秦泾河 | V 类 | IV 类 | |
| 40 | 双牌河 | IV 类 | IV 类 | |
| 41 | 黄田港 | IV 类 | IV 类 | |
| 42 | 东风河 | V 类 | IV 类 | 水质提升河道 |
| 43 | 祁山中心河 | IV 类 | IV 类 | |
| 44 | 璜大中心河 | V 类 | IV 类 | |
| 45 | 采矿河 | V 类 | IV 类 | |
| 46 | 红星河 | V 类 | IV 类 | 水质提升河道 |
| 47 | 新丰河 | V 类 | IV 类 | |
| 48 | 斜泾河 | V 类 | IV 类 | 水质提升河道 |
| 49 | 老应浜 | V 类 | IV 类 | 水质提升河道 |
| 50 | 新泾河 | V 类 | IV 类 | |
| 51 | 火叉浜 | V 类 | IV 类 | |
| 52 | 老应天河 | V 类 | IV 类 | 轻度黑臭河道 |
| 53 | 立新中心河 | V 类 | IV 类 | |
| 54 | 黄山湖 | V 类 | IV 类 | |
| 55 | 芙蓉湖 | V 类 | IV 类 | |
| 56 | 望江公园景观湖 | V 类 | IV 类 | |
| 57 | 普惠公园景观湖 | V 类 | IV 类 | |
| 58 | 通富路景观湖 | V 类 | IV 类 | |
| 59 | 青山路北景观湖 | V 类 | IV 类 | |
| 60 | 青山路南景观湖 | V 类 | IV 类 | |
| 61 | 铜厂路景观湖 | V 类 | IV 类 | |

## 2.8.3　河流（湖泊）水质现状

### 2.8.3.1　常规监测

江阴市城区河道共设置常规监测点位 10 个，点位分布如图 2.8.2 所示。监测基本项目为《地表水环境质量标准》（GB 3838—2002）表 1 中 24 项基本项目（包括水温、pH值、溶解氧、高锰酸盐指数、化学需氧量、五日生化需氧量、氨氮、总磷、总氮、铜、锌、氟化物、硒、砷、汞、镉、六价铬、铅、氰化物、挥发酚、石油类、阴离子表面活性剂、硫化物、粪大肠菌群等）。

根据 2018 年常规监测断面水质评价结果，江阴市城区监测水体水质均不满足水质目标，其中 50% 的监测断面水质为劣 V 类，主要超标因子为铵态氮和总磷，水环境质量状况不容乐观。

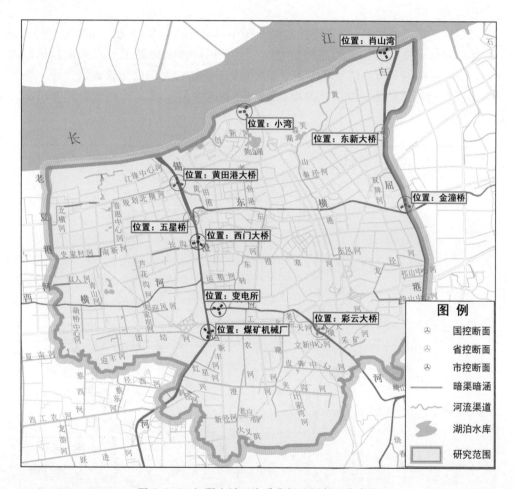

图 2.8.2　江阴市城区水质常规监测断面分布图

#### 2.8.3.2　加密监测

为进一步了解江阴市城区水系的水质情况，在江阴市城区共增设 84 个加密监测点位（75 个河流加密监测点位和 9 个湖泊监测点位），覆盖河流渠道 54 条（其中城区范围53 条；城区外 1 条，为夏港河）和湖泊 8 处，点位分布如图 2.8.3 所示。监测基本项目除《地表水环境质量标准》（GB 3838—2002）表 1 中 24 项基本项目外，再加上氧化还原电位、透明度、叶绿素 a 等 3 项，共计 27 项监测指标。

　　根据河流水质评价结果，75 个河流监测断面中，有 33 个断面水质达标，占比 44.0%；42 个断面水质超标，占比 56.0%，主要超标项目为氨氮、总磷及化学需氧量等。17 个断面符合 Ⅲ 类水质，水质状况为"良好"的比例为 22.7%；18 个断面符合 Ⅳ 类水质，水质状况呈"轻度污染"的比例为 24.0%；18 个断面为 Ⅴ 类水质，水质状况呈"中度污染"的比例为 13.3%；30 个断面为劣 Ⅳ 类水质，水质状况呈"重度污染"的比例达 40.0%。17 个断面达到"黑臭"级别，占比 22.7%，主要黑臭超标因子为氧化还原电位（ORP）、溶解氧（DO）及氨氮等；其中 3 个断面达到"重度黑臭"等级，分布于双人河、长沟河及璜大中心河。

　　根据湖泊水质评价结果，9 个湖泊监测断面中，有 5 个断面（黄山湖 1 号、芙蓉湖 1 号、普惠公园景观湖 1 号、青山路南景观湖 1 号、铜厂路景观湖 1 号）水质超标，占比 55.6%，主要超标因子为总磷及化学需氧量等；2 个断面（青山路北景观湖 1 号、铜厂路景观湖 1 号）达到"黑臭"级别，占比 22.2%，均为"轻度黑臭"级别，黑臭超标因子为氧化还原电位（ORP）。

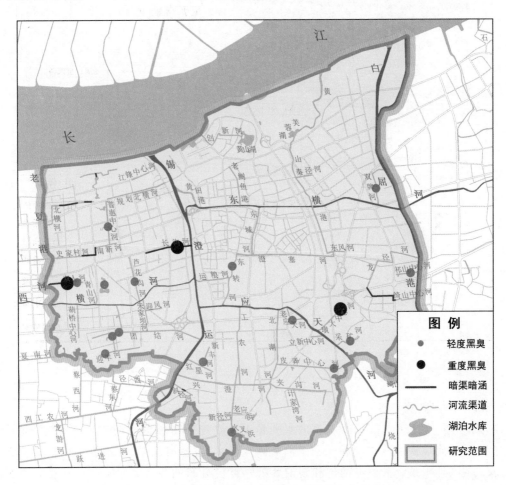

图 2.8.3　江阴市城区加密监测点水质黑臭点位分布图

### 2.8.4 排污口调查

根据江阴市城区河道两侧排口核查成果，江阴市城区共有各类排口 257 个，其中亟待整治的 27 条河道共有各类旱季排污口 184 个。按照规模划分，规模以上（废污水排放量大于 300t/d 或 10 万 t/a）18 个，规模以下 166 个；按照排污口类型划分，市政生活 175 个，工业 7 个，市政生活和工业混合 2 个。

### 2.8.5 河道底泥调查

对江阴城区主要河道底泥采集沉积物进行分层采样分析，共设置 37 个采样点，检测指标包括有机质、总磷、总氮、氨氮及汞、镍、砷、铅、铬、铜、锌、镉等重金属污染物。根据评价结果，江阴城区河道底泥总磷含量为 56～3720mg/kg，平均值（877.5mg/kg）高于土壤磷背景值（533.46mg/kg）；底泥总氮为 358～5670mg/kg，平均值（1470mg/kg）高于土壤氮背景值（731mg/kg）；汞、铜、镉、锌、铅、铬和砷的平均含量均高于江苏省土壤背景值，存在一定的环境风险。

## 2.9 水生态现状

### 2.9.1 生态功能区划及生态红线

根据《江苏省重要生态功能保护区区域规划》《江苏省生态红线区域保护规划》及《江苏省国家级生态保护红线规划》，江阴市生态保护红线主要分为长江水源涵养生态保护红线及西南低山丘陵水土保持生态保护红线，主导生态系统服务功能为水源涵养、水土保持、生物多样性保护及自然与人文景观保护。目前已划定的生态保护红线区域包括江阴要塞森林公园、定山风景名胜区、江阴芙蓉湖省级湿地公园、长江小湾饮用水水源保护区、长江肖山饮用水水源保护区、绮山应急备用水源地保护区、长江西石桥水源地保护区、长江窑港饮用水水源保护区、马镇河流重要湿地及江阴市低山生态公益林，总面积 121.065km$^2$，其中一级管控区 42.845km$^2$，二级管控区 78.22km$^2$。

### 2.9.2 生态敏感区

江阴市城区现共有各类生态敏感区 10 处，包括 1 处省级森林公园、3 处饮用水水源地保护区、2 处低山生态公益林和 4 处市级公园，未有国家级水产种质资源保护区。其中，要塞省级森林公园、长江小湾饮用水水源保护区、长江肖山饮用水水源保护区、绮山应急备用水源地保护区已纳入《江苏省国家级生态保护红线规划》，绮山、花山等低山生态公益林已纳入《江苏省生态红线区域保护规划》。在城区生态敏感区中，主要涉水敏感区包括长江小湾饮用水水源保护区、长江肖山饮用水水源保护区、绮山应急备用水源地保护区及青山遗址公园。

### 2.9.3 生物栖息地状况

江阴市城区河流生境以人工开凿河道生境为主，形态单一，总体上呈顺直型，护岸大多进行了浆砌片石或混凝土衬砌，形成硬质河岸，横断面形状多为规则的矩形或梯形，整个河道没有明显的差异，两岸农田种植及建构筑物严重侵占河岸带范围，且整体水系坡降较小，河道内闸站较多，总体水流缓慢，表现出静水生境特征；部分渠港未进行完全渠化，形态上以单一的河道为主，河道顺直或微弯，无较大的分汊，河流生境较为简单，在横向上多为 U 形或 V 形，且有的较为对称，河势稳定，生境单一。

### 2.9.4　水生生物

#### 2.9.4.1　鱼类

据调查，江阴城区河道鱼类共 6 目 10 科 24 属 26 种，其中现场调查共捕获 22 种，走访调查新增 4 种鱼类，主要的经济鱼类为鲤、鲫、草鱼、翘嘴红鲌、鳊、鲢、鳙、黄颡鱼、鲇、黄鳝和乌鳢等。洄游性鱼类较少，虽然有青鱼、草鱼、鲢、鳙等具有产卵洄游习性的四大家鱼，但主要来源于人工放流或逃逸种。

#### 2.9.4.2　底栖动物

据调查，江阴市城区河流共采集到底栖动物 29 种，分属 3 门 7 纲 16 科 24 属，其中软体动物 14 种、寡毛类 3 种、水生昆虫 4 种、十足目 4 种、蛭纲 2 种、端足目 1 种、多毛纲 1 种。根据调查结果，锡澄运河的底栖动物种类最多，达 17 种；其次为东横河（12种）和西横河（8 种）；白屈港、应天河、西横河、东横河 4 条河流的底栖动物物种丰度较低，分别为 5 种、4 种、2 种、2 种。

#### 2.9.4.3　浮游植物

据调查，江阴市城区河道各采样点共鉴定浮游植物 87 属种，分别隶属于蓝藻门（14）、硅藻门（16）、绿藻门（43）、裸藻门（7）、隐藻门（3）、甲藻门（1）和金藻门（3），主要优势种有 5 种，分别为浮丝藻（14.9%）、假鱼腥藻（16.3%）、平裂藻（16.5%）、微囊藻（3.0%）和胶网藻（6.0%）。江阴城区河道整体污染较严重，浮游植物群落结构单一。

#### 2.9.4.4　浮游动物

据调查，江阴市城区河道各采样点共鉴定浮游动物 77 属种，分别隶属于原生动物（29）、轮虫类（37）、枝角类（5）和桡足类（6），主要优势种共有 9 种，分别为纤毛虫（18.1%）、侠盗虫属（14.1%）、顶生三肢轮虫（12.2%）、钟虫属（8.8%）、膜袋虫属（7.9%）、广布多肢轮虫（5.9%）、无节幼体（4.7%）、淡水简壳虫（3.5%）及角突臂尾轮虫（3.5%），均为耐污种。江阴城区河道浮游植物群落结构单一，都有不同程度的污染，其中大部分属于中污染。

### 2.9.5　水生态现状评价

参考《全国主要河湖水生态保护与修复规划》及《全国水资源保护规划技术大纲（试行）》水生态状况评价指标，选取水文、水资源、水环境状况、物理形态、生物状况 5 个方面的 5 个指标，对江阴市城区水生态状况进行评价。总体而言，江阴城区水网生态状况主要存在河道岸线侵占、自然形态受损、水质恶化、水体流动性差、连通性受阻及水生生物群落多样性降低等多方面的问题，水生态状况评价结果为劣。

# 2.10 防洪排涝现状

## 2.10.1 洪涝灾害

### 2.10.1.1 洪涝成因

江阴的洪涝灾害一般由夏季梅雨或夏秋季台风暴雨造成。梅雨降雨范围广，历时长，雨量集中，可造成全太湖流域洪涝灾害，引起平原地区河道水位持续上涨且经久不退，是导致全市洪涝灾害的主要成因。

近年来，受极端天气的影响，江阴市洪水位逐年升高和洪涝灾害频次增加，其原因主要为以下几项。

（1）无锡大包围圈的影响。

对江阴市防洪有影响的主要是运东大包围。运东大包围外围防线长 61.5km，其中堤线长 26.6km。无锡大包围开启后，无锡泵站主要通过白屈港与锡澄运河向长江排水。100 年一遇暴雨情况下，大包围开启运行时，青祝河以南地区水位有所上升，江阴边界处上升达 0.03～0.07m，经过青祝河与冯泾河两条市级河道横向分流调节后，大包围影响逐渐消除，冯泾河以北地区水位变化不明显。

（2）河网前期水位的影响。

随着太湖流域水资源利用和水环境整治需要，从长江引水强度和引水频率大大增加，河网正常水位显著抬高，减少了防洪调节库容，遭受暴雨侵袭时给江阴市造成新的洪涝问题，河网前期蓄水位的大小对研究范围内的 100 年一遇最高洪水位有显著影响。

（3）河道淤积与疏浚的影响。

河道淤积会使河道的防洪能力减弱，淤积 0.4m 会使 100 年一遇洪水位升高 0.05m。

（4）河道糙率的影响。

河道维护不当、护坡形式发生变化、富营养化带来的水草增加等问题都会带来河道糙率的变化，河道糙率的改变对于洪水位变化具有一定的影响，随着糙率的增大，河道的过水能力下降，因而引起最高水位的增高，洪水的过流量也会减小。

### 2.10.1.2 历史洪涝灾害

江阴市位于太湖北部平原河网地区，北临长江，南邻太湖，地势低洼，上承太湖及锡虞区洪水过境威胁，下受长江高潮顶托和台风侵袭，历史上洪涝灾害频繁。

据《江苏省近 2000 年洪涝灾害年表》和《江阴市水利志》记载，中华人民共和国成立以来，江阴市发生较大洪涝灾害的年份有 1954 年、1962 年、1983 年、1991 年、1999 年、2007 年和 2015 年等。

### 2.10.1.3 近期洪涝情况

近年来受极端天气影响，江阴市出现降水异常偏多、降水时空分布不均的情况。其中 2015 年是 6 月和 11 月异常偏多，其中 6 月雨量为 868.4mm，是常年同期的 5 倍，并刷新历史极值（此前 6 月雨量极值为 391.6mm，出现于 1999 年），内河最高水位超历史最高纪录，各地不同程度受淹，对工农业生产和居民生活影响巨大。2016 年总降水量

2217.5mm，为有气象记录以来最大年总降水量，9 月、10 月的降水量都刷新了历史极值，分别是同期的 4.3 倍和 6.3 倍。

## 2.10.2　防洪现状

多年来，江阴市针对洪水灾害成因及特性，不断加强和完善防洪体系的建设，目前全市基本形成了外围依靠长江堤防，市域内部高地自排、低洼地建堤设圩的防洪保安体系。

### 2.10.2.1　外围防洪

江阴长江肖山站标准：长江警戒水位 3.58m，50 年一遇设计水位 5.33m，100 年一遇设计水位 5.64m。历史长江最高潮位 5.30m（1997 年），新中国成立以来，最高潮位超 4m 的有 25 次，超 5m 的有 2 次（1996 年、1997 年）。

江阴城区北临长江，有长江堤防（老夏港—白屈港段）11.4km，港堤（黄田港、白屈港、白屈港闸站）5.26km。经多年长江堤防加固、防洪能力提升工程实施后，江阴城区段江港堤闸已具备应对长江较大洪水和天文大潮的能力，基本能满足《长江流域规划》设计标准，但尚未达到 100 年一遇的设计标准（主江堤超高 2m，港堤超高 1.5m，顶宽不小于 6m），现有堤防的防洪能力已不能满足本区经济社会的发展需要。

### 2.10.2.2　内部防洪

在现状工程条件下，骨干河道 50 年一遇最高洪水位为 2.78～3.13m，当遭遇 100 年一遇洪水时，河网最高洪水位为 2.92～3.30m，由于现状工程条件下排水河道过水断面小，河道淤积严重以及河道连通性差等原因，部分河道 100 年一遇洪水位超过地面高程 0.2～0.4m。

江阴城区现有 4 个千亩圩区，分别为江锋圩、团结圩、千亩圩、谢园圩，总面积 6.97km²，圩堤总长 9.93km，结合工程沿线现状地形地貌，圩区堤防全面按历史最高洪水位进行加高加固，现状圩区堤防顶高程一般在 4.0m 左右，基本完成达标建设。

## 2.10.3　排涝现状

### 2.10.3.1　排涝分区

根据规划区骨干河网格局及涝水汇集的范围，以锡澄运河、西横河、东横河、应天河为界分成 5 个排水分区，如图 2.10.1 所示。

排水Ⅰ区：该区位于锡澄运河以西、西横河以北，面积 14.92km²。滨江路以北、老夏港东侧及西横河北侧地面高程为 3.0～3.5m，其他区域地势较高，地面高程在 4.0m 以上。该区河网密度较低，北横河、普惠中心河、史家村河、芦花沟河为该区骨干排水河道。

排水Ⅱ区：该区位于锡澄运河以西、西横河以南，面积 6.68km²。该区域地势较低，地面高程大多在 3.0m 以下，涝水难以自流排除，需通过泵站控制内河水位。

排水Ⅲ区：该区位于锡澄运河以东、东横河以北，面积 19.17km²。该区地势较高，地面高程在 4.0m 以上，涝水自流排除。该区河网密度较低，黄山港为该区骨干排水河道。

排水Ⅳ区：该区位于锡澄运河以东、东横河以南、应天河以北，面积 21.20km²。澄

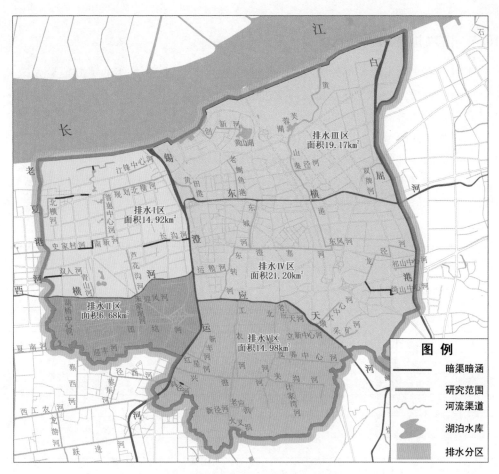

图 2.10.1　江阴城区排涝分区图

塞河以北地势较高，地面高程大多在 4.0m 以上，其他区域地面高程为 3.0~3.5m。该区东转河、东城河、运粮河、澄塞河为该区骨干排水河道。

　　排水Ⅴ区：该区位于锡澄运河以西、应天河以南，面积 14.98km²。除北潮河两侧地面高程在 3.0m 以上，其他区域地势较低，地面高程大多在 3.0m 以下，涝水难以自流排除，需通过泵站排除涝水。

### 2.10.3.2　城区排涝现状

　　江阴城区排涝方向为北排长江，南北向河道为主要排涝河道，东西向河道主要起沟通水系的功能。现状骨干河道之间缺乏有效沟通，畅通性不佳，当水位达到 5.0m 时，多处成为易涝区。

　　江阴城区 4 个千亩圩区总面积 6.97km²，圩堤总长 9.93km，排涝流量 15.73m³/s。其中江峰圩面积 1.21km²，平均地面高程 4.5m，规划水面率 6%，现有港口排涝站（1.10m³/s）、江海排涝站（0.22m³/s）、黄田港排涝站（1.35m³/s）、望江公园排涝站（0.90m³/s）等 4 座排涝站，主要通过雨水管网将涝水汇集，由泵站排入锡澄运河，总排涝流量 3.57m³/s，基本满足排涝设计标准的要求，其他圩区根据相关文献需要增加排涝流量。

## 2.10.4 防洪排涝工程现状

江阴市现有水利工程大都始建于 20 世纪 50 年代，经过 50 多年的不断经营及改造和配套，已初具规模，特别是近年建设的江边枢纽及闸站工程，对改善和发展这一地区的农业生产条件发挥了重要作用。

目前，整个江阴市防洪除涝工程体系已基本形成，长江大堤已具备防御长江较大洪水和天文大潮的能力，江堤全长 39.1km，港堤长 12.5km。

江阴市城区主要有 1 个套闸、6 座水闸、2 座闸站、38 座排涝站（含雨水泵站），具体信息见表 2.10.1 和表 2.10.2。

表 2.10.1 江阴市城区主要闸站基本情况表

| 编号 | 闸站 | 所在河流 | 引水流量/(m³/s) | 排水流量/(m³/s) |
|---|---|---|---|---|
| 1 | 白屈港套闸 | 白屈港 | 180 | 240 |
| 2 | 白屈港闸站 | 白屈港 | 100 | 200 |
| 3 | 黄山港闸站 | 黄山港 | 26 | 26 |
| 4 | 兴澄河节制闸 | 兴澄河 | 25 | |
| 5 | 夏港节制闸 | 老夏港 | 38 | |
| 6 | 应天河控制闸 | 应天河 | 78 | |
| 7 | 定波北闸 | 黄田港 | 111 | 240 |
| 8 | 定波闸 | 黄田港 | 180 | |
| 9 | 东横河西节制闸 | 东横河 | 70 | |

表 2.10.2 江阴城区现状排涝泵站汇总表（含雨水泵站）

| 编号 | 泵站名称 | 汇入河流 | 流量/(m³/s) |
|---|---|---|---|
| 1 | 望江公园排涝站 | 望江公园引水渠道 | 0.90 |
| 2 | 普惠西排涝站 | 史家村河 | 0.45 |
| 3 | 港口排涝站 | 锡澄运河 | 1.10 |
| 4 | 江海排涝站 | 锡澄运河 | 0.22 |
| 5 | 黄田港排涝站 | 锡澄运河 | 1.35 |
| 6 | 黄田街排涝站 | 锡澄运河 | 0.88 |
| 7 | 老煤栈排涝站 | 锡澄运河 | 1.20 |
| 8 | 五星排涝站 | 锡澄运河 | 1.60 |
| 9 | 西门排涝站 | 锡澄运河 | 1.50 |
| 10 | 杏春桥排涝站 | 锡澄运河 | 1.90 |
| 11 | 邓家村排涝站 | 锡澄运河 | 0.90 |
| 12 | 红星排涝站 | 锡澄运河 | 1.00 |
| 13 | 葫桥排涝站 | 葫桥中心河 | 1.10 |

| 编号 | 泵 站 名 称 | 汇入河流 | 流量/(m³/s) |
|---|---|---|---|
| 14 | 红光排涝站 | 西横河 | 3.50 |
| 15 | 璜塘上排涝站 | 西横河 | 0.75 |
| 16 | 陈家村排涝站 | 西横河 | 0.45 |
| 17 | 介甲里排涝站 | 团结河 | 0.67 |
| 18 | 团结河排涝站 | 团结河 | 4.41 |
| 19 | 鲥鱼港排涝站 | 创新河 | 10.00 |
| 20 | 广场排涝站 | 黄山港 | 1.50 |
| 21 | 花鸟市场排涝站 | 澄塞河 | 1.50 |
| 22 | 小河一村排涝站 | 锡澄运河 | 0.50 |
| 23 | 小河二村排涝站 | 锡澄运河 | 0.50 |
| 24 | 澄南排涝站 | 应天河 | 1.50 |
| 25 | 姚家湾排涝站 | 应天河 | 0.50 |
| 26 | 革新排涝站 | 应天河 | 1.00 |
| 27 | 省田里排涝站 | 应天河 | 0.50 |
| 28 | 路贯村排涝站 | 应天河 | 0.21 |
| 29 | 工农排涝站 | 工农河 | 1.65 |
| 30 | 瑞风苑排涝站 | 工农河 | 0.21 |
| 31 | 工农河南排涝站 | 工农河 | 6.00 |
| 32 | 邵村排涝站 | 皮弄中心河 | 0.50 |
| 33 | 花北苗圃排涝站 | 兴澄河 | 0.22 |
| 34 | 沿河村排涝站 | 夹沟河 | 0.50 |
| 35 | 谢园排涝站 | 斜泾河 | 2.00 |
| 36 | 新华园区排涝站 | 白屈港 | 0.25 |
| 37 | 龙泾河排涝站 | 龙泾河 | 9.60 |
| 38 | 果园路排涝站 | 龙泾河 | 0.70 |

## 2.11　水系连通工程现状

### 2.11.1　无锡市水系连通工程现状及规划情况

#### 2.11.1.1　无锡市水系连通工程现状

无锡市现状调水大体上流域层面以望虞河"引江济太"、局部区域层面以白屈港调水、中心城区调水、小范围调水为主（图2.11.1）。

图 2.11.1　无锡市锡澄片活水现状图

（1）望虞河"引江济太"。

望虞河"引江济太"通过望虞河常熟水利枢纽引长江水，由望亭水利枢纽入太湖增加流域水资源有效供给（图 2.11.2）。望虞河"引江济太"主要依据《太湖流域洪水与水量调度方案》（国汛〔2011〕17 号）开展实时调度，调度权主要在太湖流域管理局。

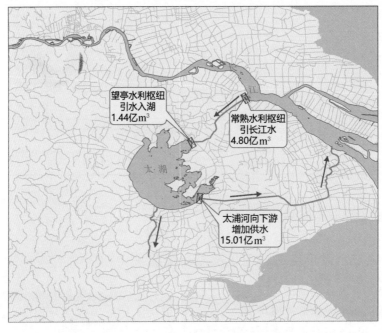

图 2.11.2　"引江济太"引供水示意图

（2）澄东调水工程（白屈港调水工程）。

为改善江阴地区水资源和水环境问题，在 2006 年实施完成江阴市澄东调水工程（白屈港调水工程）。该工程基于以动治静、以丰补枯理念，利用已建白屈港引排条件，通过白屈港泵站调引长江水，促进澄东地区河网畅流活水，目前调水主要改善范围为江阴市澄东地区。

白屈港调水时主要有 4 条线路（图 2.11.3），其运行方案如下。

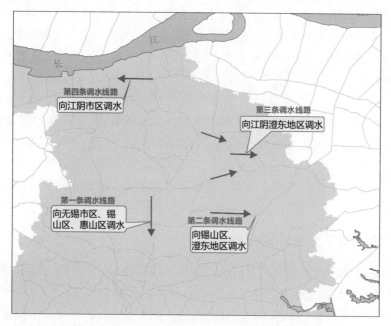

图 2.11.3　澄东调水工程主要调水线路示意图

第一条调水线路调水时运行方案：白屈港抽水站引水，开启白屈港璜塘套闸，关闭调水工程其他各闸，向无锡市区、锡山区、惠山区地区调水。

第二条调水线路调水时运行方案：白屈港抽水站引水，开启文林套闸，关闭调水工程其他各闸，向锡山区、澄东地区调水。

第三条调水线路调水时运行方案：白屈港抽水站引水，开启芦墩浜节制闸、周庄套闸、祝塘套闸、文林套闸，关闭调水工程其他各闸，向澄东地区调水。

第四条调水线路调水时运行方案：白屈港抽水站引水，开启东横河西节制闸，关闭调水工程其他各闸，向江阴市区调水。

江阴市主要按第三条调水线路进行控制运用，主要针对和改善澄东地区水环境。

（3）中心城区调水现状。

中心城区调水主要针对无锡城区特别是运东大包围进行活水引流，适度改善水环境，调水路线包括利用梅梁湖泵站或吴塘门泵站从太湖调水、利用严埭港枢纽从锡北运河引水、打开伯渎港节制并利用利民桥泵站从望虞河引水。总体来看，目前由于控源截污尚未彻底、调水水源水质不佳等因素，大包围现有调水模式对水环境的改善效果并不理想。

(4)"小范围"引流活水现状。

局部区域的"小范围"活水主要针对"圩区",通过水的引进排出、圩内流转实现引流活水,提升水环境容量。但由于圩区内活水基本各自为政,缺乏统一调度,因此其引水排水线路往往相互干扰。

### 2.11.1.2 无锡市水系连通工程规划情况

为保护水资源和改善水环境、适应新时代生态文明建设要求、促进和恢复水生态系统良性循环,规划建设锡澄片骨干河网畅流活水工程。该工程活水引流思路为"北引长江,南活水系,因势利导,江湖共济"。通过宏观分析锡澄片引排格局,提出构建和依托白屈港、锡澄运河、望虞河三条清水通道以及江南运河、走马塘、新沟河 3 条排水通道的"三进三出"总体布局。

其中,"北引长江"主要基于白屈港和锡澄运河线路从长江引流,澄东片分流约 50m³/s,进入运东大包围约 80m³/s 的调水方案(大流量方案);现状白屈港泵站装机流量为 100m³/s(长期引水流量 80m³/s),规划建设锡澄运河泵站,设计流量为 120m³/s(双向泵站,3 用 1 备)。"南活水系"则建议进一步加强水系沟通,完善引流设施,在符合水资源分配要求的前提下灵活地引流活水。锡澄片引流活水一般在非汛期进行,以确保防洪排涝安全为前提。

## 2.11.2 江阴市城区水系连通现状

江阴市城区骨干河网水系布局目前呈"三横三纵"格局,"三横"即东横河、西横河和应天河,"三纵"即老夏港河、锡澄运河和白屈港,水系整体布局较为均匀。历史上江阴中心城区曾经河湖密布、水网纵横、江湖连通。随着城市化的发展,未能考虑工程与水系现状、规划的衔接,出现了侵占水面、阻塞河道、束窄断面等现象,通过资料分析、现场调研,目前发现城区内部分地区水系不畅,部分河道变成断头浜甚至死浜,导致河道调蓄能力、水体自净能力减弱,水环境容量降低。

根据江阴市城区骨干河网格局及排水分区,针对 5 个排水分区分别分析 53 条河道的连通现状。

### 2.11.2.1 排水Ⅰ区水系连通现状

排水Ⅰ区涉及规划范围内的水系包括 13 条河道和 5 个湖泊,如图 2.11.4 所示。通过资料分析、现场调研,目前排水Ⅰ区河道有 7 条断头浜和 2 条死浜,湖泊仅有 2 个与周边水系相连,水系连通性差。各河湖水系连通情况见表 2.11.1。

表 2.11.1　　　　　　　　　　排水Ⅰ区水系连通现状统计表

| 编号 | 河名 | 连 通 情 况 | 评价 |
|---|---|---|---|
| 1 | 锡澄运河 | 北接长江,南至京杭大运河 | 连通性好 |
| 2 | 老夏港河 | 北接长江,南至西横河 | 连通性好 |
| 3 | 北横河 | 北接澄西污水处理厂,南至老夏港河 | 连通性好 |
| 4 | 规划北横河 | 西至普惠路西,东至锡澄运河堤防,为死浜 | 不连通 |
| 5 | 西横河 | 西接老夏港河,东至锡澄运河 | 连通性好 |

| 编号 | 河名 | 连通情况 | 评价 |
|------|------|----------|------|
| 6 | 史家村河 | 西接老夏港河，东至衡山路（通过泵站及暗涵连至南新河，目前泵站停用） | 东侧断流 |
| 7 | 南新河 | 西接外环路（通过泵站及暗涵连至史家村河，目前泵站停用），东至普惠中心河 | 西侧断流 |
| 8 | 普惠中心河 | 北接滨江西路，南至南新河 | 北侧断流 |
| 9 | 芦花沟河 | 北接人民西路，南至西横河 | 北侧断流 |
| 10 | 江锋中心河 | 西起江锋路东，东至一座简易闸门（往东接暗涵），为死浜 | 不连通 |
| 11 | 双人河 | 东至林家村附近，西至老夏港河（通过暗涵连接） | 东侧断流 |
| 12 | 青山河 | 北起青山路，南至西横河 | 北侧断流 |
| 13 | 长沟河 | 西起万达广场，东至锡澄运河（通过暗涵相连） | 西侧断流 |
| 14 | 望江公园景观湖 | 北侧通过管涵与引水渠道相连 | 连通性一般 |
| 15 | 普惠公园景观湖 | 东侧通过管涵与普惠中心河连通 | 连通性一般 |
| 16 | 通富路景观湖 | 不与周围水系相连 | 不连通 |
| 17 | 青山路北景观湖 | 不与周围水系相连 | 不连通 |
| 18 | 青山路南景观湖 | 不与周围水系相连 | 不连通 |

图 2.11.4  排水 I 区水系连通现状图

## 2.11.2.2  排水 II 区水系连通现状

排水 II 区涉及系统规划的水系包括 7 条河道，如图 2.11.5 所示。通过资料分析、现场调研，目前排水 II 区河道有 3 条断头浜和 1 条死浜，水系连通性差。各河流水系连通情况见表 2.11.2。

图2.11.5　排水Ⅱ区水系连通现状图

表2.11.2　　　　　　　　　　　排水Ⅱ区水系连通现状统计表

| 编号 | 河名 | 连通情况 | 评价 |
|---|---|---|---|
| 1 | 团结河 | 西起德道寺，东至锡澄运河 | 西侧断流 |
| 2 | 葫桥中心河 | 北接西横河，南至芙蓉大道 | 南侧断流 |
| 3 | 朱家坝河 | 北接西横河，南至团结河。南侧的芙蓉大道-团结河段为暗涵，长约150m | 连通性好 |
| 4 | 迎风河 | 西接朱家坝河，东至通渡南路 | 东侧断流 |
| 5 | 红光引水河 | 北接西横河，南至团结河 | 连通性好 |
| 6 | 朝阳河 | 北接团结河，南至迎丰河 | 连通性好 |
| 7 | 迎丰河 | 西接某村庄，东至普惠路 | 两端断流，中间接朝阳河 |

### 2.11.2.3　排水Ⅲ区水系连通现状

排水Ⅲ区涉及系统规划的水系包括8条河道和2个湖泊，如图2.11.6所示。通过资料分析、现场调研，目前排水Ⅲ区水系连通效果整体较好，有2条断头浜，创新河水源不足导致流速较小。排水Ⅲ区水系连通现状统计见表2.11.3。

表2.11.3　　　　　　　　　　　排水Ⅲ区水系连通现状统计表

| 编号 | 河名 | 连通情况 | 评价 |
|---|---|---|---|
| 1 | 白屈港 | 北接长江，南连太湖 | 连通性好 |
| 2 | 黄山港 | 北起长江，南至澄塞河 | 连通性好 |

| 编号 | 河名 | 连通情况 | 评价 |
|---|---|---|---|
| 3 | 东横河 | 西起锡澄运河，东至白屈港 | 连通性好 |
| 4 | 创新河 | 东起黄山湖，西至长江 | 水源不足 |
| 5 | 老鲥鱼港 | 北起君巫路，南至东横河（暗涵相连） | 北侧断流 |
| 6 | 秦泾河 | 西接黄山港，东至凤凰山路 | 东侧断流 |
| 7 | 双牌河 | 北接白屈港，南至东横河 | 连通性好 |
| 8 | 黄田港 | 西接锡澄运河，东至皮弄中心河 | 连通性好 |
| 9 | 黄山湖 | 西侧与创新河相连 | 连通性一般 |
| 10 | 芙蓉湖 | 黄山港穿湖而过 | 连通性好 |

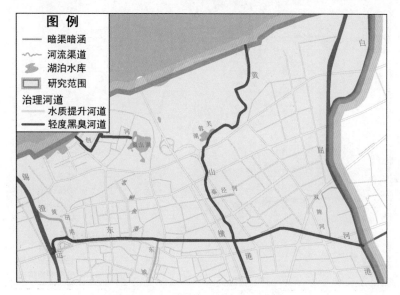

图 2.11.6　排水Ⅲ区水系连通现状图

#### 2.11.2.4　排水Ⅳ区水系连通现状

排水Ⅳ区涉及系统规划的水系包括 11 条河道，如图 2.11.7 所示。通过资料分析、现场调研，目前排水Ⅳ区河道连通效果整体较好，有 3 条断头浜。排水Ⅳ区水系连通现状统计见表 2.11.4。

表 2.11.4　　　　　　　　　　排水Ⅳ区水系连通现状统计表

| 编号 | 河名 | 连通情况 | 评价 |
|---|---|---|---|
| 1 | 应天河 | 西接锡澄运河，东至白屈港 | 连通性好 |
| 2 | 澄塞河 | 西起东转河，东至黄山港 | 连通性好 |
| 3 | 东城河 | 北起东横河，南至澄塞河 | 连通性好 |
| 4 | 龙泾河 | 西接芙蓉大道（绮山中心河暗涵），东至白屈港 | 连通性好 |
| 5 | 绮山中心河 | 西侧通过暗涵与龙泾河相连，东接白屈港 | 连通性好 |

续表

| 编号 | 河名 | 连 通 情 况 | 评价 |
|---|---|---|---|
| 6 | 运粮河 | 东起东转河，西至锡澄运河 | 连通性好 |
| 7 | 东转河 | 北接澄塞河，南至应天河 | 连通性好 |
| 8 | 东风河 | 西接黄山港，东至贯庄小区 | 东侧断流 |
| 9 | 祁山中心河 | 西起东外环路，东至白屈港 | 西侧断流 |
| 10 | 璜大中心河 | 西接应天河，东至锡澄高速 | 东侧断流 |
| 11 | 采矿河 | 西接应天河，东至福澄路东端 | 东侧断流 |

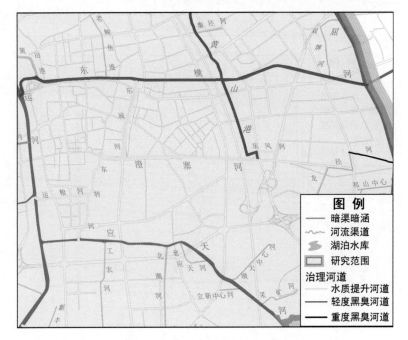

图 2.11.7　排水 IV 区水系连通现状图

### 2.11.2.5　排水 V 区水系连通现状

排水 V 区涉及系统规划的水系包括 14 条河道和 1 个湖泊，如图 2.11.8 所示。通过资料分析、现场调研，目前排水 V 区河道有 11 条断头浜，湖泊与周围水系也不连通，水系连通性差。排水 V 区水系连通现状统计见表 2.11.5。

表 2.11.5　　　　　　　　　　排水 V 区水系连通现状统计表

| 编号 | 河名 | 连 通 情 况 | 评价 |
|---|---|---|---|
| 1 | 工农河 | 北接应天河，南至火叉浜 | 连通性好 |
| 2 | 北潮河 | 北接应天河，南至富园路 | 南侧断流 |
| 3 | 皮弄中心河 | 西接北潮河，东至应天河 | 连通性好 |
| 4 | 兴澄河 | 西接锡澄运河，东至北潮河 | 连通性好 |
| 5 | 夹沟河 | 西接北潮河，东至某村 | 东侧断流 |

| 编号 | 河名 | 连 通 情 况 | 评价 |
|------|------|------------|------|
| 6 | 计家湾河 | 北接夹沟河，南至富园路 | 南侧断流 |
| 7 | 红星河 | 西接锡澄运河，东至梅园大街 | 东侧断流 |
| 8 | 新丰河 | 北起范家埭，南至红星河 | 北侧断流 |
| 9 | 斜泾河 | 西接锡澄运河，东至一化工企业 | 东侧断流 |
| 10 | 老应浜 | 南起兴澄钢厂浜底，西接工农河，中间被站西路分成两段 | 南侧断流，南北两段不连通 |
| 11 | 新泾河 | 西接229省道辅路，东至工农河 | 西侧断流 |
| 12 | 火叉浜 | 西接工农河，东至花果路 | 东侧断流 |
| 13 | 老应天河 | 两端与应天河相连，中间被芙蓉大道分成两段 | 南北两段不连通 |
| 14 | 立新中心河 | 西接大桥南路，东至应天河 | 西侧断流 |
| 15 | 铜厂路景观湖 | 与周围水系不连通 | 不连通 |

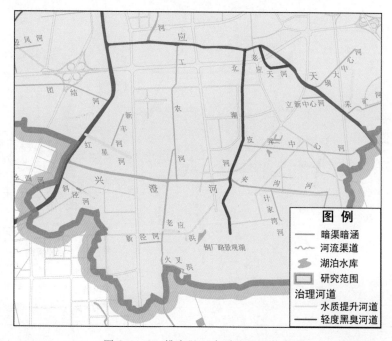

图 2.11.8　排水Ⅴ区水系连通现状图

## 2.11.3　江阴市城区水系连通工程调度方案

### 2.11.3.1　现状活水调度方案概述

江阴市城区澄西片区尚未开展活水循环工程，仅澄东片区通过黄山港闸站及白屈港套闸引调长江水对澄东片区河道进行活水循环。江阴市城区现状污水方案如图 2.11.9 所示。

黄山港及定波北闸调度方案：黄山港是江阴市老城区的专用引水河道，沿江口引水泵站流量 8m³/s，长江水位较高时，开启闸门，长江水自流入黄山港，长江水位较低时，通过黄山港泵站引水入黄山港，保证每日累计引水时间达到 8h。引水期间，关闭定波闸，通过东横河水利枢纽与应天河闸站控制，水流直接进入城区；长江低潮位时，关闭黄山港闸站，开启定波北闸，通过新建节制闸的控制，利用高低水位差将城区内河水流排入长江。

白屈港是武澄锡虞区的重要引水通道，现有调度方案为：白屈港抽水泵站每周启用5d，调水规模约 $80m^3/s$。启动时关闭白屈港西侧东横河闸及应天河闸，主要供应无锡市区及东侧澄锡虞高片水系。

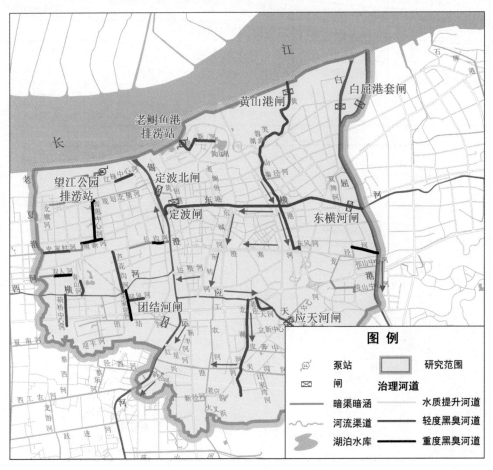

图 2.11.9  江阴市城区现状活水方案

### 2.11.3.2  现状活水调度方案效果评价

黄山港作为江阴市城区的专用引水通道，每日的引水量约为 22 万 $m^3$，但黄山港引水工程仅对小范围内与其直接相连的河道有限的改善作用，对澄东片区内的其他多数河流几无改善效果，因此澄东片区现状还存在多条黑臭河道。

白屈港作为无锡市管河道主要供应无锡市区及东侧澄锡虞高片水系，在引水过程中，东横河东闸及应天河闸均关闭，由白屈港引调的长江水无法进入江阴市区，对江阴市城区内河河道的水质无改善效果。

澄西片区目前没有活水循环工程开展，且澄东片区活水工程水流无法进入澄西片区，对澄西片区河道无水质改善作用。

因此，仅靠目前的活水循环工程及活水方案，无法使江阴市城区河道水质达到水质管理目标标准。

## 2.12　水景观现状

江阴城区主要河道滨水景观已建成，部分河道建设有沿河步道和亲水平台，可为周边居民提供休闲活动空间。但也存在着多数河道驳岸以矩形和梯形形态为主，两岸基本无亲水空间；部分河道被当地居民开垦为临时菜地，景观视觉效果较差；部分沿河步道与市政道路衔接不畅，亲水平台结构形式单一，不能满足人们日益增长的亲水需求等方面的问题。

### 2.12.1　滨江景观现状

典型区内长江岸线始于老夏港河止于白屈港河，共计 11.2km 长，现状滨江岸线除了鹅鼻嘴公园与要塞森林公园段建设为公园，其他段落岸线暂时被码头侵占，尚未进行景观建设。

滨江约 400m 范围内，现状用地主要为造船、散货仓储及交通运输等用途，以生产功能为主，岸线利用生活性不强，高强度开发带来一定的环境压力。由海事港码头至鹅鼻嘴公园段滨江岸线已有滨江亲水工程规划，由西至东依次为黄田港公园、锡澄运河绿地、韭菜港公园、鲥鱼港公园、船厂公园运河。其中，老夏港至锡澄运河段滨江沿线现状主要为澄西船厂等码头，鹅鼻嘴公园至白屈港段现状为黄山军用码头等多个码头集聚，尚未进行景观建设；锡澄运河至鹅鼻嘴公园段现状主要为海事码头等，滨江沿线规划有锡澄运河公园、韭菜港公园、鲥鱼港公园、船厂公园，尚未进行景观建设。

### 2.12.2　滨河景观现状

典型区内有河道 53 条，总长共计 94.2km，河道绿线总规模约 344hm²。其中有 18 条河道已开展了景观建设，已建景观总长度 41.7km，已建景观总规模 81hm²；未建景观总长度 52.5km，未建景观总规模 263hm²。53 条河道现状可大致划分为未进行过景观建设、现状风貌较为原始的河道，整体景观已建成、现状风貌良好的河道，部分段落景观已建成河道 3 种类型。

未进行过景观建设、现状风貌较为原始的河道共 34 条，这类河道整体环境稍显杂乱，但基本能维持自然状态，周边人流量较少；滨河岸线多为土坡自然护岸，或是自然与硬质驳岸相结合；滨岸植被类型以杂草杂树为主且河道两侧绿化空间较窄；周边土地利用类型为居住用地、工业用地、农田、荒地、建筑工地等。此类河道驳岸土石裸露，河道两侧或单侧几乎没有绿化空间和滨水植物，植被生长杂乱、乔木倒伏，侵占部分河道，景观视觉效果较差。

整体景观已建成、现状风貌良好的河道共 10 条，这类河道周边城市建设和人流较为集中，岸线类型为硬质驳岸；滨岸植被类型为乔灌草植物组团，绿化葱郁、规整美观；周边土地利用类型以居住用地、公共建筑、学校、商业、公园等为主。此类河道景观基础设施形式单一、吸引力弱，与周边环境连续性不强，与沿线公园、广场节点衔接不畅，植物组团配置效果不佳，基础设施维护管理质量一般、使用率低。

部分段落景观已建成河道呈现融自然风貌和都市景观风貌于一体状态；滨河岸线类型为硬质驳岸、自然护岸相结合；滨岸植被类型为乔灌草结构、农田、杂树杂草和裸露土坡相结合的形式；周边土地利用类型除了居住用地还有工业用地、建筑工地等。对于空间使用率较高、公共服务设施的需求也较高的河道，有必要建设全线贯通的景观段落。

### 2.12.3　湖渊面状景观

典型区内主要湖泊有 8 个，分别为望江公园景观湖、普惠公园景观湖、通富路景观湖、青山路北景观湖、青山路南景观湖、黄山湖、芙蓉湖、铜厂路景观湖。8 个湖泊现状整体环境以自然生态为主，总体景观建设情况良好，其中黄山湖、芙蓉湖、望江公园景观湖、普惠公园景观湖等，已依托湖泊建设为城市综合性公园，环湖建有一系列景观节点。

## 2.13　水管理现状

### 2.13.1　管理单位及职责

江阴市水管理相关责任单位主要包括江阴市公用事业管理局、江阴市水利农机局、江阴市环境保护局等。

#### 2.13.1.1　公用事业管理局

江阴市公用事业管理局负责根据城市总体规划组织协调编制相关公用事业行业的中长期规划、年度计划；负责研究起草全市供水、城市节水、污水处理、环境卫生等行业的管理措施和规范性文件；负责全市供水、城镇污水处理行业管理；负责编制全市供水、污水处理行业中长期发展规划和供水、污水处理专业规划以及城市节约用水规划并监督实施；负责二次供水监督管理工作、污水处理工程建设年度计划，经批准后组织实施；负责起草全市供水、污水处理行业设施技术管理标准和运行规程并监督实施；监管全市供水、污水收集处理、城区供水和污水设施的运行；负责相关突发事件的应急处置工作；负责牵头组织对相关重大重点项目推进的检查督查、考核记录及协调等工作。

#### 2.13.1.2　水利农机局

江阴市水利农机局直属单位包括江阴市江港堤闸管理处、江阴市白屈港水利枢纽工程管理处、江阴市河道管理处、江阴市水资源管理办公室、江阴市水政监察大队、江阴市重点水利工程管理处、江阴市农机监理所及下设 17 个水利农机管理服务站，主要负责水利工程管理、农田水利、机电排灌、水利工程、水资源保护、水费收缴、防汛防旱、水政监察等管理工作。

#### 2.13.1.3　环境保护局

江阴市环境保护局制定、组织、督办全局年度环保工作目标和重点工作；制定局内部

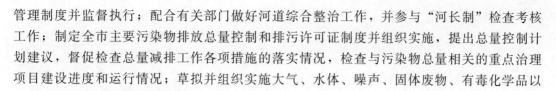

管理制度并监督执行；配合有关部门做好河道综合整治工作，并参与"河长制"检查考核工作；制定全市主要污染物排放总量控制和排污许可证制度并组织实施，提出总量控制计划建议，督促检查总量减排工作各项措施的落实情况，检查与污染物总量相关的重点治理项目建设进度和运行情况；草拟并组织实施大气、水体、噪声、固体废物、有毒化学品以及机动车的污染防治行政措施。

### 2.13.2 水务信息化现状

#### 2.13.2.1 信息采集

城区目前建有 18 座闸站，38 座排涝泵站，10 座污水泵站，9 个水质自动监测站点，部分闸站及泵站已经做了现地自动化控制及视频监控。所有监测设备的数据可通过移动端进行数据实时查看。

#### 2.13.2.2 信息化管理

自 2011 年江苏省开展水利现代化试点建设以来，江阴市着力加强智慧水利建设，率先从全面提升感知能力、全面加强互联互通、提高基础设施能力、实现信息充分共享、大力推进智慧应用 5 个方面进行了水利信息化的探索与实践，目前已建成以水雨工情自动监测与预报预警、小型闸泵站监测与远程控制、河网水资源优化调度、河长制协同办公、水利工程精细化管理、水利视频集中共享及电子政务、水利移动 App 等为主的智慧水利一体化应用门户，为水利部门科学决策、精准管理、便捷服务提供了支撑。

## 2.14 主要问题解析

### 2.14.1 排水系统

#### 2.14.1.1 污水处理厂亟待扩容

随着区内地块企事业的改迁、产业结构调整，南闸污水处理厂远期并入澄西污水处理厂，暨阳和申利污水处理厂远期并入滨江污水处理厂，在城区干支管外延、滨江污水处理厂现已满负荷运行的情况下，澄西、滨江污水处理厂的扩建刻不容缓。

#### 2.14.1.2 排水干支管道建设滞后

典型区内进入滨江污水处理厂与澄西污水处理厂污水主干管已形成，部分支管与泵站配套管网未建，已建成污水管网为 133.6km，干支管网建成率 63.2%；已建雨水（含合流）管 187.67km，干支管网建成率 62.4%。偏远地区缺乏干支管的覆盖，存在管网空真空地带，地块污水无法收集，直排入河，造成点源污染。

#### 2.14.1.3 管网混错接及缺陷问题严重

中心区的河道沿线小区多数是分流制，仅有不足 4% 的小区是合流制。根据管网摸排结果，小区混错接现象严重，且已建管网的缺陷比例较高，其中 2/3 以结构性缺陷为主，亟待修复及改建。

#### 2.14.1.4 合流制孤岛有待整治

城市中心区因建筑密度高、雨污分流难、拆迁难度大等因素，尚且存留一些合流制孤岛，导致短期内无法实施雨污分流的老旧小区有待整改。偏远区的零散民居、城中村、自然村存在雨污水随地自排现象，有待进行集中的雨污水分流改造，消除污水收集真空地带。

### 2.14.1.5　污水干管高水位运行

因地下水渗入、河水倒灌、管道阻塞、下游排水泵站容量偏低等原因，北潮河沿线的污水干管污水流速降低，淤积严重，收集转输空间减小，存在高水位运行的现象。

### 2.14.1.6　截流系统不完善，溢流风险大

现状仅有东横河、澄塞河、长沟河、老鲥鱼港 4 条河沿河铺设截流管道，截流倍数 $n_0=1\sim2$，截流倍数偏低；其余河道均未建设截流系统，雨污水排口直排入河，污水无阻碍直排入河，雨水亦有溢流污染。

## 2.14.2　水环境

江阴城区水体污染严重，骨干河道水质不佳，断头河、死浜较多，且水质普遍较差，水体黑臭现象严重。2018 年长江、锡澄运河、应天河等 10 个常规监测断面水质均不达标，且 50% 的断面水质为劣 Ⅴ 类。2019 年 53 条河道补充监测结果显示 7 条河流为 Ⅴ 类水质，占比 13.2%；25 条河流为劣 Ⅴ 类水质，占比 47.2%。75 个河流补测断面中 17 个断面黑臭指标超标，9 个湖泊补测断面中 5 个水质劣于 Ⅳ 类标准。城区河道污染来源复杂，点源直排现象严重，旱季排口达 200 余个。城区面源污染比重较高，存在老城区雨天合流制溢流污染、工业区块地表径流污染浓度高、河道两侧农田径流污染普遍等问题。内源污染风险高，东横河、北潮河、葫桥中心河、南新河、澄塞河等底泥存在氮、磷污染释放风险；澄塞河、创新河、北横河、江锋中心河、龙泾河等表层底泥重金属潜在生态风险指数高。

## 2.14.3　水生态

江阴市城区河道均位于人口和经济活动密集区，因城区截污纳管工程不完善，城区内大多数河流沿岸均设有排污口并存在污水直排现象，极大地增加水体的污染负荷，加之城区水系整体坡降较小，且受到港渠内大量闸、泵调节控制，水体流动性很差，完全丧失了自净能力，多处存在黑臭现象，水生生物无法生存，河道丧失其生态功能，同时对周边环境造成严重影响。

江阴市中心城区河道均呈顺直状态，且岸线基本已渠化、硬化，大部分河道两侧均设置硬质的浆砌石或混凝土挡墙，岸线硬化率已高达 80% 以上，破坏了河道自然形态，导致水体与岸带横向连通性受阻，适宜水生生境缺失；城郊及农村河道两岸植被缺失，普遍存在违章建筑及农业种植占据岸线及河道等问题，破坏沿岸滨水植被，部分河道淤塞严重，浮萍、水华覆盖河面，蚕食水域、侵占河道，导致水生态空间大幅萎缩，水生生物赖以生存的栖息地面积不断被压缩，生物多样性严重受损。

## 2.14.4　防洪排涝

江阴段长江堤防位于长江口，堤防抗风浪能力略显不足，堤防标准偏低。长江江港堤

防部分堤段按 100 年一遇标准，存在堤身断面小、堤防防洪挡浪墙高度、堤身防渗长度不足等问题。堤顶公路建设标准低，沿江小型建筑物按"长流规"洪（潮）水 50 年一遇设计，100 年一遇校核，尚需提升标准至 100 年一遇。

现状排涝工程设计标准总体偏低，部分圩区排涝能力达不到设计标准；一些排涝设施年久失修，泵房破旧，排涝能力下降，亟须更新改造。部分圩内水系布局不合理，干支河道不匹配，特别是闸站连接的骨干河道断面小，输水能力不足，距离闸站较远的区域，涝水不能及时排除。断头浜的存在影响了水系沟通，水系配套工程不够完善且存在众多险工隐患，圩内河湖普遍淤积影响水体流动。部分地区遭遇设计暴雨时积水不能及时排出，形成短时期内涝。

江阴市城区河网水系存在很多断头浜、死浜，水系脉络不健全，部分河道被填埋，部分河道改造为箱涵、管涵等，严重削弱了河道的行洪排涝和调蓄能力，使得洪峰增大，河道洪水位上升，城镇抗御突发性洪涝能力不足。随着城市的发展，原有外河排涝泵站标准偏低，不能满足城区防洪排涝要求。

## 2.14.5 水系连通工程

江阴市城区河网水系复杂，闸站工程众多，河网水动力不足，河道水流常常停滞少动，现状城区大多基于自然条件和沿江闸站工程因地制宜开展小范围活水工程。但江阴市城区河道均可双向流动，且受制于水工程原有功能特性，使得骨干河道进水路线和排水方向相互干扰，与城区总体清水通道和排水通道不一致，容易相互影响及造成矛盾。

现状活水工程仅在澄东片区开展，尚未在澄西片区开展。根据相关资料及现场水质测量数据分析，发现现状活水工程效果有限，不能使城区河道水质达到《地表水环境质量标准》（GB 3838—2002）要求的 Ⅲ 类标准。

## 2.14.6 水景观

江阴市河道纵横交错，水系发达，但依托市域水系两岸绿地构建的滨水生态廊道空间不足，部分河道两侧或单侧几乎没有绿化空间，造成滨水景观视觉效果较差，不能满足周边区域的发展需求；河道主题功能单一，岸线形式生硬，滨水景观未能挖掘河道特色进行规划与建设；河道未结合周边用地规划和自然生态禀赋进行亲水河道、文化河道、游览河道等主题功能河道的分类建设；河道岸线形式生硬，亲水性较差，未结合河道绿化防护带宽度进行生态型岸线、亲水景观型岸线的分类建设；缺乏水文化主题景观打造与水文化设施布置，未能将历史文化的延续性与都市生活的现代性融合。

## 2.14.7 水管理

江阴市水系发达，水利工程措施较为完备，但由于目前管理主体多元等体制问题，导致城区内"厂、网"协调运行尚未协调；不同管理单位，根据各自的业务管理需要，分开对河道水质、水利设施运行状况等进行监测，但覆盖面有限，部分污染严重河道、河段的感知能力十分薄弱；此外，各类监测监控数据尚未汇集、整合，数据仅能反应单方面的问题，数据之间的关联关系弱、数据分析能力不足，缺乏智慧化应用亮点。因此，亟须按照

"统筹管理、协调运行"理念,加快推进城市区域的"厂、网"一体化运营管理,进一步提高城市水环境管理水平;在充分利用已有监测设施、监测数据的基础上,全面加强对河道、岸线、排口、闸站、泵站、管网、截流井等要素的实时监测与监控,实现研究范围内涉水情况的全面感知,提高综合数据服务能力,深入挖掘智慧化的亮点应用。

## 2.15　本章小结

本章以经济社会发展程度高、河网水系发达的江阴市城区作为典型的平原河网城市开展水环境现状调查与问题诊断研究。

通过梳理城市、水系概况,解读已有规划,对江阴市自然禀赋、发展定位与水环境治理需求进行了初步的明确;进而从上位规划、布局管控、工程建设等方面对研究范围内的水资源、排水系统、水环境、水生态、防洪排涝、水系连通、水景观、水管理现状进行深度剖析,发现存在的主要问题,为后文制订规划目标和对症施策提供本底调研基础。

# 第 3 章

# 总 体 规 划

## 3.1 指导思想

城市水环境综合治理规划坚持问题导向，以改善城市水环境质量为核心目标，以水务基础设施既是城市发展的服务支撑又是城市发展约束指引为总体原则，运用"追根溯源、诊断病因、找准病根、分类施策、系统治疗"的整体观，遵循地域水情特点和治水规律，按照"控源截污、内源治理、疏浚活水、生态修复"的基本思路，加强源头控制、水陆统筹、上下游联动、跨部门协作，突出重点、分阶段科学推进城市水环境综合治理，实现城市"河道清洁、河水清澈、河岸美丽"，推动建设"经济强、百姓富、环境美、社会文明程度高"的现代化城市。

## 3.2 基本原则

### 3.2.1 以人为本，绿色发展

坚持问题导向和目标导向，以改善水环境质量为核心，重点解决人民群众关心的黑臭水体、污水治理、生态退化、滨水空间萎缩等突出问题，降低水污染风险，修复水生态系统。以资源环境承载力为约束，优化滨水空间开发利用格局，满足人民日益增长的美好生活需要，践行生态优先、绿色发展道路。

### 3.2.2 科学规划，系统治理

遵循自然生态规律，通过对地形地貌、土壤植被、水文气象、社会经济、水系概况、水资源、水环境、水生态、水景观、水管理、防洪排涝工程、活水工程等生态环境因素的综合调查与分析，科学编制城市水环境综合治理规划，确定治理目标，制定工作计划，做到方案科学、措施全面、目标可达。坚持全面系统整治，科学谋划水污染控制、水生态修复、水安全保障、水景观提升、引水活水、智慧水务建设，全方位、全地域、全过程开展城市水环境综合治理，构建水质、水量、水生态统筹兼顾、多措并举、协调推进的格局。

### 3.2.3　总体策划，重点突破

针对城市水系网络和水环境综合治理的复杂性，全过程控制、全要素覆盖，整体策划。加强污染源头的控制与治理，区分轻重缓急，优先实施控源截污和内源治理，有针对性地开展活水工程、水系布局以及水生态修复等工作。近期以污水系统提质增效为核心，以控制入河污染物和增加生态环境需水等措施为规划重点，全面启动，重点突破；远期以恢复健康水生态、提升水景观、保障水安全、完善智慧水务建设为重点，实现城市水生态系统的自我维持和水环境良性循环。

### 3.2.4　创新机制，协作联动

城市水环境综合治理牵涉公用事业、住建、水利、生态环境、自然资源等多个职能部门，应坚持政府统筹，各部门按职责分工协同推进整治的工作机制。鼓励社会力量参与城市水环境综合整治，建立完善多渠道投融资机制。积极创新水环境改善和长效维护管理机制，在落实河长制的同时，探寻专业环保公司和个人承包管理模式；通过科学规划、精准测算，创新项目打包运作、综合补偿等方式，形成可持续、可复制、可推广的新模式、新机制、新标准和新规范。

### 3.2.5　智慧管理，公众参与

利用物联网、GIS、大数据等先进信息手段，融合公众参与与监督，建设智慧水务管理工程，实现对水环境的日常监测、综合管理、统计分析、科学预测、智能预警、应急处置等功能。

## 3.3　规划范围与年限

### 3.3.1　规划范围

本书规划范围为江阴市城区 76.95km²，主要包括澄江街道 59.84km²，城东街道 8.82km²，夏港街道 7.79km² 及其他街道（南闸、云亭街道）0.5km² 的少部分区域。规划范围如图 3.3.1 所示。

### 3.3.2　规划年限

本书以 2018 年作为规划现状基准年，规划水平年与城市总体规划保持一致，确定近期水平年为 2020 年，远期水平年为 2030 年。

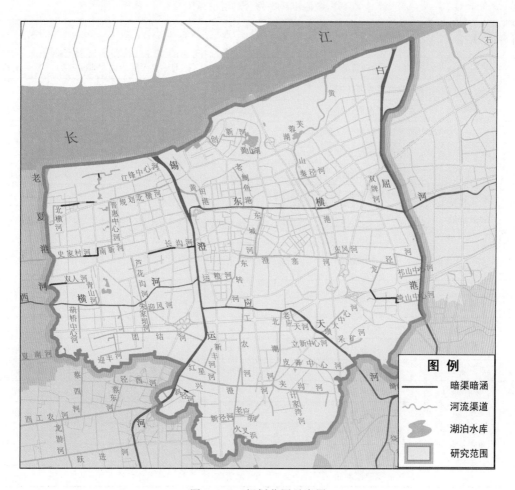

图 3.3.1  规划范围示意图

## 3.4  规划目标与指标

近期目标：针对江阴市城区 76.95km² 范围内骨干水系，重点实施控源截污、底泥清淤、活水循环、水生态修复等措施，强化城市水务"灰色""绿色"与"蓝色"基础设施协同共生，构建"河畅、水清、岸绿、景美"生态河网水脉，实现城区水环境质量提高、水生态系统修复、从根本上全面消除城区黑臭水体，主要河道恢复水体循环正常，城市水生态环境质量总体明显提升。

远期目标：在中心城区黑臭水体消除基础上，进一步加强污染源头控制与治理，针对性地开展雨污分流改造、内源治理、活水循环、原位净化、滨水景观提升、智慧水务等工作，构建良性的河道水生态系统，打造安全、清洁、健康的城市水环境，主要河流水体达到江阴市水功能区划的要求标准。规划指标体系详见表 3.4.1。

表 3.4.1　　　　　　　　　　江阴市城区水环境综合整治指标体系表

| 序号 | 类别 | 指　　标 | 单位 | 指标属性 | 现状（2018 年） | 近期 | 远期 |
|---|---|---|---|---|---|---|---|
| 1 | 水环境质量 | 水质治理目标 | | 约束型 | Ⅲ～劣Ⅴ类 | Ⅲ～Ⅴ类 | Ⅲ～Ⅳ类 |
| 2 | | 黑臭水体消除率 | ％ | 约束型 | | 100 | 100 |
| 3 | | 水功能区水质达标率 | ％ | 约束型 | 25 | 50 | 100 |
| 4 | | 城市面源污染控制（以 SS 计） | ％ | 约束型 | | 50 | 65 |
| 5 | 污水系统提质增效 | 城区污水处理率 | ％ | 约束型 | | 96.5 | 96.5 |
| 6 | | 镇区污水处理率 | ％ | 约束型 | | 86.89 | 90 |
| 7 | | 农村污水处理率 | ％ | 约束型 | | 80 | 85 |
| 8 | | 污水厂尾水排放标准 | | 约束型 | 介于一级 A 与一级 B 之间 | 一级 A | 一级 A |
| 9 | | BOD 进厂浓度 | mg/L | 约束型 | 69（澄西污水厂）、90（滨江污水厂） | 提高 10% | 100 |
| 10 | 水生态修复 | 生态岸线修复 | ％ | 约束型 | 57.7 | 75 | 85 |
| 11 | 水安全保障 | 防洪 | 年 | 约束型 | 50 | 100 | 200 |
| 12 | | 排涝 | 年 | 约束型 | 20 | 20 | 30 |
| 13 | 水系连通 | 水系连通性 | — | 约束型 | 差 | 较好 | 良好 |
| 14 | 水景观提升 | 公园绿地率≥70% | ％ | 约束型 | 65 | 70 | 80 |
| 15 | | 文化特色突显 | — | 预期型 | 较好 | 良好 | 良好 |
| 16 | 智慧水务管理 | 河道水质自动监测站 | 座 | 预期型 | 9 | 18 | 53 |
| 17 | | 河道流量监测站 | 座 | 预期型 | | 29 | 58 |
| 18 | | 河道视频监测站 | 座 | 预期型 | | 33 | 73 |

# 3.5　规划任务

　　江阴市城区水环境综合治理规划按照"控污为先、引水扩容、水岸同治、监管结合"的基本思路，提出污水系统提质增效、水污染控制、水生态修复、水安全保障、水系连通、水景观提升、水管理能力建设等七大规划任务。规划从源头控制、过程提质、末端削减、内源治理、水系连通、生态修复、智慧管理等方面入手，科学制定水环境综合治理的近远期工程与非工程措施，削减入河污染负荷，提升河道水环境容量，修复河道水生态环境，推动江阴市城区水生态功能修复、水环境质量持续改善，如期实现水质目标，实现江阴市"河道清洁、河水清澈、河岸美丽"的美好愿景。

## 3.5.1　污水系统提质增效

　　推动以"源头治理、过程控制、末端截污"为主要建设内容的污水系统提质增效措施，源头对各类排水单元里建筑单体的内部改造、小区内管网新建及改造，实现源头分流；过程对市政污水干支管混错接改造、管网修复及新改建，实现过程雨污剥离；末端沿河新建截流系统、防止旱季污水入河。根据不同区域特点及排放要求，因地制宜地选择以直接纳管模式、相对集中处理模式、分散处理模式及资源化利用为主的农村污水提质增效措施。加快实施污水处理厂扩建，提高城市污水处理能力，同步实施污泥处理工程。

### 3.5.2 水污染控制

分析评估各水体主要污染负荷组成与来源，并预测不同规划水平年污染物入河量。构建城市水环境模型，核定水域纳污能力，提出科学准确的污染物总量减排方案。以污水系统提质增效、黑臭水体治理为核心，围绕点源、面源和内源的治理，制定水污染控制方案，提出管网检测清淤修复、排水系统雨（清）污分流、污水系统优化、初雨及雨污混合溢流污水（CSO）调蓄处理、污水处理互联互通、污泥处置、再生水回用、农业农村污染控制、底泥清淤等方案措施。

### 3.5.3 水生态修复

在水污染控制方案基础上，根据城市水生态系统现状和突出水生态问题，以保护水生态资源、提高生物多样性、满足重要生态用水要求、修复受损生态系统为目标，针对滨水缓冲带修复、生态河道建设、水生生物多样性提升、生物栖息地恢复等方面，提出重要水体生态修复方案措施。

### 3.5.4 水安全保障

根据水安全存在的问题，结合江阴城区建设发展各时期规划的防洪排涝标准，以及为求水质改善的活水方案，研究提出规划范围内江堤、港堤、圩堤的达标建设方案，不同等级河道整治的断面设计方案、清淤清障方案，圩区排涝泵站规模增加方案等防洪排涝工程建设方案，优化防洪排涝布局，完善江阴市城区防洪排涝体系，为城市经济社会建设提供水安全保障。

### 3.5.5 水系连通

充分利用江阴市水系发达、河网密布的优良禀赋，合理优化水系布局，提出切实可行的区域水系连通方案，结合防洪排涝，制定汛期与非汛期活水调度原则，合理利用水资源，通过建立城区水系活水循环系统，增加河湖水环境承载能力，实现城市水生态系统的自我维持和水环境良性循环。

### 3.5.6 水景观提升

充分挖掘江阴市城区滨水景观资源和历史文化资源，基于城市发展现状及发展战略、主要河流沿岸独特的地理环境、生态系统和人文因素的影响和作用，提出优化滨水空间总体布局，以塑造"山水福地、江南绿都"整体品牌为抓手，优化水系脉络，构建水城融合的特色城市滨水格局，使得水环境治理成效更好地展示于大众，亲水景观更好地服务于大众。

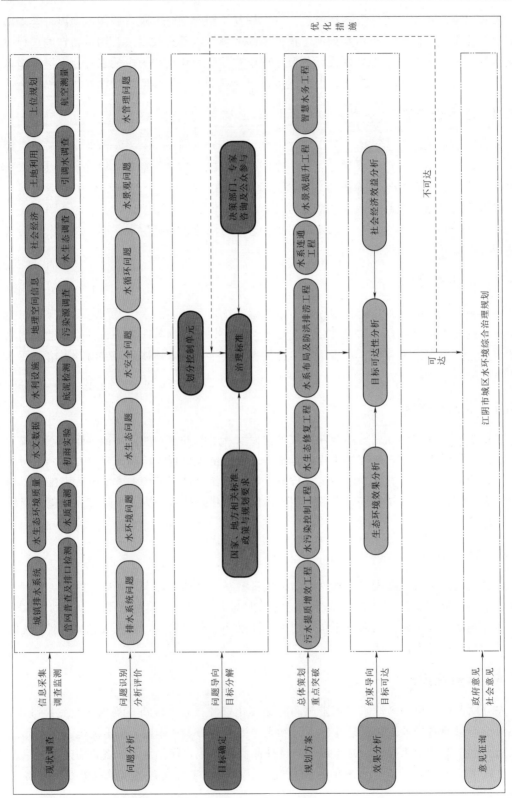

图 3.6.1　江阴市城区水环境综合治理规划技术路线图

### 3.5.7 水管理能力建设

借助现代互联网信息技术，构建全方位覆盖城市水环境立体监测、及时预警、智能管控、快速响应、便捷服务、科学决策等功能的监测、管理和服务智慧体系方案，提升江阴市城区水环境综合治理体系的技术保障和支撑。

## 3.6 规划思路

本规划是在城市总体规划、污水专项规划、海绵城市专项规划、防洪除涝规划等上位规划的指导下，以江阴市城区水系统为整体，以地块和社区为最小单元，在对区域综合状况充分调查研究的基础上，分析江阴市城区水生态环境总体格局、问题、社会经济发展综合需求；以环境容量为刚性约束，提出规划目标及指标，确定城区水环境综合治理任务；进而开展系统规划方案的设计与研究，确定综合治理的规划方案及实施计划，并制定规划实施的各项保障措施；最后综合分析规划效益及规划目标可达性，构建完整规划体系，并充分征求各相关部门意见及建议，确保规划目标实现，主要分为现状调查、问题分析、目标确定、规划方案、效果分析和意见征询六大阶段，规划技术路线如图 3.6.1 所示。

## 3.7 总体布局

### 3.7.1 污水系统提质增效工程

规划形成"中心合流区雨污分流、分流区混错接整治、空白区管网覆盖"的污水系统提质增效工程布局。按照"源头减排，过程提质，末端截污，厂网泥一体化"的治理思路，实施小区及自然村的雨污水分流、管道修复及清淤、沿河截污、污水厂站扩建及城市干支管完善等措施。

### 3.7.2 水污染控制工程

规划形成"全范围覆盖，多来源防控"的城区水污染控制工程布局。规划充分考虑新、老、远、近城区格局，通过系列工程及非工程措施实现对城区点源、面源、内源等污染的全方位防控。通过加强管理和完善制度，实现对工业源和移动源的管控；建设城市和农田面源污染控制工程、完善垃圾收运体系等加强面源污染治理；实施底泥清淤实现内源污染控制等。

### 3.7.3 水生态修复工程

规划形成江阴城区"七廊多支"的水生态保护与修复工程布局，以白屈港、黄山港、东横河、黄田港、西横河、应天河、老夏港等 7 条骨干河流为基础，通过加强水生态空间管控，实施岸线生态化改造，建设生态绿廊；以各廊道支流为脉络，通过实施生态河道建设，滨水缓冲带修复及水生动植物群落恢复，打造贯通全城的生态水网，实现骨干绿廊与城市绿网之间有机连接，形成"河畅、岸绿、水清"的生态良性循环格局。

### 3.7.4　水系布局及防洪排涝工程

规划形成圩区"堤防、泵站规模达标"，城区"河道畅通、驳岸高程达标"及沿江"江堤港堤达标"的防洪排涝工程布局。在地势低洼片区建成圩区，规划新增泵站规模；在地势较高片区打通阻塞水系，整治驳岸，完善雨水管网及修复积涝点；在沿江地带实施江堤港堤达标整治以防长江洪水。

### 3.7.5　水系连通工程

规划形成江阴市城区"分片连通、统一调度"的水系连通工程布局。根据城区"三横三纵"水系格局及 5 个排涝分区，参考城区用地现状和相关规划要求，分 5 个片区优化活水路线，合理布局明渠、管涵等沟通水系，充分利用现有闸站工程，科学布局闸站建设工程，优先采用闸门自流引水，辅以泵站提水，分片区实施水系连通工程，以城区闸站统一调度管理为抓手，充分发挥水系连通综合效益。

### 3.7.6　水景观工程

规划形成"一带一环四片多廊"的水景观工程布局，新建覆盖城区的滨水景点，完善河流生态廊道与绿道系统，串联多种类型的游憩空间，构建既能体现江阴历史文化、又能展现现代发展成就的滨水景观系统。

### 3.7.7　智慧水务工程

规划形成"前端感知一张网、共享服务一平台、业务支撑 N 应用"的智慧水务工程布局。"前端感知一张网"通过"水""陆""空"三位一体的立体化感知，实现对江阴城区厂网河湖岸的系统监测，即通过水质自动监测站、水位监测站、视频监控点等实现"水"感知，通过污水管理动态监测实现"陆"感知，通过无人机监测实现"空"感知等。通过构建集约共享的云计算资源、网络资源，打造中心数据资源池，建设服务能力强大的支撑平台。通过建成水质在线监控预警、河道巡查管理、设备物资生产管理等实现水环境提升及运行管理的"N"类业务的支撑应用，全面提升业务协同能力，全面提高运行管理能力。

## 3.8　本章小结

本章从江阴市水环境现状和治理需求出发，提出了指导开展水环境综合治理实践的指导思想和基本原则，构建了涵盖规划范围与年限、规划目标与指标、规划任务、规划思路、总体布局等水环境综合治理规划体系的基本框架，为水环境综合治理规划方案的制定提供顶层设计。

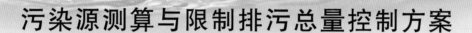

## 第4章

# 污染源测算与限制排污总量控制方案

## 4.1 引言

当前，生态环境治理理念从传统的"末端治理"为主转变为"源头减排、过程阻断、末端治理"全过程防控水污染的治水模式，而不同来源的污染负荷评估则是水污染防控工作中的重要基础，可为水污染的控制管理决策提供科学依据。

分析评估各水体主要污染负荷组成与来源，并预测不同规划水平年污染物入河量。构建城市水环境模型，核定水域纳污能力，提出科学准确的污染物总量减排方案。

江阴市城区水系现状年入河污染源主要由点源、面源和内源构成。点源污染主要包括市政设施源（污水处理厂尾水排放）、工业源、城镇生活源等；面源污染主要包括城市径流污染、农田径流污染和农村生活散排污染等；内源污染主要为底泥污染释放和船舶移动源。污染源测算和限制排污总量计算选取 COD、$NH_3-N$ 和 TP 为污染物估算指标，计算范围为城区 $87.67km^2$ 的汇水区，并将其划分为 48 个控制单元（划分成果详见 2.3.3 节），分别计算各类污染负荷入河量。

## 4.2 污染源现状

### 4.2.1 点源

#### 4.2.1.1 市政设施源

市政设施源来自污水处理厂尾水中的污染物排放，江阴城区规划范围内现有澄西和滨江两座综合污水处理厂。污水处理厂污染物入河量＝污水处理厂污水排放量×出水浓度×入河系数。污水排放量、出水浓度根据污水厂月运营报表逐月进行计算，表 4.2.1 仅展示年均值。澄西污水处理厂、滨江污水处理厂尾水经短距离输送后分别排入老夏港河及白屈港，因此污水处理厂污染物入河系数取 1.0。

经计算,江阴市城区两个污水处理厂排放的 COD、$NH_3-N$、TP 入河总量分别为 1824.30t/a、35.29t/a、6.91t/a,见表 4.2.2。

表 4.2.1 江阴市城区污水处理厂出水情况 (2018 年)

| 污水处理厂 | 设计规模 /(万 t/d) | 污水实际处理量 /(万 t/d) | 污染物平均出水浓度/(mg/L) | | | 尾水排放 标准 | 排放去向 |
| --- | --- | --- | --- | --- | --- | --- | --- |
| | | | COD | $NH_3-N$ | TP | | |
| 澄西污水处理厂 | 8 | 7.66 | 24.96 | 0.44 | 0.12 | 一级 A | 入老夏港河 |
| 滨江污水处理厂 | 10 | 10.85 | 27.80 | 0.57 | 0.09 | 一级 A | 入白屈港 |

表 4.2.2 江阴城区市政设施源污染负荷入河量计算成果表

| 编号 | 控制单元 | 污水处理厂 | 尾水去向 | 市政设施源污染负荷入河总量/(t/a) | | |
| --- | --- | --- | --- | --- | --- | --- |
| | | | | COD | $NH_3-N$ | TP |
| 1 | 老夏港河控制单元 | 澄西污水处理厂 | 老夏港河 | 650.93 | 12.63 | 3.50 |
| 2 | 白屈港控制单元 | 滨江污水处理厂 | 白屈港 | 1173.37 | 22.66 | 3.41 |
| | 合 计 | | | 1824.30 | 35.29 | 6.91 |

### 4.2.1.2 工业源

工业企业污染源的排污数据来源于江阴市生态环境局提供的 2018 年环境统计数据,江阴城区附近工业企业分布情况如图 4.2.1 所示。经统计,共有 46 家工业企业排放的污水通过污水处理厂或者其他方式进入江阴城区水体。工业企业污水去向主要包括排入澄西污水处理厂、滨江污水处理厂、江阴市暨阳水处理有限公司及其他去向等 4 类。

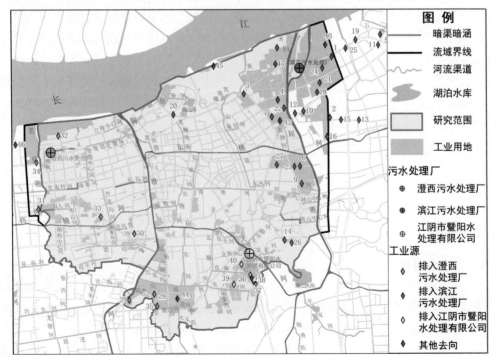

图 4.2.1 江阴城区工业企业分布情况示意图

江阴城区水体接纳工业企业排放的 COD、$NH_3-N$、TP 的入河总量分别为 795.89t/a、26.07t/a、3.23t/a，其中进入澄西污水处理厂、滨江污水处理厂的污染物按市政设施源计，其余计入工业源污染负荷。经统计，江阴市城区工业源污染负荷入河量计算成果见表 4.2.4，对应的 COD、$NH_3-N$、TP 的入河总量分别为 235.85t/a、13.72t/a、1.23t/a。

表 4.2.3 江阴城区工业源情况汇总表

| 编号 | 工业污水排放去向 | 受纳水体 | 污染物排放总量/(t/a) | | | 备注 |
| --- | --- | --- | --- | --- | --- | --- |
| | | | COD | $NH_3-N$ | TP | |
| 1 | 澄西污水处理厂 | 老夏港河 | 52.56 | 2.07 | 0.68 | 已计入市政设施源 |
| 2 | 滨江污水处理厂 | 白屈港 | 507.48 | 10.29 | 1.32 | 已计入市政设施源 |
| 3 | 江阴市暨阳水处理有限公司 | 应天河 | 161.56 | 9.92 | 0.85 | 按工业源计 |
| 4 | 其他 | 白屈港 | 38.97 | 2.13 | 0.19 | 按工业源计 |
| | | 应天河 | 35.32 | 1.66 | 0.19 | 按工业源计 |
| 合计 | | | 795.89 | 26.07 | 3.23 | |

表 4.2.4 江阴城区工业源污染负荷入河量计算成果表

| 编号 | 控制单元 | 受纳水体 | 工业源污染负荷入河总量/(t/a) | | |
| --- | --- | --- | --- | --- | --- |
| | | | COD | $NH_3-N$ | TP |
| 1 | 白屈港控制单元 | 白屈港 | 38.97 | 2.14 | 0.19 |
| 2 | 应天河控制单元 | 应天河 | 196.88 | 11.58 | 1.04 |
| 合计 | | | 235.85 | 13.72 | 1.23 |

#### 4.2.1.3 城镇生活源

城镇生活污染负荷计算采用排污系数法，计算公式为：城镇生活污染负荷入河量＝城镇生活总排放量×(1－城镇生活污水集中处理率)×入河系数，其中城镇生活总排放量＝城镇人口数×城镇生活排污系数。

根据《生活污染源动态更新调查技术规定》，江阴市属于无锡地区，对应城镇居民生活污水排水量为 201L/(人·d)，COD、$NH_3-N$、TP 的产污系数分别为 82g/(人·d)、9.69g/(人·d)、1.09g/(人·d)，详情见表 4.2.5。各行政区人口数据来源于《江阴统计年鉴 2018 年》，各控制单元内城镇人口根据所在社区或行政村的人口进行估算，控制单元内城镇生活污水集中处理率结合实际管网条件分别确定。参考《全国水环境容量核定技术指南》，根据江阴市城区居民住宅区与周围水体的距离，城镇生活直排污水入河系数取 0.9。

表 4.2.5 江阴市城镇居民生活污水产污系数表

| 污染物指标 | 单位 | 产生系数 |
| --- | --- | --- |
| 生活污水排放量 | L/(人·d) | 201 |
| 化学需氧量（COD） | g/(人·d) | 82 |
| 氨氮（$NH_3-N$） | g/(人·d) | 9.69 |
| 总磷（TP） | g/(人·d) | 1.09 |

经计算，江阴市城区研究范围内城镇生活源的 COD、$NH_3-N$、TP 的入河总量分别为 3103.67t/a、366.76t/a、41.26t/a，并分别计算 48 个控制单元污染负荷入河量。

## 4.2.2　面源

面源是一种分散的污染源，它随着地表径流带入大量泥沙、氮磷营养元素、农药、各种有机物和无机毒物，造成水体污染。江阴市城区面源污染主要包括城市径流污染、农田径流污染和农村生活散排污染等。其中，径流污染估算主要是以各种土地利用类型产生径流时污染物的流失量作为面源的污染数据。本书首先对江阴城区进行下垫面分类，然后通过对不同用地类型开展初期雨水污染调查和实验，进行城市和农田径流污染负荷估算，农村生活散排污染采用排污系数法。

### 4.2.2.1　下垫面分类

结合江阴市城区现状土地利用分类及 2018 年卫星遥感影像资料，利用 GIS、遥感等"3S"技术，将江阴市城区下垫面分为建设用地、工业区、林地（绿地）、水域、农田等 5 类。由于城区还存在雨污合流、管网错接、漏接的区域，造成雨季溢流或错接的污水直接排入水体，考虑到建设用地在不同管网条件下产生的径流污染差较大，本规划结合实际情况又将建设用地划分为分流区和合流区，最终将江阴城区下垫面划分为建设用地分流区、建设用地合流区、工业用地、林地（绿地）、水域、农田等 6 类。其中，前 5 类地块用于城市地表径流污染计算，农田地块用于农田径流污染计算，利用 ArcGIS 工具分别提取 48 个控制单元的用地类型面积用于面源污染计算。各控制单元用地类型面积统计见表 4.2.6。

表 4.2.6　　　　　　　　各控制单元用地类型面积统计表　　　　　　　　单位：$km^2$

| 编号 | 控制单元 | 建设用地合流区 | 建设用地分流区 | 工业用地 | 林地（绿地） | 水域 | 农田 | 小计 |
|---|---|---|---|---|---|---|---|---|
| 1 | 老夏港河控制单元 | 0 | 1.4062 | 0.7681 | 0.0510 | 0.1237 | 0.1762 | 2.5252 |
| 2 | 堤外直排控制单元 | 0 | 0.1442 | 0.7060 | 0.0072 | 0.0034 | 0.0630 | 0.9238 |
| 3 | 规划北横河Ⅰ区控制单元 | 0 | 0.5875 | 0.0036 | 0.0920 | 0.1359 | 0.0143 | 0.8333 |
| 4 | 规划北横河Ⅱ区控制单元 | 0.1213 | 1.8813 | 0.0590 | 0.0401 | 0.0068 | 0.0004 | 2.1089 |
| 5 | 江锋中心河控制单元 | 0 | 0.2499 | 0.0192 | 0 | 0 | 0 | 0.2691 |
| 6 | 北横河控制单元 | 0 | 0.2577 | 0.0351 | 0.0538 | 0.1558 | 0.0459 | 0.5483 |
| 7 | 普惠中心河控制单元 | 0.0201 | 1.5029 | 0.0579 | 0.0154 | 0.1768 | 0.0214 | 1.7945 |
| 8 | 史家村河控制单元 | 0 | 0.4675 | 0.0690 | 0.0108 | 0.1943 | 0.0173 | 0.7589 |
| 9 | 南新河控制单元 | 0 | 0.3738 | 0.0029 | 0 | 0.0392 | 0 | 0.4159 |
| 10 | 双人河控制单元 | 0 | 0.1818 | 0.2085 | 0.0295 | 0.2045 | 0.0075 | 0.6318 |
| 11 | 青山河控制单元 | 0 | 0.0716 | 0 | 0 | 0.0136 | 0.0188 | 0.1040 |
| 12 | 芦花沟河控制单元 | 0.1800 | 0.7659 | 0.0019 | 0.0177 | 0.1160 | 0.0077 | 1.0892 |
| 13 | 西横河Ⅰ区控制单元 | 0 | 0.0603 | 0.1121 | 0.1022 | 0.0987 | 0.0199 | 0.3932 |
| 14 | 西横河Ⅱ区控制单元 | 0 | 0.2985 | 0.2517 | 0.2865 | 0.1593 | 0.0709 | 1.0669 |

| 编号 | 控制单元 | 建设用地合流区 | 建设用地分流区 | 工业用地 | 林地（绿地） | 水域 | 农田 | 小计 |
|---|---|---|---|---|---|---|---|---|
| 15 | 西横河Ⅲ区控制单元 | 0.7098 | 0.8802 | 0.0965 | 0 | 0.0493 | 0.0404 | 1.7762 |
| 16 | 长沟河控制单元 | 0.4920 | 0.0065 | 0 | 0 | 0 | 0.0015 | 0.5000 |
| 17 | 葫桥中心河控制单元 | 0 | 0.7720 | 0.0063 | 0.0311 | 0.4973 | 0.0585 | 1.3652 |
| 18 | 红光引水河控制单元 | 0 | 0.3230 | 0.1206 | 0.0099 | 0.1590 | 0.0097 | 0.6222 |
| 19 | 朱家坝河控制单元 | 0 | 0.1148 | 0.0106 | 0 | 0.0270 | 0.0072 | 0.1596 |
| 20 | 迎风河控制单元 | 0 | 0.0651 | 0.0020 | 0 | 0.0169 | 0.0014 | 0.0854 |
| 21 | 团结河控制单元 | 0.0379 | 1.3350 | 0.1456 | 0.0144 | 1.0608 | 0.0816 | 2.6753 |
| 22 | 锡澄运河控制单元 | 2.2152 | 3.3395 | 0.7314 | 0.0810 | 0.2391 | 0.6706 | 7.2768 |
| 23 | 创新河控制单元 | 0 | 0.8594 | 0.1527 | 0.0031 | 0 | 0.0034 | 1.0186 |
| 24 | 黄山湖控制单元 | 0 | 1.1346 | 0.1996 | 0.2638 | 0.0082 | 0.0920 | 1.6982 |
| 25 | 要塞公园控制单元 | 0 | 0.3841 | 0.0497 | 0.6459 | 0.0006 | 0.0301 | 1.1104 |
| 26 | 老鲥鱼港控制单元 | 0.2462 | 0.5750 | 0 | 0 | 0 | 0 | 0.8212 |
| 27 | 黄山港控制单元 | 0.0207 | 4.3632 | 0.4775 | 0.5305 | 0 | 0.2620 | 5.6539 |
| 28 | 秦泾河控制单元 | 0 | 0.3795 | 0 | 0 | 0 | 0.0041 | 0.3836 |
| 29 | 东横河Ⅰ区控制单元 | 2.0022 | 0.7898 | 0 | 0 | 0 | 0.1132 | 2.9052 |
| 30 | 东横河Ⅱ区控制单元 | 0 | 2.2350 | 0.6103 | 0.0046 | 0.0583 | 0.1297 | 3.0379 |
| 31 | 东城河控制单元 | 0.8258 | 0.0081 | 0 | 0 | 0 | 0.0559 | 0.8898 |
| 32 | 澄塞河控制单元 | 0.4582 | 2.5916 | 0.1668 | 0 | 0.2269 | 0.0586 | 3.5021 |
| 33 | 运粮河控制单元 | 0.2262 | 0.3384 | 0.0282 | 0 | 0 | 0.0339 | 0.6267 |
| 34 | 东转河控制单元 | 0.1039 | 0.7698 | 0.0508 | 0 | 0.0666 | 0.0736 | 1.0647 |
| 35 | 东风河控制单元 | 0 | 0.3297 | 0 | 0 | 0 | 0 | 0.3297 |
| 36 | 龙泾河控制单元 | 0 | 1.7501 | 0.4182 | 0.0421 | 0.1087 | 0.0110 | 2.3301 |
| 37 | 红星河控制单元 | 0 | 0.2795 | 0.3800 | 0 | 0.2789 | 0.0201 | 0.9585 |
| 38 | 北潮河控制单元 | 0 | 1.7930 | 0.0382 | 0.2123 | 0.2401 | 0.1451 | 2.4287 |
| 39 | 老应天河控制单元 | 0 | 0.1542 | 0.0159 | 0 | 0 | 0.0137 | 0.1838 |
| 40 | 应天河控制单元 | 0 | 2.5408 | 0.7425 | 0.1317 | 1.0549 | 0.2693 | 4.7392 |
| 41 | 兴澄河控制单元 | 0 | 0.1483 | 0.4701 | 0.0015 | 0.0803 | 0.1230 | 0.8232 |
| 42 | 工农河Ⅰ区控制单元 | 0 | 1.6398 | 0.0790 | 0.1365 | 0.3528 | 0.0691 | 2.2772 |
| 43 | 工农河Ⅱ区控制单元 | 0 | 0.8786 | 0.6602 | 0.2166 | 0.5464 | 0.1043 | 2.4061 |
| 44 | 斜泾河控制单元 | 0 | 0.0658 | 0.3071 | 0 | 0.0295 | 0.0053 | 0.4077 |
| 45 | 老应浜控制单元 | 0 | 0.0561 | 0.0846 | 0 | 0.0121 | 0.0090 | 0.1618 |
| 46 | 夹沟河控制单元 | 0 | 0.6048 | 0.3888 | 0.8244 | 0.5154 | 0.0881 | 2.4215 |

续表

| 编号 | 控制单元 | 建设用地合流区 | 建设用地分流区 | 工业用地 | 林地（绿地） | 水域 | 农田 | 小计 |
|---|---|---|---|---|---|---|---|---|
| 47 | 皮弄中心河控制单元 | 0 | 0.3230 | 0.2133 | 0.0395 | 0.2795 | 0.0512 | 0.9065 |
| 48 | 白屈港控制单元 | 0 | 6.8970 | 7.0255 | 0.5105 | 1.1751 | 1.0527 | 16.6608 |
| | 合　　计 | 7.6595 | 46.9744 | 15.9670 | 4.4056 | 8.5117 | 4.1526 | 87.6708 |

#### 4.2.2.2　初期雨水实验

##### 1. 初期雨水采样

选取工业区、建设用地合流区、建设用地分流区、农田、林地（绿地）、水域等 6 种不同下垫面地块的典型区域，开展初期雨水污染调查和实验（表 4.2.7）。雨水采集频次根据降雨过程按"先密后疏"原则确定，初期雨水实验测定的指标采用对水环境影响较大的常规指标，包括 COD、$NH_3-N$ 及 TP 等 3 项。

表 4.2.7　　　　　　　　　　　　初期雨水采样点

| 序号 | 类　别 | 采样点 | 具体位置 |
|---|---|---|---|
| 1 | 工业区 | 道路雨水箅子 | 东外环路东侧厂区 |
| 2 | 建设用地合流区 | 市政雨水管口 | 暨阳路君山路交汇 |
| 3 | 建设用地分流区 | 道路雨水箅子 | 贯庄小区内部 |
| 4 | 农田 | 农田灌溉沟渠 | 毗陵路北花山路西 |
| 5 | 林地（绿地） | 草地漫流 | 徐霞客公园草地 |
| 6 | 水域 | — | 花鸟市场 |

##### 2. 场次降雨污染物平均浓度

场次降雨污染物平均浓度是指降雨径流全过程瞬时污染物浓度的流量加权平均值，其可用来评价降雨径流对受纳水体的影响程度。定义是单场降雨事件中径流污染负荷与径流总量之比。其表达式如下：

$$EMC = \frac{M}{V} = \frac{\int_0^t C_t Q_t}{\int_0^t Q_t} = \frac{\sum_{i=0}^n C_{t(i)} Q_i}{\sum_{i=0}^n Q_i} \tag{4.1}$$

式中　$M$——降雨事件中污染物总量，mg；

　　　$V$——降雨事件中径流总量，L；

　　　$C_t$——$t$ 时刻径流中污染物的瞬时浓度，mg/L；

　　　$Q_t$——$t$ 时刻的瞬时径流流量，L/s；

　　　$C_{t(i)}$——$i$ 时刻径流污染物浓度，mg/L；

　　　$Q_i$——$i$ 时刻径流流量，L/s。

建设用地分流区、工业区、林地（绿地）、水域、农田等的 EMC 值，可结合降雨产生的径流量核算而得。建设用地合流区雨污水的 EMC 值与管道流量相关，本次降雨强度等级为暴雨。由于降雨量远大于污水流量，可忽略污水流量，因此管道的 EMC 值可结合降雨形成的径流量近似计算而得。不同地块的场次降雨污染物平均浓度及径流系数取值见表 4.2.8。结合现状年降雨数据，根据各控制单元下垫面类型及其对应的径流系数取值，依据面积加权方式计算各控制单元内的综合径流系数，以计算不同控制单元内的降雨径流，最后结合场次降雨污染物平均浓度计算降雨径流污染负荷。

表 4.2.8　　　　　　　　　不同地块的场次降雨污染物平均浓度及径流系数取值表

| 编号 | 用地类型 | COD/(mg/L) | NH$_3$-N/(mg/L) | TP/(mg/L) | 径流系数 | 面源类型 |
| --- | --- | --- | --- | --- | --- | --- |
| 1 | 建设用地合流区 | 226.20 | 18.10 | 3.11 | 0.7 | 城市径流污染 |
| 2 | 建设用地分流区 | 38.00 | 1.40 | 0.39 | 0.7 | 城市径流污染 |
| 3 | 工业区 | 74.30 | 3.10 | 0.70 | 0.7 | 城市径流污染 |
| 4 | 林地（绿地） | 30.00 | 0.62 | 0.37 | 0.3 | 城市径流污染 |
| 5 | 水域 | 6.00 | 1.00 | 0.10 | 1 | 城市径流污染 |
| 6 | 农田 | 52.70 | 1.80 | 0.92 | 0.4 | 农田径流污染 |

#### 4.2.2.3　面源污染负荷计算

（1）城市径流污染。

经计算，江阴城区 48 个控制单元内城市径流污染物 COD、NH$_3$-N、TP 的入河总量分别为 3739.32t/a、203.99t/a、42.56t/a，并计算 48 个控制单元污染负荷入河量。

（2）农田径流污染。

经计算，江阴城区 48 个控制单元内农田径流污染物 COD、NH$_3$-N、TP 的入河总量分别为 200.63t/a、6.85t/a、3.50t/a，并计算 48 个控制单元污染负荷入河量。

（3）农村生活散排污染。

农村生活散排污染采用排污系数法，并按该公式计算：农村生活散排污染负荷入河量＝散排农村人口数×农村生活污染排污系数×入河系数，其中农村生活污染排污系数＝农村居民生活污水排放量×农村生活污水污染物浓度。其中，各行政区农村人口数据来源于《江阴统计年鉴 2018 年》，在结合现场走访及对接各街道实际实施计划的前提下，明确各自然村实际待治理、纳管及拆迁情况，以确定各行政村实际散排人口数。根据《江阴市水资源公报（2018 年）》，江阴市农村居民人均生活用水量为 138.38L/d，污水产生折算系数取 0.8，则农村居民生活污水排放量为 110.70L/(人·d)。根据《江阴市村庄生活污水治理工程可行性研究报告》，通过实际调查获得江阴市各乡镇农村生活污水水质取值范围，确定本项目农村生活污水中 COD、NH$_3$-N 及 TP 的水质取值分别为 230mg/L、62.5mg/L、6.0mg/L，则 COD、NH$_3$-N 及 TP 的排污系数分别为 25.46g/(人·d)、6.92g/(人·d)、0.66g/(人·d)，见表 4.2.9。根据《全国水环境容量核定技术指南》及农村生活污染计算相关研究，结合江阴城区农村污水排放现状和排放距离，本项目中农村生活污染的流失率取 0.6。

表 4.2.9 江阴市农村生活散排污染负荷计算取值表

| 污染物指标 | 农村生活污水水质/(mg/L) | | 农村生活污水排放系数 |
|---|---|---|---|
| | 调查范围 | 本项目取值 | |
| 生活污水排放量 | — | — | 110.70L/(人·d) |
| 化学需氧量（COD） | 110~350 | 230 | 25.46g/(人·d) |
| 氨氮（NH₃-N） | 15~100 | 62.5 | 6.92g/(人·d) |
| 总磷（TP） | 3.0~9.0 | 6.0 | 0.66g/(人·d) |

经计算，2018 年江阴城区 48 个控制单元农村生活散排污染物 COD、$NH_3$-N、TP 的入河总量分别为 136.97t/a、37.23t/a、3.55t/a，并计算 48 个控制单元污染负荷入河量。

### 4.2.3  内源

江阴市城区水系内源污染主要来源于底泥释放和船舶移动源。

#### 4.2.3.1  底泥释放

底泥作为陆源性入河（湖）污染物的主要蓄积场所，是河流（湖泊）水体内源污染的源头。通常，底泥与其上覆水体之间通过不断地进行物质吸附和释放过程，维持动态平衡。当水体中污染物浓度较高时，吸附和释放动态平衡被破坏，底泥表现出"汇"的特征，对污染物进行吸附，降低上覆水中污染物的浓度；当上覆水中污染物浓度过低时，底泥则表现出"源"的特征，向上覆水体中释放污染物。因此，当外源污染物得到有效控制后，底泥成为影响上覆水体水质的重要因素，所产生的内源污染不可忽视。

底泥释放产生的污染物量计算公式如下：

$$W_{dn} = F\alpha_{10} \tag{4.2}$$

式中  $W_{dn}$——底泥释放污染物量；

$F$——河流水面面积，$m^2$；

$\alpha_{10}$——底泥释放速率，$mg/(m^2 \cdot d)$。

根据河海大学在太湖流域平原河网区的相关研究成果，无锡市城区河道底泥中 COD 的释放速率为 9.81mg/($m^2 \cdot d$)，江阴城区河道 COD 的底泥释放量可参照该值计算。另通过底泥释放速率的检测实验，测得江阴市城区 6 条典型河道中 $NH_3$-N 及 TP 的底泥释放速率（表 4.2.10），其他河道底泥污染物释放速率将根据其水质现状、河道特征等，与 6 类典型河道进行相近分类后取值，现状年未清淤前按表层底泥污染物平均释放速率计。经计算，江阴城区水系河道底泥释放 COD、$NH_3$-N 和 TP 的总负荷分别为 8.38t/a、62.62t/a 和 8.89t/a，并计算 48 个控制单元污染负荷入河量。

#### 4.2.3.2  船舶移动源

江阴市境内 3 条省干线航道建设工作全面启动，内河水运迈入千吨级航道时代，航道发展进一步突破。截至 2018 年年底，全市共有航道 46 条，总里程为 398km，形成了以锡澄运河、申张线（张家港河）、锡十一圩线（锡北线）等为骨架的内河航道网。其中三级航道 25.4km、四级航道 8.5km，五级航道 41.4km，六级航道 55.9km，七级航道 84.7km，等外级航道 182.5km。2018 年，全市共有船舶 86 艘，其中机动船 75 艘，载重量 554967t，货驳 2 艘，载重 1220t，汽车渡船 11 艘，载车 296 车位。其中机动船包括 65

表 4.2.10 江阴城区河道底泥释放速率成果表

| 编号 | 河道名称 | 表层底泥污染物平均释放速率 /[mg/(m²·d)] | | | 过渡层底泥污染物平均释放速率 /[mg/(m²·d)] | | |
|---|---|---|---|---|---|---|---|
| | | COD | NH₃-N | TP | COD | NH₃-N | TP |
| 1 | 龙泾河 | 9.81 | 45.17 | 2.69 | 8.45 | 27.78 | 3.57 |
| 2 | 南新河 | 9.81 | 32.27 | 4.59 | 7.80 | 61.54 | 9.53 |
| 3 | 东横河 | 9.81 | 77.36 | 11.99 | 9.52 | 52.43 | 2.71 |
| 4 | 澄塞河 | 9.81 | 54.03 | 3.64 | 9.21 | 69.25 | 6.55 |
| 5 | 北潮河 | 9.81 | 73.78 | 10.92 | 7.73 | 60.96 | 1.98 |
| 6 | 葫桥中心河 | 9.81 | 77.39 | 1.98 | 6.72 | 30.94 | 2.71 |
| 数据来源 | | 文献结果 | 检测结果 | 检测结果 | 估测 | 检测结果 | 检测结果 |

艘货船，油船 10 艘。围绕"一纵两横"航道主骨架，江阴市按三级航道标准开工建设了锡澄运河航道，打通了锡澄地区通江入口，为江阴港提供了大容量、便捷的集疏运通道。基本完成了锡十一圩线（锡北线）、申张线（张家港河）按照五级航道标准的整治工程。

江阴城区范围内通航的河道有白屈港、锡澄运河、应天河、西横河（图 4.2.2）。其

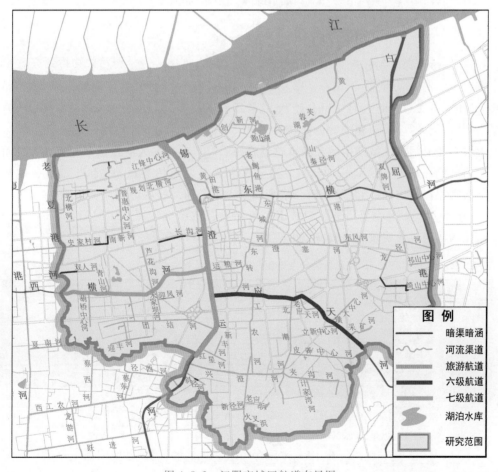

图 4.2.2 江阴市城区航道布局图

中，白屈港属六～七级航道，可通行50～100t船舶，河上船舶来往密集，主要为运砂船、垃圾打捞船和小型货船。锡澄运河航道等级为三级，但黄昌河以北河段已不承担航运功能，城区段作为旅游河道。应天河航道现状等级为六级，船舶流量为10艘/年。西横河非主要航道，只有少量小型船只航行。

江阴城区范围内船舶移动污染源主要来自白屈港、应天河、西横河等。根据河道船舶日平均通行量，船舶平均船员数（以3人计），船舶生活排污系数〔以城市生活排污系数计，COD、$NH_3-N$、TP的排污系数分别为82g/（人·d）、9.69g/（人·d）、1.09g/（人·d）〕、河道长度（km）、入河系数（取0.9）、平均船速（以10km/h）计算船舶移动源产生的污染物入河总量$W_{船}$（t/a），公式如下：

$$W_{船}=\frac{船舶日平均通行量×船员数×365×生活排污系数×河长×入河系数}{平均船速×24}×10^{-6}$$

$$(4.3)$$

经计算，各控制单元船舶移动源产生的污染物COD、$NH_3-N$、TP的入河总量分别为0.10t/a、0.01t/a、0t/a，并计算得各控制单元污染负荷量。

### 4.2.4 现状年入河污染负荷分析

#### 4.2.4.1 按污染源类别分析

根据污染源入河量估算结果（图4.2.3～图4.2.5），现状年江阴城区研究范围内COD、$NH_3-N$、TP的入河总量分别为9249.22t/a、726.47t/a、107.90t/a。COD的入河总量来源于点源、面源和内源的比例分别为55.83%、44.08%和0.09%，且主要污染来源为城市径流污染、城镇生活源和市政设施源；$NH_3-N$的入河总量来源于点源、面源和内源的比例分别为57.24%、34.14%和8.62%，且主要污染源为城镇生活源、城市径流污染和底泥释放内源；TP的入河总量来源于点源、面源和内源的比例分别为45.78%、45.98%和8.24%，且主要污染源为城市径流污染、城镇生活源和底泥释放内源。因此，江阴市城区污染负荷应重点削减城镇生活源、城市径流污染及底泥释放内源等。

表4.2.11 江阴城区研究范围内污染源入河量汇总表

| 污染源分类 | 污染源名称 | 污染源入河量/（t/a） | | | 占总入河量比例/% | | |
|---|---|---|---|---|---|---|---|
| | | COD | $NH_3-N$ | TP | COD | $NH_3-N$ | TP |
| 点源 | 市政设施源 | 1824.30 | 35.29 | 6.91 | 19.72 | 4.86 | 6.40 |
| | 工业源 | 235.85 | 13.72 | 1.23 | 2.55 | 1.89 | 1.14 |
| | 城镇生活源 | 3103.67 | 366.76 | 41.26 | 33.56 | 50.49 | 38.24 |
| | 小计 | 5163.82 | 415.77 | 49.40 | 55.83 | 57.24 | 45.78 |
| 面源 | 城市径流污染 | 3739.32 | 203.99 | 42.56 | 40.43 | 28.08 | 39.44 |
| | 农田径流污染 | 200.63 | 6.85 | 3.50 | 2.17 | 0.94 | 3.24 |
| | 农村生活散排污染 | 136.97 | 37.23 | 3.55 | 1.48 | 5.12 | 3.29 |
| | 小计 | 4076.92 | 248.07 | 49.61 | 44.08 | 34.14 | 45.98 |

续表

| 污染源分类 | 污染源名称 | 污染源入河量/（t/a） | | | 占总入河量比例/% | | |
|---|---|---|---|---|---|---|---|
| | | COD | NH₃-N | TP | COD | NH₃-N | TP |
| 内源 | 底泥释放内源 | 8.38 | 62.62 | 8.89 | 0.09 | 8.62 | 8.24 |
| | 船舶移动源 | 0.10 | 0.01 | 0 | 0 | 0 | 0 |
| | 小计 | 8.48 | 62.64 | 8.89 | 0.09 | 8.62 | 8.24 |
| 合　计 | | 9249.22 | 726.47 | 107.90 | 100 | 100 | 100 |

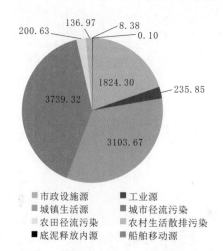

图 4.2.3　江阴城区 48 个控制单元 COD
全年入河负荷总量（单位：t/a）

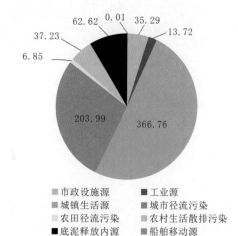

图 4.2.4　江阴城区 48 个控制单元 NH₃-N
全年入河负荷总量（单位：t/a）

#### 4.2.4.2　按控制单元分析

通过对各控制单元的污染负荷总量对比和污染源构成分析，进一步解析江阴城区污染负荷的主要来源。

从污染负荷总量的空间分布进行分析：48 个控制单元中白屈港控制单元、锡澄运河控制单元、老夏港河控制单元、东横河Ⅰ区控制单元、应天河控制单元、黄山港控制单元及澄塞河控制单元的污染负荷量较大（图 4.2.6～图 4.2.8）。

从各类污染源的主要产生区域进行分析：城镇生活源和城市径流污染作为江阴城区污染负荷的重要来源，主要产生自西外环路以东、芙蓉大道以北的控制单元。城镇生活源主要来源于锡澄运河控制单元、东横河Ⅰ区控制单元、澄塞河控制单元、黄山港控制单元、白屈港控制单元、东横河Ⅱ区控制单元及老鲥鱼

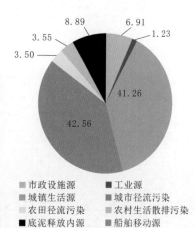

图 4.2.5　江阴城区 48 个控制
单元 TP 全年入河负荷总量
（单位：t/a）

港控制单元等；城市径流污染主要来源于白屈港控制单元、锡澄运河控制单元、东横河

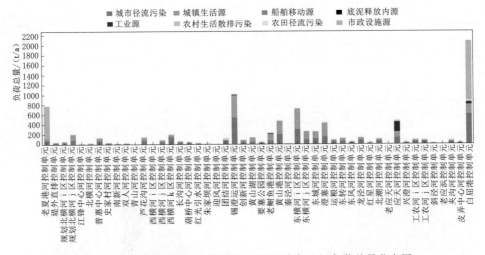

图 4.2.6　江阴城区 48 个控制单元 COD 全年入河负荷总量分布图

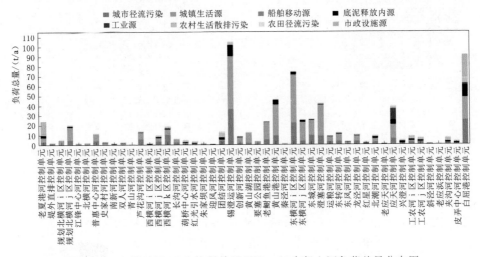

图 4.2.7　江阴城区 48 个控制单元 NH₃-N 全年入河负荷总量分布图

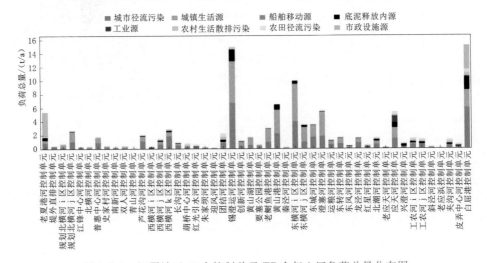

图 4.2.8　江阴城区 48 个控制单元 TP 全年入河负荷总量分布图

Ⅰ区控制单元、黄山港控制单元、澄塞河控制单元及西横河Ⅲ区控制单元等；市政设施源主要来源于白屈港控制单元和老夏港河控制单元，白屈港为滨江污水处理厂尾水的受纳水体，老夏港河为澄西污水处理厂尾水的受纳水体；工业源主要来源于应天河控制单元，且以暨阳水处理有限公司的工业废水排污为主；农田径流污染主要来源于白屈港控制单元、团结河控制单元、应天河控制单元、夹沟河控制单元、工农河Ⅱ区控制单元、葫桥中心河控制单元、工农河Ⅰ区控制单元、红星河控制单元、北潮河控制单元等；农村生活散排污染主要来源于白屈港控制单元、团结河控制单元、夹沟河控制单元、锡澄运河控制单元、工农河Ⅰ区控制单元、工农河Ⅱ区控制单元、葫桥中心河控制单元、应天河控制单元及西横河Ⅲ区控制单元等。

## 4.3 污染负荷预测

根据江阴市历年统计公报、统计年鉴、专项规划等相关资料，预测规划年江阴市城区人口、工业发展、土地利用变迁、污水处理厂建设等情况，估算各规划水平年在不同污染物防治水平下的污染物入河负荷量。规划年污染物入河量分析范围、分析方法与现状年相同。

### 4.3.1 情景设置

为论证江阴城区水环境综合整治的必要性，本规划根据不同规划水平年社会经济指标及污染物治理技术水平，设定两种预测情景、4 种预测工况（表 4.3.1），以对比规划年在实施各项工程措施前后的污染物入河负荷。

表 4.3.1　　　　　　　　　　　污染源预测情景设定

| 预测情景 | 工况 | 指标体系 | | |
| --- | --- | --- | --- | --- |
| | | 水平年 | 社会经济指标 | 污染物治理技术水平 |
| 情景一 | 工况 1 | 2020 | 人口增长率 0.9%，工业污染排放增长率 10.6%，耕地、建设用地面积保持不变 | 基于现状年（2018 年）污染物防治水平 |
| | 工况 2 | 2030 | 人口增长率 0.5%，工业污染排放增长率 7%，耕地、建设用地面积保持不变 | 基于现状年（2018 年）污染物防治水平 |
| 情景二 | 工况 3 | 2020 | 人口增长率 0.9%，工业污染排放增长率 10.6%，耕地、建设用地面积保持不变 | 基于规划近期（2020 年）污染物防治措施 |
| | 工况 4 | 2030 | 人口增长率 0.5%，工业污染排放增长率 7%，耕地、建设用地面积保持不变 | 基于规划远期（2030 年）污染物防治措施 |

### 4.3.2 预测结果

#### 4.3.2.1 情景一状况下污染负荷预测及结果

经计算，在现状污染治理水平情境下，2020 年江阴城区水系 48 个控制单元 COD、$NH_3-N$ 和 TP 入河量分别为 9372.76t/a、736.46t/a 和 109.10t/a；2030 年江阴城区水系 48 个控制单元 COD、$NH_3-N$ 和 TP 入河量分别为 9750.70t/a、766.54t/a 和 112.17t/a（表 4.3.2）。

表 4.3.2　　　　不同规划年江阴城区各类污染负荷总入河量估算（情景一）

| 编号 | 污染源名称 | 2020 年污染源入河量/(t/a) | | | 2030 年污染源入河量/(t/a) | | |
|---|---|---|---|---|---|---|---|
| | | COD | NH₃-N | TP | COD | NH₃-N | TP |
| 1 | 市政设施源 | 1824.30 | 35.29 | 6.91 | 1824.30 | 35.29 | 6.91 |
| 2 | 工业源 | 288.49 | 16.77 | 1.51 | 531.16 | 30.87 | 2.78 |
| 3 | 城镇生活源 | 3159.79 | 373.40 | 42.00 | 3295.06 | 389.38 | 43.80 |
| 4 | 城市径流污染 | 3754.10 | 204.29 | 42.74 | 3754.10 | 204.29 | 42.74 |
| 5 | 农田径流污染 | 200.63 | 6.85 | 3.50 | 200.63 | 6.85 | 3.50 |
| 6 | 农村生活散排污染 | 136.97 | 37.23 | 3.55 | 136.97 | 37.23 | 3.55 |
| 7 | 底泥释放内源 | 8.38 | 62.62 | 8.89 | 8.38 | 62.62 | 8.89 |
| 8 | 船舶移动源 | 0.10 | 0.01 | 0.00 | 0.10 | 0.01 | 0.00 |
| | 合　计 | 9372.76 | 736.46 | 109.10 | 9750.70 | 766.54 | 112.17 |

#### 4.3.2.2　情景二状况下污染负荷预测及结果

经计算，在规划近、远期分别实施水环境综合治理各项措施的情境下，2020 年江阴城区水系 48 个控制单元 COD、NH₃-N 和 TP 入河量分别为 5989.15t/a、391.16t/a 和 57.71t/a；2030 年江阴城区水系 48 个控制单元 COD、NH₃-N 和 TP 入河量分别为 6341.01t/a、364.74t/a 和 55.63t/a（表 4.3.3）。

表 4.3.3　　　　不同规划年江阴城区各类污染负荷总入河量估算（情景二）

| 编号 | 污染源名称 | 2020 年污染源入河量/(t/a) | | | 2030 年污染源入河量/(t/a) | | |
|---|---|---|---|---|---|---|---|
| | | COD | NH₃-N | TP | COD | NH₃-N | TP |
| 1 | 市政设施源 | 3253.29 | 136.98 | 17.12 | 4597.45 | 206.89 | 28.73 |
| 2 | 工业源 | 0.00 | 0.00 | 0.00 | 0.00 | 0.00 | 0.00 |
| 3 | 城镇生活源 | 963.86 | 113.90 | 12.81 | 309.27 | 36.55 | 4.11 |
| 4 | 城市径流污染 | 1616.47 | 64.01 | 16.28 | 1347.06 | 53.34 | 13.57 |
| 5 | 农田径流污染 | 103.54 | 3.54 | 1.81 | 50.16 | 1.71 | 0.88 |
| 6 | 农村生活散排污染 | 43.78 | 11.90 | 1.13 | 29.19 | 7.94 | 0.76 |
| 7 | 底泥释放内源 | 8.11 | 60.82 | 8.56 | 7.78 | 58.30 | 7.58 |
| 8 | 船舶移动源 | 0.10 | 0.01 | 0.00 | 0.10 | 0.01 | 0.00 |
| | 合　计 | 5989.15 | 391.16 | 57.71 | 6341.01 | 364.74 | 55.63 |

## 4.4　水环境容量计算

江阴城区位于平原河网地区，流域地势平坦，河流流速缓慢。城区部分河流受水闸控制，关闸期间水体相对静止。另有部分河流为断头浜和死浜，河流基本不流动。根据现状年江阴城区水系水质监测结果，城区 53 条河流水质空间分布比较均匀，可忽略水体水质的空间异质性，故将水体视为完全混合反应器。基于此，本书城区水系水环境容量计算将河流当作湖泊处理，根据《全国水环境容量核定技术指南》和《水域纳污能力计算规程》（GB 25173—2010）相关规定，江阴城区水系的水环境容量计算采用零维水质模型。污染物进入河流水体中，在污染物完全均匀混合断面上，污染物的指标无论是溶解态、颗粒态还是总浓度，其值均可按节点平衡原理推求。对于河流而言，零维模型常见的表现形式为河流稀释模型，由于江阴城区内部水系与外水系还存在连通调水问题，因此水体总环境容量应为水体自净容量与水体稀释容量两部分之和。

## 4.4.1 计算方法

江阴城区水系的 COD、$NH_3$-N 及 TP 的水环境容量采用零维模型，总环境容量计算公式为

$$W_z = W_{自净} + W_{稀释} \qquad (4.4)$$

$$W_{自净} = kVC_s \qquad (4.5)$$

$$W_{稀释} = Q_0(C_s - C_0) \qquad (4.6)$$

式中　$W_z$——总环境容量，t/a；

$W_{自净}$——自净容量，t/a；

$W_{稀释}$——稀释容量，t/a；

　$k$——污染物综合降解系数，1/d；

　$V$——水体容积，$m^3$；

　$C_s$——水质目标浓度值，mg/L；

　$C_0$——进水水质，mg/L；

　$Q_0$——入流流量，$m^3/a$。

## 4.4.2 模型参数选取

### 4.4.2.1 水质目标

根据江阴城区 53 条河道在规划近期、远期的水质目标，且现状年水质目标与规划近期保持一致，城区河道水质目标浓度为地表水Ⅲ～Ⅴ类标准（表 4.4.1）。

表 4.4.1　　　　　　　　　　水体目标水质取值一览表　　　　　　　　　　单位：mg/L

| 水质类别 | COD | $NH_3$-N | TP |
|---|---|---|---|
| 地表水Ⅲ类 | 20 | 1.0 | 0.2 |
| 地表水Ⅳ类 | 30 | 1.5 | 0.3 |
| 地表水Ⅴ类 | 40 | 2.0 | 0.4 |

### 4.4.2.2 污染物降解系数

污染物降解系数 $k$ 是反映污染物沿程生物降解、沉降和其他物化等变化的综合系数，它体现了污染物自身的变化，也体现了环境对污染物的影响，并与水体流速相关，即 $k = \alpha + \beta u$。根据近 20 多年来河海大学、中山大学等科研单位对太湖流域河网区各类水体 COD、$NH_3$-N、TP 衰减规律的统计成果，本次计算 COD 衰减系数选取为 0.09～0.12(1/d)，$NH_3$-N 衰减系数选取为 0.06～0.1(1/d)，TP 衰减系数选取为 0.045～0.1(1/d)。

### 4.4.3　水环境容量计算成果

#### 4.4.3.1　现状年（2018 年）环境容量

经计算，现状年（2018 年）江阴城区水系 COD、$NH_3 - N$、TP 的水环境容量分别为 5673.52t/a、373.50t/a、74.09t/a（图 4.4.1），其中，COD、$NH_3 - N$、TP 的自净容量为 3981.13t/a、288.88t/a、57.17t/a，稀释容量为 1692.39t/a、84.62t/a、16.92t/a，同时计算各控制单元水环境容量（表 4.4.2）。

现状年 COD、$NH_3 - N$ 及 TP 的污染负荷入河量分别为 9249.22t/a、726.47t/a、107.90t/a，基于此计算各控制单元剩余环境容量。经计算，当前各控制单元几乎均无环境容量（表 4.4.3），与江阴城区河道水质普遍较差的现状一致。因此，江阴城区水系亟须通过系统治理，科学合理地防控污染，才能保证在规划年水质达标。

表 4.4.2　　　　　　　　　　现状年 48 个控制单元水环境容量汇总表　　　　　　　　单位：t/a

| 编号 | 控制单元 | 自净容量 $W_{自净}$ | | | 稀释容量 $W_{稀释}$ | | | 总环境容量 $W_z$ | | |
|---|---|---|---|---|---|---|---|---|---|---|
| | | COD | $NH_3 - N$ | TP | COD | $NH_3 - N$ | TP | COD | $NH_3 - N$ | TP |
| 1 | 老夏港河控制单元 | 103.50 | 8.28 | 1.66 | | | | 103.50 | 8.28 | 1.66 |
| 2 | 堤外直排控制单元 | 0 | 0 | 0 | | | | 0 | 0 | 0 |
| 3 | 规划北横河Ⅰ区控制单元 | 25.19 | 2.02 | 0.40 | | | | 25.19 | 2.02 | 0.40 |
| 4 | 规划北横河Ⅱ区控制单元 | 35.91 | 2.87 | 0.57 | | | | 35.91 | 2.87 | 0.57 |
| 5 | 江锋中心河控制单元 | 3.10 | 0.25 | 0.05 | | | | 3.10 | 0.25 | 0.05 |
| 6 | 北横河控制单元 | 6.27 | 0.50 | 0.10 | | | | 6.27 | 0.50 | 0.10 |
| 7 | 普惠中心河控制单元 | 6.83 | 0.55 | 0.11 | | | | 6.83 | 0.55 | 0.11 |
| 8 | 史家村河控制单元 | 6.70 | 0.54 | 0.11 | | | | 6.70 | 0.54 | 0.11 |
| 9 | 南新河控制单元 | 8.46 | 0.68 | 0.14 | | | | 8.46 | 0.68 | 0.14 |
| 10 | 双人河控制单元 | 9.91 | 0.79 | 0.16 | | | | 9.91 | 0.79 | 0.16 |
| 11 | 青山河控制单元 | 3.26 | 0.33 | 0.07 | | | | 3.26 | 0.33 | 0.07 |
| 12 | 芦花沟河控制单元 | 23.14 | 1.85 | 0.37 | | | | 23.14 | 1.85 | 0.37 |
| 13 | 西横河Ⅰ区控制单元 | 16.81 | 0.84 | 0.17 | | | | 16.81 | 0.84 | 0.17 |
| 14 | 西横河Ⅱ区控制单元 | 80.87 | 4.04 | 0.81 | | | | 80.87 | 4.04 | 0.81 |
| 15 | 西横河Ⅲ区控制单元 | 97.03 | 4.85 | 0.97 | | | | 97.03 | 4.85 | 0.97 |
| 16 | 长沟河控制单元 | 4.62 | 0.37 | 0.07 | | | | 4.62 | 0.37 | 0.07 |
| 17 | 葫桥中心河控制单元 | 17.30 | 1.38 | 0.28 | | | | 17.30 | 1.38 | 0.28 |
| 18 | 红光引水河控制单元 | 25.07 | 2.01 | 0.40 | | | | 25.07 | 2.01 | 0.40 |
| 19 | 朱家坝河控制单元 | 9.09 | 0.73 | 0.15 | | | | 9.09 | 0.73 | 0.15 |
| 20 | 迎风河控制单元 | 4.69 | 0.94 | 0.19 | | | | 4.69 | 0.94 | 0.19 |
| 21 | 团结控制单元 | 109.18 | 8.73 | 1.75 | | | | 109.18 | 8.73 | 1.75 |
| 22 | 锡澄运河控制单元 | 1006.69 | 56.63 | 11.33 | | | | 1006.69 | 56.63 | 11.33 |
| 23 | 创新河控制单元 | 40.11 | 3.21 | 0.64 | | | | 40.11 | 3.21 | 0.64 |

| 编号 | 控制单元 | 自净容量 $W_{自净}$ | | | 稀释容量 $W_{稀释}$ | | | 总环境容量 $W_z$ | | |
|---|---|---|---|---|---|---|---|---|---|---|
| | | COD | NH₃-N | TP | COD | NH₃-N | TP | COD | NH₃-N | TP |
| 24 | 黄山湖控制单元 | 115.58 | 9.25 | 1.85 | | | | 115.58 | 9.25 | 1.85 |
| 25 | 要塞公园控制单元 | 34.70 | 2.78 | 0.56 | | | | 34.70 | 2.78 | 0.56 |
| 26 | 老鲥鱼港控制单元 | 2.40 | 0.19 | 0.04 | | | | 2.40 | 0.19 | 0.04 |
| 27 | 黄山港控制单元 | 293.51 | 23.48 | 4.70 | 459.62 | 22.98 | 4.60 | 753.13 | 46.46 | 9.30 |
| 28 | 秦泾河控制单元 | 10.42 | 0.65 | 0.13 | 2.04 | 0.10 | 0.02 | 12.46 | 0.75 | 0.15 |
| 29 | 东横河Ⅰ区控制单元 | 127.21 | 11.45 | 2.04 | 199.21 | 9.96 | 1.99 | 326.42 | 21.41 | 4.03 |
| 30 | 东横河Ⅱ区控制单元 | 112.50 | 9.00 | 1.80 | 176.17 | 8.81 | 1.76 | 288.67 | 17.81 | 3.56 |
| 31 | 东城河控制单元 | 48.47 | 3.88 | 0.78 | 75.90 | 3.79 | 0.76 | 124.37 | 7.67 | 1.54 |
| 32 | 澄塞河控制单元 | 42.81 | 3.42 | 0.68 | 67.04 | 3.35 | 0.67 | 109.85 | 6.77 | 1.35 |
| 33 | 运粮河控制单元 | 34.70 | 2.78 | 0.56 | 54.33 | 2.72 | 0.54 | 89.03 | 5.50 | 1.10 |
| 34 | 东转河控制单元 | 70.44 | 5.64 | 1.13 | 110.31 | 5.52 | 1.10 | 180.75 | 11.16 | 2.23 |
| 35 | 东风河控制单元 | 11.68 | 0.93 | 0.19 | 18.29 | 0.91 | 0.18 | 29.97 | 1.84 | 0.37 |
| 36 | 龙泾河控制单元 | 63.41 | 5.07 | 1.01 | | | | 63.41 | 5.07 | 1.01 |
| 37 | 红星河控制单元 | 31.53 | 2.52 | 0.50 | | | | 31.53 | 2.52 | 0.50 |
| 38 | 北潮河控制单元 | 14.26 | 1.43 | 0.29 | 111.67 | 5.58 | 1.12 | 125.93 | 7.01 | 1.41 |
| 39 | 老应天河控制单元 | 17.80 | 0.89 | 0.18 | | | | 17.80 | 0.89 | 0.18 |
| 40 | 应天河控制单元 | 290.69 | 22.08 | 4.03 | 203.71 | 10.19 | 2.04 | 494.40 | 32.27 | 6.07 |
| 41 | 兴澄河控制单元 | 158.70 | 12.70 | 2.54 | | | | 158.70 | 12.70 | 2.54 |
| 42 | 工农河Ⅰ区控制单元 | 86.34 | 6.91 | 1.38 | | | | 86.34 | 6.91 | 1.38 |
| 43 | 工农河Ⅱ区控制单元 | 81.73 | 6.54 | 1.31 | | | | 81.73 | 6.54 | 1.31 |
| 44 | 斜泾河控制单元 | 7.51 | 0.60 | 0.12 | | | | 7.51 | 0.60 | 0.12 |
| 45 | 老应浜控制单元 | 5.97 | 0.30 | 0.06 | | | | 5.97 | 0.30 | 0.06 |
| 46 | 夹沟河控制单元 | 62.67 | 5.01 | 1.00 | | | | 62.67 | 5.01 | 1.00 |
| 47 | 皮弄中心河控制单元 | 53.97 | 4.32 | 0.86 | | | | 53.97 | 4.32 | 0.86 |
| 48 | 白屈港控制单元 | 558.40 | 44.67 | 8.93 | 214.10 | 10.71 | 2.14 | 772.50 | 55.38 | 11.07 |
| | 合计 | 3981.13 | 288.88 | 57.17 | 1692.39 | 84.62 | 16.92 | 5673.52 | 373.50 | 74.09 |

表 4.4.3　　现状年 48 个控制单元水环境容量与污染负荷入河量对比一览表　　　　单位：t/a

| 编号 | 控制单元 | 水环境容量 | | | 污染负荷入河量 | | | 剩余环境容量 | | |
|---|---|---|---|---|---|---|---|---|---|---|
| | | COD | NH₃-N | TP | COD | NH₃-N | TP | COD | NH₃-N | TP |
| 1 | 老夏港河控制单元 | 103.50 | 8.28 | 1.66 | 780.00 | 23.99 | 5.38 | -676.50 | -15.71 | -3.72 |
| 2 | 堤外直排控制单元 | 0 | 0 | 0 | 42.71 | 2.14 | 0.44 | -42.71 | -2.14 | -0.44 |
| 3 | 规划北横河Ⅰ区控制单元 | 25.19 | 2.02 | 0.40 | 61.11 | 5.18 | 0.75 | -35.92 | -3.16 | -0.35 |
| 4 | 规划北横河Ⅱ区控制单元 | 35.91 | 2.87 | 0.57 | 210.96 | 20.23 | 2.72 | -175.05 | -17.36 | -2.15 |
| 5 | 江锋中心河控制单元 | 3.10 | 0.25 | 0.05 | 21.27 | 1.95 | 0.26 | -18.17 | -1.70 | -0.21 |

续表

| 编号 | 控制单元 | 水环境容量 | | | 污染负荷入河量 | | | 剩余环境容量 | | |
|------|----------|-----|------|----|------|------|----|------|------|----|
| | | COD | NH₃－N | TP | COD | NH₃－N | TP | COD | NH₃－N | TP |
| 6 | 北横河控制单元 | 6.27 | 0.50 | 0.10 | 30.50 | 2.38 | 0.39 | －24.23 | －1.88 | －0.29 |
| 7 | 普惠中心河控制单元 | 6.83 | 0.55 | 0.11 | 139.14 | 11.66 | 1.78 | －132.31 | －11.11 | －1.67 |
| 8 | 史家村河控制单元 | 6.70 | 0.54 | 0.11 | 39.27 | 3.09 | 0.49 | －32.57 | －2.55 | －0.38 |
| 9 | 南新河控制单元 | 8.46 | 0.68 | 0.14 | 20.97 | 1.55 | 0.26 | －12.51 | －0.87 | －0.12 |
| 10 | 双人河控制单元 | 9.91 | 0.79 | 0.16 | 31.79 | 2.76 | 0.42 | －21.88 | －1.97 | －0.26 |
| 11 | 青山河控制单元 | 3.26 | 0.33 | 0.07 | 4.04 | 0.54 | 0.09 | －0.78 | －0.21 | －0.02 |
| 12 | 芦花沟河控制单元 | 23.14 | 1.85 | 0.37 | 146.53 | 14.00 | 2.03 | －123.39 | －12.15 | －1.66 |
| 13 | 西横河Ⅰ区控制单元 | 16.81 | 0.84 | 0.17 | 15.30 | 1.94 | 0.32 | 1.51 | －1.10 | －0.15 |
| 14 | 西横河Ⅱ区控制单元 | 80.87 | 4.04 | 0.81 | 95.08 | 9.59 | 1.44 | －14.21 | －5.55 | －0.63 |
| 15 | 西横河Ⅲ区控制单元 | 97.03 | 4.85 | 0.97 | 201.63 | 18.76 | 2.88 | －104.60 | －13.91 | －1.91 |
| 16 | 长沟河控制单元 | 4.62 | 0.37 | 0.07 | 67.25 | 6.24 | 0.90 | －62.63 | －5.87 | －0.83 |
| 17 | 葫桥中心河控制单元 | 17.30 | 1.38 | 0.28 | 52.87 | 4.85 | 0.76 | －35.57 | －3.47 | －0.48 |
| 18 | 红光引水河控制单元 | 25.07 | 2.01 | 0.40 | 34.49 | 3.55 | 0.58 | －9.42 | －1.54 | －0.18 |
| 19 | 朱家坝河控制单元 | 9.09 | 0.73 | 0.15 | 16.01 | 1.57 | 0.22 | －6.92 | －0.84 | －0.07 |
| 20 | 迎风河控制单元 | 4.69 | 0.94 | 0.19 | 8.58 | 0.95 | 0.12 | －3.89 | －0.01 | 0.07 |
| 21 | 团结河控制单元 | 109.18 | 8.73 | 1.75 | 127.57 | 13.11 | 2.18 | －18.39 | －4.38 | －0.43 |
| 22 | 锡澄运河控制单元 | 1006.69 | 56.63 | 11.33 | 1012.07 | 104.79 | 14.94 | －5.38 | －48.16 | －3.61 |
| 23 | 创新河控制单元 | 40.11 | 3.21 | 0.64 | 89.01 | 8.40 | 1.12 | －48.90 | －5.19 | －0.48 |
| 24 | 黄山湖控制单元 | 115.58 | 9.25 | 1.85 | 137.71 | 12.47 | 1.69 | －22.13 | －3.22 | 0.16 |
| 25 | 要塞公园控制单元 | 34.70 | 2.78 | 0.56 | 47.79 | 3.51 | 0.56 | －13.09 | －0.73 | 0 |
| 26 | 老鲥鱼港控制单元 | 2.40 | 0.19 | 0.04 | 224.73 | 23.29 | 2.97 | －222.33 | －23.10 | －2.93 |
| 27 | 黄山港控制单元 | 753.13 | 46.46 | 9.30 | 469.27 | 45.92 | 6.49 | 283.86 | 0.54 | 2.81 |
| 28 | 秦泾河控制单元 | 12.46 | 0.75 | 0.15 | 15.81 | 1.32 | 0.20 | －3.35 | －0.57 | －0.05 |
| 29 | 东横河Ⅰ区控制单元 | 326.42 | 21.41 | 4.03 | 718.66 | 74.60 | 9.96 | －392.24 | －53.19 | －5.93 |
| 30 | 东横河Ⅱ区控制单元 | 288.67 | 17.81 | 3.56 | 262.58 | 25.17 | 3.48 | 26.09 | －7.36 | 0.08 |
| 31 | 东城河控制单元 | 124.37 | 7.67 | 1.54 | 256.22 | 25.93 | 3.48 | －131.85 | －18.26 | －1.94 |
| 32 | 澄塞河控制单元 | 109.85 | 6.77 | 1.35 | 432.25 | 41.89 | 5.59 | －322.40 | －35.12 | －4.24 |
| 33 | 运粮河控制单元 | 89.03 | 5.50 | 1.10 | 91.20 | 8.86 | 1.21 | －2.17 | －3.36 | －0.11 |
| 34 | 东转河控制单元 | 180.75 | 11.16 | 2.23 | 121.40 | 12.02 | 1.62 | 59.35 | －0.86 | 0.61 |
| 35 | 东风河控制单元 | 29.97 | 1.84 | 0.37 | 30.86 | 3.03 | 0.39 | －0.89 | －1.19 | －0.02 |
| 36 | 龙泾河控制单元 | 63.41 | 5.07 | 1.01 | 135.66 | 9.86 | 1.57 | －72.25 | －4.79 | －0.56 |
| 37 | 红星河控制单元 | 31.53 | 2.52 | 0.50 | 34.00 | 2.70 | 0.53 | －2.47 | －0.18 | －0.03 |
| 38 | 北潮河控制单元 | 125.93 | 7.01 | 1.41 | 107.21 | 9.18 | 1.53 | 18.72 | －2.17 | －0.12 |
| 39 | 老应天河控制单元 | 17.80 | 0.89 | 0.18 | 8.63 | 0.99 | 0.16 | 9.17 | －0.10 | 0.02 |

| 编号 | 控制单元 | 水环境容量 | | | 污染负荷入河量 | | | 剩余环境容量 | | |
|---|---|---|---|---|---|---|---|---|---|---|
| | | COD | NH₃-N | TP | COD | NH₃-N | TP | COD | NH₃-N | TP |
| 40 | 应天河控制单元 | 494.40 | 32.27 | 6.07 | 480.57 | 39.19 | 5.31 | 13.83 | -6.92 | 0.76 |
| 41 | 兴澄河控制单元 | 158.70 | 12.70 | 2.54 | 36.39 | 4.37 | 0.75 | 122.31 | 8.33 | 1.79 |
| 42 | 工农河Ⅰ区控制单元 | 86.34 | 6.91 | 1.38 | 93.28 | 8.54 | 1.42 | -6.94 | -1.63 | -0.04 |
| 43 | 工农河Ⅱ区控制单元 | 81.73 | 6.54 | 1.31 | 88.97 | 6.89 | 1.30 | -7.24 | -0.35 | 0.01 |
| 44 | 斜泾河控制单元 | 7.51 | 0.60 | 0.12 | 19.39 | 1.10 | 0.21 | -11.88 | -0.50 | -0.09 |
| 45 | 老应浜控制单元 | 5.97 | 0.30 | 0.06 | 5.84 | 0.62 | 0.08 | 0.13 | -0.32 | -0.02 |
| 46 | 夹沟河控制单元 | 62.67 | 5.01 | 1.00 | 80.52 | 7.08 | 1.26 | -17.85 | -2.07 | -0.26 |
| 47 | 皮弄中心河控制单元 | 53.97 | 4.32 | 0.86 | 33.79 | 3.45 | 0.58 | 20.18 | 0.87 | 0.28 |
| 48 | 白屈港控制单元 | 772.50 | 55.38 | 11.07 | 2068.34 | 91.27 | 15.09 | -1295.84 | -35.89 | -4.02 |
| | 合计 | 5673.52 | 373.50 | 74.09 | 9249.22 | 726.47 | 107.90 | -3575.70 | -352.97 | -33.81 |

**注**　剩余环境容量为"－"说明超过环境承载力。

#### 4.4.3.2　规划近期（2020年）环境容量

经计算，规划近期（2020年）江阴城区水系COD、NH₃-N及TP的水环境容量分别为5916.31t/a、385.62t/a、76.48t/a（图4.4.2），其中，COD、NH₃-N及TP的自净容量为3981.13t/a、288.86t/a、57.13t/a，稀释容量为1935.19t/a、96.76t/a、19.35t/a。

#### 4.4.3.3　规划远期（2030年）环境容量

经计算，规划远期（2030年）江阴城区水系COD、NH₃-N及TP的水环境容量分别为4686.71t/a、309.69t/a、61.36t/a（图4.4.3），其中，COD、NH₃-N及TP的自净容量为3510.21t/a、250.86t/a、49.59t/a，稀释容量为1176.50t/a、58.83t/a、11.77t/a。

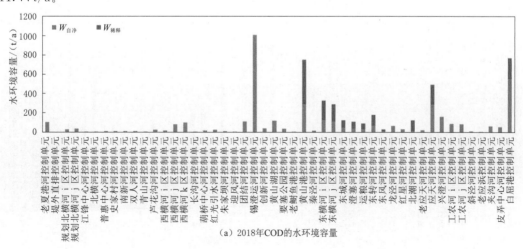

(a) 2018年COD的水环境容量

图4.4.1（一）　现状年（2018年）各控制单元的水环境容量

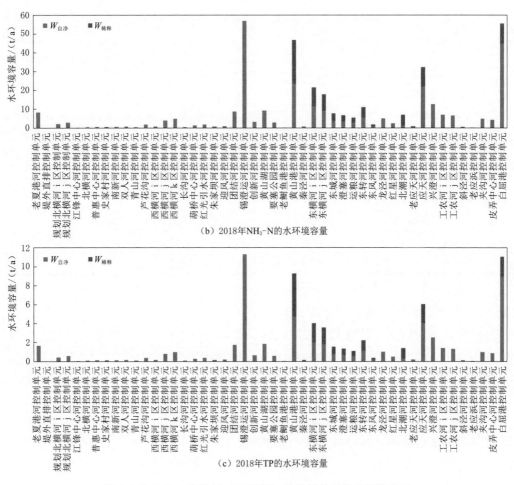

图 4.4.1（二）　现状年（2018 年）各控制单元的水环境容量

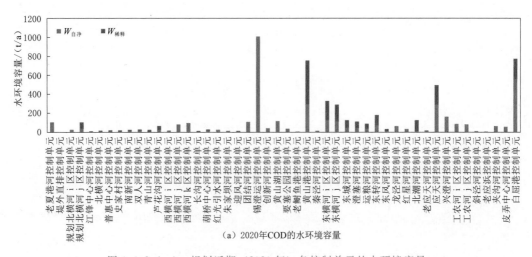

图 4.4.2（一）　规划近期（2020 年）各控制单元的水环境容量

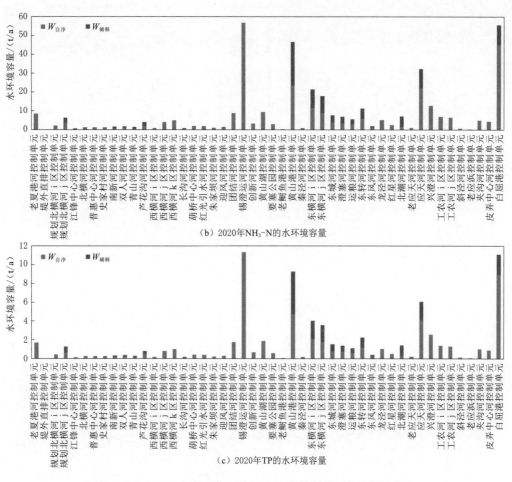

图 4.4.2（二） 规划近期（2020 年）各控制单元的水环境容量

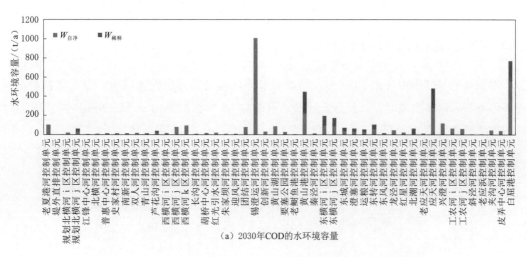

图 4.4.3（一） 规划远期（2030 年）各控制单元的水环境容量

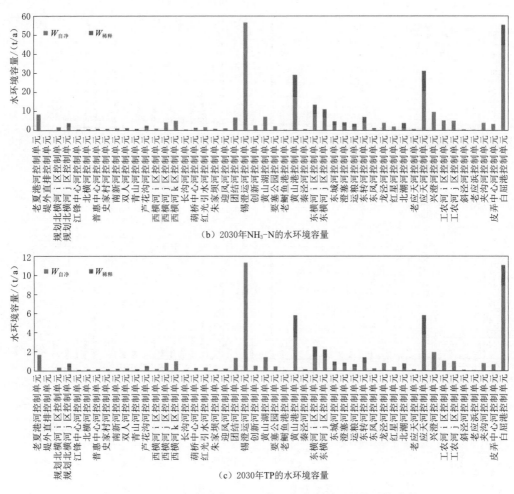

（b）2030年NH₃-N的水环境容量

（c）2030年TP的水环境容量

图 4.4.3（二）　规划远期（2030 年）各控制单元的水环境容量

## 4.5　污染负荷削减方案

根据规划年江阴城区水系 48 个控制单元水环境容量和污染物入河量，制定各控制单元主要污染物入河量削减方案。经分析，2020 年城区 48 个控制单元 COD、NH₃ - N、TP 入河负荷需削减量分别为 4009.93t/a、361.14t/a、39.03t/a；2030 年城区 48 个控制单元 COD、NH₃ - N、TP 入河负荷需削减量分别为 5166.53t/a、462.20t/a、52.13t/a（表 4.5.1）。

表 4.5.1　规划年江阴城区水系 48 个控制单元污染物入河负荷削减方案

| 编号 | 控制单元名称 | 2020 年污染负荷削减量/(t/a) | | | 2030 年污染负荷削减量/(t/a) | | |
|---|---|---|---|---|---|---|---|
| | | COD | NH₃ - N | TP | COD | NH₃ - N | TP |
| 1 | 老夏港河控制单元 | 677.35 | 15.79 | 3.74 | 678.93 | 15.98 | 3.76 |
| 2 | 堤外直排控制单元 | 42.77 | 2.15 | 0.44 | 42.88 | 2.16 | 0.44 |

续表

| 编号 | 控制单元名称 | 2020年污染负荷削减量/(t/a) | | | 2030年污染负荷削减量/(t/a) | | |
|---|---|---|---|---|---|---|---|
| | | COD | NH$_3$-N | TP | COD | NH$_3$-N | TP |
| 3 | 规划北横河Ⅰ区控制单元 | 36.70 | 3.25 | 0.36 | 44.53 | 3.93 | 0.48 |
| 4 | 规划北横河Ⅱ区控制单元 | 108.47 | 14.16 | 1.49 | 156.85 | 17.19 | 2.04 |
| 5 | 江锋中心河控制单元 | 12.50 | 1.43 | 0.15 | 16.79 | 1.71 | 0.20 |
| 6 | 北横河控制单元 | 12.50 | 1.31 | 0.18 | 20.69 | 1.80 | 0.27 |
| 7 | 普惠中心河控制单元 | 120.40 | 10.59 | 1.55 | 131.17 | 11.35 | 1.68 |
| 8 | 史家村河控制单元 | 20.09 | 1.95 | 0.26 | 28.92 | 2.49 | 0.36 |
| 9 | 南新河控制单元 | 0.00 | 0.08 | 0.00 | 7.00 | 0.69 | 0.09 |
| 10 | 双人河控制单元 | 3.26 | 1.05 | 0.08 | 15.75 | 1.78 | 0.22 |
| 11 | 青山河控制单元 | 0.00 | 0.00 | 0.00 | 0.00 | 0.00 | 0.00 |
| 12 | 芦花沟河控制单元 | 80.16 | 10.05 | 1.23 | 110.63 | 11.92 | 1.57 |
| 13 | 西横河Ⅰ区控制单元 | 0.00 | 1.11 | 0.15 | 0.00 | 1.13 | 0.15 |
| 14 | 西横河Ⅱ区控制单元 | 15.04 | 5.62 | 0.64 | 16.49 | 5.79 | 0.66 |
| 15 | 西横河Ⅲ区控制单元 | 105.55 | 14.01 | 1.93 | 107.69 | 14.26 | 1.96 |
| 16 | 长沟河控制单元 | 54.31 | 5.49 | 0.75 | 61.04 | 5.94 | 0.82 |
| 17 | 葫桥中心河控制单元 | 27.00 | 3.03 | 0.40 | 36.54 | 3.67 | 0.52 |
| 18 | 红光引水河控制单元 | 9.51 | 1.55 | 0.18 | 15.96 | 2.08 | 0.29 |
| 19 | 朱家坝河控制单元 | 1.99 | 0.60 | 0.03 | 6.83 | 0.92 | 0.09 |
| 20 | 迎风河控制单元 | 0.00 | 0.00 | 0.00 | 1.92 | 0.09 | 0.00 |
| 21 | 团结河控制单元 | 18.67 | 4.40 | 0.44 | 46.48 | 6.65 | 0.88 |
| 22 | 锡澄运河控制单元 | 13.97 | 49.15 | 3.72 | 34.06 | 51.53 | 3.99 |
| 23 | 创新河控制单元 | 50.25 | 5.32 | 0.50 | 62.63 | 6.40 | 0.69 |
| 24 | 黄山湖控制单元 | 24.24 | 3.42 | 0.00 | 56.82 | 6.16 | 0.38 |
| 25 | 要塞公园控制单元 | 14.35 | 0.80 | 0.02 | 23.96 | 1.60 | 0.17 |
| 26 | 老鲥鱼港控制单元 | 225.12 | 23.42 | 2.97 | 232.43 | 24.26 | 3.07 |
| 27 | 黄山港控制单元 | 0.00 | 0.08 | 0.00 | 38.16 | 18.82 | 0.92 |
| 28 | 秦泾河控制单元 | 3.79 | 0.59 | 0.05 | 7.71 | 0.84 | 0.10 |
| 29 | 东横河Ⅰ区控制单元 | 399.92 | 54.09 | 6.04 | 549.61 | 64.09 | 7.78 |
| 30 | 东横河Ⅱ区控制单元 | 0.00 | 7.72 | 0.00 | 100.62 | 15.21 | 1.39 |
| 31 | 东城河控制单元 | 134.25 | 18.54 | 1.98 | 190.05 | 22.08 | 2.63 |
| 32 | 澄塞河控制单元 | 327.32 | 35.69 | 4.30 | 383.27 | 39.61 | 4.96 |
| 33 | 运粮河控制单元 | 2.98 | 3.47 | 0.12 | 40.78 | 5.75 | 0.56 |
| 34 | 东转河控制单元 | 0.00 | 1.00 | 0.00 | 17.25 | 5.49 | 0.27 |
| 35 | 东风河控制单元 | 1.28 | 1.22 | 0.03 | 14.27 | 2.02 | 0.18 |
| 36 | 龙泾河控制单元 | 73.22 | 4.89 | 0.56 | 91.14 | 6.41 | 0.84 |

续表

| 编号 | 控制单元名称 | 2020 年污染负荷削减量/(t/a) | | | 2030 年污染负荷削减量/(t/a) | | |
|---|---|---|---|---|---|---|---|
| | | COD | NH₃-N | TP | COD | NH₃-N | TP |
| 37 | 红星河控制单元 | 2.49 | 0.18 | 0.02 | 10.38 | 0.81 | 0.15 |
| 38 | 北潮河控制单元 | 0.00 | 2.25 | 0.15 | 43.24 | 5.57 | 0.79 |
| 39 | 老应天河控制单元 | 0.00 | 0.11 | 0.00 | 0.00 | 0.35 | 0.03 |
| 40 | 应天河控制单元 | 33.29 | 9.78 | 0.00 | 255.33 | 23.45 | 0.88 |
| 41 | 兴澄河控制单元 | 0.00 | 0.00 | 0.00 | 0.00 | 0.00 | 0.00 |
| 42 | 工农河Ⅰ区控制单元 | 7.67 | 1.68 | 0.05 | 29.88 | 3.48 | 0.40 |
| 43 | 工农河Ⅱ区控制单元 | 7.97 | 0.37 | 0.01 | 28.56 | 2.03 | 0.34 |
| 44 | 斜泾河控制单元 | 11.88 | 0.50 | 0.09 | 13.76 | 0.65 | 0.12 |
| 45 | 老应浜控制单元 | 0.00 | 0.32 | 0.02 | 1.41 | 0.40 | 0.04 |
| 46 | 夹沟河控制单元 | 19.92 | 2.11 | 0.28 | 35.62 | 3.37 | 0.53 |
| 47 | 皮弄中心河控制单元 | 0.00 | 0.00 | 0.00 | 0.00 | 0.26 | 0.00 |
| 48 | 白屈港控制单元 | 1309.75 | 36.82 | 4.12 | 1358.50 | 40.03 | 4.44 |
| | 合计 | 4009.93 | 361.14 | 39.03 | 5166.53 | 462.20 | 52.13 |

## 4.6　本章小结

污染物限排总量方案的制定是基于水体环境容量和污染负荷入河量，计算得到各控制单元污染物削减量，有利于对污染负荷入河量进行分区管控和科学定量分配。

经过调研分析，对江阴市城区水系所在流域进行了控制单元的划分，计算了不同情景、工况下的水体环境容量、污染负荷入河量，提出了各控制单元的污染物限排总量控制方案，为水环境综合治理方案的制定提供支撑。

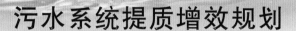

# 第 5 章

# 污水系统提质增效规划

## 5.1 引言

江阴市城区排水系统大多为雨污分流制，但城区部分地块排水系统受各类因素的影响，仍存在局部合流、错混接、结构性缺陷等问题，导致污水管网中污水浓度不高，而河道中又有大量污水下河的现象。污水管网污染物浓度偏低，会影响以活性污泥法为主体工艺的污水厂的运行效率，而雨水系统中大量污水下河，又导致河道水环境受到污染，排水管网提质增效工作很是必要。本书基于污水管网"补空白、改混接、治缺陷""厂网泥一体化"等思路，提出江阴市城区污水系统提质增效的措施方案。

研究以"源头治理、过程控制、末端截污"为主要建设内容的污水系统提质增效措施。根据不同区域特点及排放要求，因地制宜地选择以直接纳管模式、相对集中处理模式、分散处理模式及资源化利用为主的农村污水提质增效措施。加快实施污水处理厂扩建，提高城市污水处理能力，同步进行污泥处理工程，实现"厂网泥一体化"治理。

## 5.2 管网改造和建设工程规划

管网改造及新建的规划内容主要从源头治理、过程控制和末端截污三方面入手，实现污水全面管控。源头治理主要针对各类排水单元里建筑单体的内部改造、小区内管网新建及改造；过程控制主要针对市政污水干支管的修复和新改建；末端截污主要是沿河截流管网的新建。

### 5.2.1 城区排水单元源头治理改造

本章分析的排水单元主要是指民宅小区、企事业单位等地块。

（1）小区立管改造。

建筑单体雨污分流改造主要对建筑单体立管及立管至排水沟构筑物段埋地管进行整

改，目标是将室内污水与屋面雨水分流，从源头实现雨污分流。经统计小区立管的混错接主要有 4 种情况，整改措施如下：

1）合流立管改造（原雨水立管混入生活污水，尾水排入小区污水管道）。

整改措施为：原建筑合流立管改造用作污水管，接入污水井或化粪池，并增设伸顶通气帽及立管检查口；新建雨水立管，将屋面雨水单独接出，就近排入附近雨水检查井或者雨水口内［图 5.2.1（a）］。

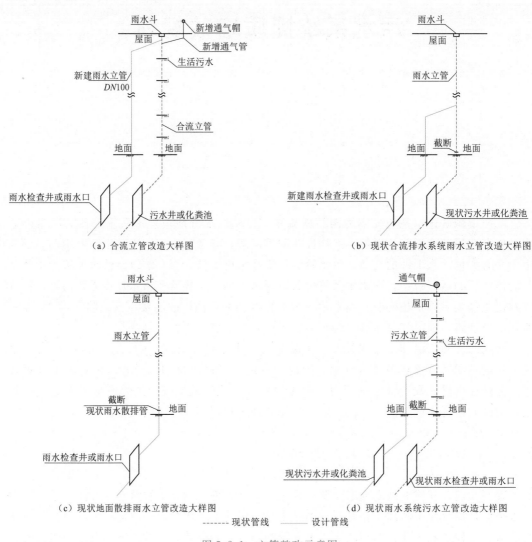

（a）合流立管改造大样图

（b）现状合流排水系统雨水立管改造大样图

（c）现状地面散排雨水立管改造大样图

（d）现状雨水系统污水立管改造大样图

-------现状管线　——设计管线

图 5.2.1　立管整改示意图

2）雨水立管入地改造（原雨水立管无错接，尾水错接至小区污水干管）。

整改措施为：对接入化粪池的雨水立管进行改造，在入地之前将雨水立管截断，并就近接入新建的雨水检查井或者雨水口［图 5.2.1（b）］。

3）雨水立管散排改入地（原雨水立管无错接，尾水直接散排）。

整改措施为：对直接散排地面，且周边有雨水检查井的雨水立管进行入地改造，或是对周边的雨水收纳设施进行海绵化改造，降低雨水面源污染［图5.2.1（c）］。

4）污水及合流立管入地改造（原污水立管错接至小区雨水管道）。

整改措施为：原污水或合流立管错接现状雨水口或雨水检查井，将此类立管改造接入化粪池或污水检查井［图5.2.1（d）］。

（2）企事业单位及一楼底商排水管网改造。

经现场走访，企事业单位及一楼底商排水管网内部混接现象普遍，须从内部入户整改。中心区共有23家底商、7家企业单位，需要整改。

（3）小区地块管网分流改造。

根据现场调研，居住小区主要包括成熟小区和老旧小区。成熟小区多建成于2000年后，高层建筑居多，小区环境良好，路面及周边景观完善，多数有成熟的物业管理；老旧小区、自然村主要特点为建筑分布规整，楼层普遍不高，多为村镇自建。该类小区排水管网改造方案主要有以下4种类型：

1）保留现状排水系统：小区内已建设雨污分流制系统，但与市政道路排水管网系统存在错接混接。核实该分流制系统能否满足排水要求，如满足要求则保留现状排水系统，不再进行管网改造，仅在该小区排水管与市政道路排水管连接处核实接驳情况，对问题接驳点进行改造；如小区现状分流制管网系统不能满足要求，则对不满足要求的排水管进行改造。

2）新建污水系统：小区为合流制排水系统的，区域内污水排放点明确，且现状管涵满足雨水排放要求，则保留现状系统并作为雨水系统，新增一套污水管，作为污水系统，连接各栋建筑的化粪池、现状排水立管等，最终接入已建市政污水管网；对建筑屋面排水合流管改造，保留现状排水管作为污水管，增加通气口，新增一条连接屋面的雨水管，连接至现状管涵排入河渠。

3）新建雨水系统：小区为合流制排水系统，区域内污水排放点不明确，建筑物雨污水均排入合流管，则保留现状排水系统为污水系统，废除与现状排水系统相连的雨水口、雨水边沟，改造建筑合流排水管，新建一套雨水管网系统、雨水口收集系统及建筑屋面雨水管系统，实现该区域雨污分流排放。

4）新建雨水、污水系统：小区已有排水管网系统，但管网系统老旧，难以发挥功能。由于某些区域排水管网系统建设时间较早，管径偏小，堵塞淤积严重，时常有雨污水溢出地面，且片区近期无旧城改造计划，或是小区雨污水管道缺失，雨污水随地散排，则新建雨水、污水两套管网系统。

（4）小区总口截流。

因建筑密度高、拆迁难度大、房屋结构安全等因素雨污分流难以实施的城中村，因地制宜设置各类智能分流井或截流井，在地块管道末端做总口截流（图5.2.2），做到浓淡分离、分类转输，实现旱季、雨季污染全控制。

常用设施有旋流沉砂设施、各类截流井等。几种典型的截污设施介绍如下：

1）水力旋流净化器。水力旋流净化器（图5.2.3）是先进的纯水力旋流分离设备，无能耗，配有自清洗格栅。该设备应用在雨污合流溢流系统中，可以高效地去除泥沙、悬浮物、TSS、BOD等各类污染物，达到预处理效果，可用于各类新建和改造的合流溢流污染工程。

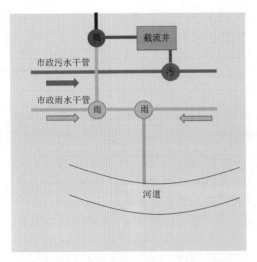

图 5.2.2　地块管道末端总口截流示意图

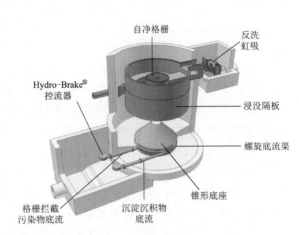

图 5.2.3　水力旋流净化器构成示意图

2）智能截流井。智能截流井（图 5.2.4）截污管前装有液动最大流量控制闸门，能够对通往污水处理厂的最大量进行控制，同时可以防止污水回流；精准截流井出水口前装有液动下开式堰门，可以智能调节截流高度，同时可以防止自然水体的倒灌；精准截流井采用 SCADA 控制系统进行智能控制，可采用水质法、雨量法、时间法和水位法进行控制精细化截污调度，可实现旱季污水全截流、初期雨水部分截流，降低面源污染。

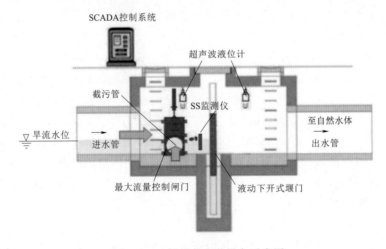

图 5.2.4　智能截流井设备示意图

3）浮动式截污井。浮动式截污井（图 5.2.5）通过水力控制闸门开启，无须另外动力，但该截流井需要损失部分高程，使用会受到一定限制。浮动式截污井由浮筒、传动装置和闸片三部分组成。当液位较低时截流闸处于开启状态，随着液位的升高，浮筒受浮力作用沿弧线上升，通过传动轴带动闸板沿弧线下降，实现截流闸的关闭；随着液位的下降，浮筒受重力作用沿弧线下降，通过传动轴带动闸板沿弧线上升，实现截流阀的开启。

4）下开式堰门截流井（图 5.2.6）。下开式堰门由启闭油缸驱动控制门板升降，启闭

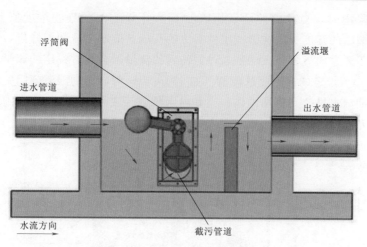

图 5.2.5 浮动式截污井示意图

油缸可配备自动控制系统，对液动下开式堰门可实现无人值守自动控制。上游的水是从门板的上端溢流出来，门板可根据需要升降并且可停止在任意位置，以控制配水流量或调节上游水位，可实现冲洗、水位控制和流量控制等多种功能。

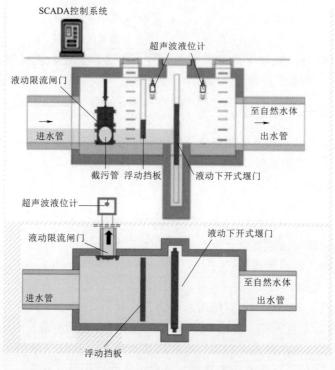

图 5.2.6 下开式堰门截流井示意图

5）液动旋转堰门截流井（图 5.2.7）。液动旋转堰门截流井主要由液动旋转堰门、液动限流闸门、拦渣滤网、超声波液位计、SCADA 控制系统等设备组成，晴天时，液动限流闸门处于开启状态，液动旋转堰门处于关闭状态，生活污水完全截流至截污管并输送到污水处理厂；降雨时，当井内的污染物浓度 $C$ 大于设定的污染物浓度值（如 80mg/L）时，液动旋转堰门的开度关闭在警戒水位对应的开度，液动限流闸门开启，液动限流闸门的开度值取决于流过的流量值，保证通过截污管的流量不会超过设定的流量值；当井内的污染物浓度 $C$ 小于设定的污染物浓度值（如 80mg/L）时，液动限流闸门关闭，液动旋转堰门开启，后期雨水排放到自然水体；当井内水位大于警戒水位时，液动限流闸门关闭，液动旋转堰门开启行洪。

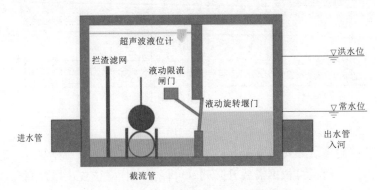

图 5.2.7　液动旋转堰门截流井示意图

　　根据地块现场情况和地块排水单位特点，灵活应用以上各种设备，剥离上游合流污水及面源污染。

　　经现场走访及统计，规划区内共有 226 个分流排水单元需做混错接改造（从立管改起），56 个合流排水单元需新建雨（污）水分流改造。

## 5.2.2　市政污水干支管道改造工程

　　城区市政干支管道基本按分流制新建，主要问题还是以下三类：少量错漏接；各种结构性、功能性缺陷，造成管道渗漏、淤积、高水位运行的现状；城区污水收集空白区有待消除。

### 5.2.2.1　错漏接改造

　　市政污水干支管错漏接主要分为三种情况：

　　1）污水管道错接入雨水管道。

　　2）雨水管道错接入污水管道。

　　3）雨水口错接入污水管道。

　　对应的整改措施如下：

　　1）污水管道接入雨水管道：封堵雨水井内污水接口，新建一条污水管道，接入附近现状污水井，避免污水接入雨水管道后排入河道，对河道造成污染。

　　2）雨水管道接入污水管道：封堵污水井内雨水接口，新建一条雨水管道，接入附近现状雨水检查井，避免雨水接入污水管道，造成污水处理厂负荷较大，进水浓度较低。

　　3）雨水口接入污水管道：将接入的雨水接口封堵，新建一根雨水口连接管接入附近现状雨水检查井，避免雨水接入污水管道，造成污水处理厂负荷较大，进水浓度较低。

### 5.2.2.2　干支管清淤

　　管道淤积后，采用吸污车将管内污水、淤泥、沙等可吸取的杂物吸出。采用人工辅助方法将较大垃圾杂物从检查井内清理出管道。管道清淤方法及工具见图5.2.8。

（a）小管径泥沙采用配套工具进行清理，如清淤器等

（b）管道清淤器　　　　　　　　　　（c）高压水清洗

（d）吸污车　　　　　　　　　　　　（e）清洗车

图5.2.8　管道清淤方法及工具

清理后采用高压水进行清洗，先抽出管内积水，然后再进行清洗。清洗后进行检查，确认达到施工要求后方可进行下一个工序施工，同时还可发现管涵内部存在的其他问题。

对于较大垃圾杂物及大管径箱涵等工程，吸污车及清洗车施工后，主要采用人工辅助方法进行清理。箱涵清污施工可根据现场实际情况进行围堰排水，然后采用排水管进行排水，分段分批进行清污疏通。

根据2014—2015江阴市城区地下管线普查成果，结合其他城市规划经验，本次规划中按雨污水管道总长度的40%积淤考虑。管道内积淤厚度按35%管径考虑，本次规划总计清淤25701.6m³。

### 5.2.2.3　干支修复

根据管网检测报告，结合工程实际情况，针对管网存在的缺陷，制订修复方案。

针对管网存在的缺陷，采用非开挖为主、安全、经济合理的方法进行修复治理。原则如下：

（1）安全第一，质量为主。

（2）节约成本，控制进度。

（3）做到局部维修与大面维修相结合，以非开挖为主，开挖为辅。节约能源，避免污染。

（4）每段管（两检查井之间）结构性缺陷个数超过 3 个时，根据检测结果进行整体修复。

管段结构性缺陷类型评估及修复措施见表 5.2.1 和表 5.2.2；功能性缺陷及修复措施见表 5.2.3；检查井缺陷修复措施见表 5.2.4。

表 5.2.1　　　　　　　　　　　管段结构性缺陷类型评估参考表

| 管段结构性缺陷密度（SM） | <0.1 | 0.1~0.5 | >0.5 |
| --- | --- | --- | --- |
| 管段结构性缺陷类型 | 局部缺陷 | 部分或整体缺陷 | 整体缺陷 |

表 5.2.2　　　　　　　　　　　管段结构性缺陷及修复措施表

| 缺陷名称 | 缺陷等级 | 缺 陷 修 复 措 施 |
| --- | --- | --- |
| 破裂<br>（PL） | 1~2 | 管段结构性缺陷密度 SM<0.1 采用点状原位固化修复；管段结构性缺陷密度 SM≥0.1 采用拉入式紫外光原位固化修复法全面修复 |
| | 3~4 | 管段结构性缺陷密度 SM<0.1 采用点状原位固化修复；管段结构性缺陷密度 SM≥0.1 采用拉入式紫外光原位固化修复法全面修复。<br>非常严重部分，可衬入钢管进行预处理，或采用开挖换管处理 |
| 变形<br>（BX） | 1~2 | 1~2 级不影响管道功能与结构安全，可不作修复处理。必须处理时，采用点状原位固化修复或拉入式紫外光原位固化修复法进行内衬加固 |
| | 3~4 | 必须处理时，DN800 及以下开挖换管，DN800 以上拆除变形部位或者预处理后（如衬入钢管），采用点状原位固化修复或拉入式紫外光原位固化修复。<br>内衬不能满足要求则进行开挖换管 |
| 腐蚀<br>（FS） | 1 | 轻微局部可不作处理，必须处理时，采用拉入式紫外光原位固化修复法全面防腐处理 |
| | 2~3 | 采用拉入式紫外光原位固化修复法全面防腐处理 |
| 错口<br>（CK） | 1~2 | 不影响管道功能时，可不作修复处理。必须处理时，采用点状原位固化修复 |
| | 3~4 | 采用点状原位固化修复。特别严重的进行开挖换管 |
| 起伏<br>（QF） | 1~2 | 轻微起伏不影响管道功能，可不作修复处理。必须处理时，化学灌浆调平修复 |
| | 3~4 | 可暂不作修复处理，必须修复时，对起伏部位进行更新换管 |
| 脱节<br>（TJ） | 1~2 | 管段结构性缺陷密度 SM<0.1 采用点状原位固化修复；管段结构性缺陷密度 SM≥0.1 采用拉入式紫外光原位固化修复法全面修复 |
| | 3~4 | 管段结构性缺陷密度 SM<0.1 采用点状原位固化修复；管段结构性缺陷密度 SM≥0.1 采用拉入式紫外光原位固化修复法全面修复。<br>当内衬无法满足工程需要时，进行开挖更新换管修复 |
| 接口材料脱落<br>（TL） | 1~2 | 管段结构性缺陷密度 SM<0.1 采用点状原位固化修复；管段结构性缺陷密度 SM≥0.1 采用拉入式紫外光原位固化修复法全面修复 |
| 支管暗接<br>（AJ） | 1~3 | 能封堵的进行封堵，可拆除的进行拆除。<br>不能封堵或拆除的，开挖建设新的检查井，将支管与主管进行连接 |

| 缺陷名称 | 缺陷等级 | 缺 陷 修 复 措 施 |
|---|---|---|
| 异物穿入<br>（CR） | 1～3 | 将异物进行清除，运出管外。对异物穿入孔洞进行修补，采用点状原位固化修复。<br>无法清除时，在缺陷处增设检查井，增加过水面积 |
| 渗漏<br>（SL） | 1～4 | 管段结构性缺陷密度 SM＜0.1 采用点状原位固化修复；管段结构性缺陷密度 SM≥0.1 采用拉入式紫外光原位固化修复法全面修复。<br>DN800 以上灌浆止水堵漏，然后进行原位固化修复 |

注　DN800 表示管道公称直径为 800mm。

表 5.2.3　　　　　　　　　　　功能性缺陷及修复措施表

| 缺陷名称 | 缺陷<br>等级 | 缺 陷 修 复 措 施 |
|---|---|---|
| 沉积<br>（CJ） | 1～4 | 将沉积物进行清理，运出管外。DN800 及以下采用机械进行清理，DN800 以上可人工辅助清理 |
| 结垢<br>（JG） | 1～4 | 将结垢物进行清理，运出管外。DN800 及以下采用机械进行清除清理，DN800 以上可人工辅助清理。严重无法清理时，开挖更新换管 |
| 障碍物<br>（ZW） | 1～4 | 将障碍物进行清理，运出管外。DN800 及以下采用机械进行清理，DN800 以上可人工辅助清理。严重无法清理时，开挖更新换管 |
| 残墙（CQ）、<br>坝根（BG） | 1～4 | 将残墙、坝根进行拆除清理，运出管外。DN800 及以下采用机械进行清理，DN800 以上可人工辅助清理。严重无法清理时，开挖更新换管 |
| 树根（SG） | 1～4 | 将树根进行切除，运出管外。DN800 及以下采用机械进行清理，DN800 以上可人工辅助清理。严重无法清理时，开挖更新换管 |
| 浮渣<br>（FZ） | 1～3 | 无须处理 |

表 5.2.4　　　　　　　　　　　检查井缺陷修复措施表

| 缺陷情况 | 修复措施 | 缺陷情况 | 修复措施 |
|---|---|---|---|
| 井壁泥垢 | 进行清洗 | 破损 | 防水砂浆修补，严重破损拆除新建 |
| 井壁裂缝 | 灌浆修补 | 井底积泥、杂物 | 清理积泥、杂物 |
| 井壁渗漏 | 灌浆止水堵漏 | 浮渣 | 清理浮渣，运出管外 |
| 抹面脱落 | 恢复抹面 | | |

　　本次规划区内的管道修复和清淤还需实测工作支持，针对性修复，资料由于久远仅能参考，暂估对 46.8km 的缺陷管段进行修复及原位翻建，对 75km 的现状雨污水管道进行清淤处理。

#### 5.2.2.4　干支管完善工程

　　城区道路管道大多为分流制建设，少量早期合流管道有待改造。干支管完善应充分利用现有管网，合理布设污水管。原有的合流管道经评估满足排水需求时，可保留利用，仅新建污水管道。在进行市政道路雨污分流方案设计时，可参考表 5.2.5 进行方案比选。

　　江阴城区合流区主要分布于文富路以东，大桥路以西，环城南路以北，致富路/澄江路以南；西园路以南，S338 省道以北，通渡南路以东，锡澄运河以西地块。合流区排口

表 5.2.5　　　　　　　　　　　　　市政道路雨污分流方案选择

| 编号 | 现状合流管建设情况 | 设计推荐方案 |
|---|---|---|
| 1 | 合流系统中污水排放口较少，且雨水系统较完善 | 将现状合流管作为雨水管，新建污水管 |
| 2 | 合流管管径较大 | 将现状合流管作为雨水管，新建污水管 |
| 3 | 现状均为合流管线，且排口较多，难以排查 | 利用现状合流管作污水管，新建雨水管 |
| 4 | 现状合流管道与多种市政管交叉，雨污分流改造沟槽开挖时会破坏现状管线 | 可考虑新建雨水、污水两套管道系统 |

主要排放入锡澄运河、东横河、澄塞河、东城河、老鲥鱼港河、长沟河、西横河等水系。此区域合流排放口较少，且区域内污水主干管已建成，仅部分支路污水管道未建成。建议将合流管作为雨水管，按照本次规划提质增效部分新建一套污水系统。

本次规划近期拟新建污水管道 28.78km，远期拟新建污水管道 49.07km，完善污水干管系统，搭通流域污水管道主要脉络，填补部分已开发地区的干支管缺口，提高区域污水收集率，杜绝污水入河。

随着澄江街道的污水管网覆盖率的提高，区域内的污水泵站也须配套建设，满足地块污水收集转输的需求。新（扩）建夏东路污水泵站、规划1号污水泵站，详见表5.2.6。

表 5.2.6　　　　　　　　　　　　　新 建 污 水 泵 站

| 编号 | 泵站名称 | 近期规模 /（万t/d） | 远期规模 /（万t/d） | 规划用地 /hm² | 选　　址 |
|---|---|---|---|---|---|
| 1 | 夏东路污水泵站 | 2.0（在建） | 4 | 0.4 | 夏东路以西，毗陵路以北 |
| 2 | 规划1号污水泵站 | 1.5 | 1.5 | 0.2 | 锡澄运河以东，滨江路以北 |

## 5.2.3　末端沿河截污工程

### 5.2.3.1　沿河截污管道系统

河道截污与片区雨污分流管网分别为两个系统，既相互独立，又相互关联。城区雨污水分流、干支管完善尚有时序，沿河的排口众多，为保证水体消除黑臭，近期沿河建设截流倍数 $n_0 = 2$ 的截污管道系统，旱季截流污水排入市政污水管道；雨季工况下，河道截流污水按截流倍数部分排入片区市政污水管道截污系统示意如图5.2.9所示。河道截流污水虽与片区雨污分流管网连通，但必须做到只能单向流入，大雨时为避免污水处理厂受到水量冲击，需对沿河截流污水限流。

由于工程范围内小区和城中村交错复杂，排水体制有合流制和分流制两种。分流制排水系统中的污水可直接由污水收集系统传输至污水处理厂处理，雨季时，分流制排水系统中的雨水经截流井截留初期雨水后传送至调蓄池，待污水处理厂空闲时再传送至污水处理厂或送至就近的人工湿地，经一级强化处理及湿地处理后，外排河道，减小面源污染对河流的影响，降低雨季时污水处理厂处理负荷。合流制排水系统中，旱季时污水直接进入污水管网；雨季时通过截流井截流一定量的污水，其余雨水溢流至河道。

### 5.2.3.2　截流井选择

（1）常规截流井分析。

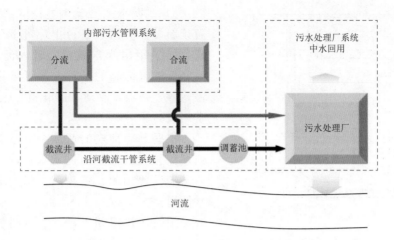

图 5.2.9 截污系统示意图

截流井是截流干管上最重要的构筑物，传统的截流井有槽式截流井、溢流堰式截流井、堰槽结合式截流井和跳跃堰式截流井，工程中需根据不同的情况设置不同形式的截流井。

1）槽式截流井（图 5.2.10）：形式简单，截流效果好，也不影响合流管渠的排水能力；河道水位高时，存在河水倒灌，同时须降低截流管的设计标高，在设计管道高程受限制的情况下不适用。

这种形式的截流井由于截流槽的底标高低于污水管，当截流井内的水位变化时，受水压影响，截流的污水量也是不同的，因此该类型截流井的截流量难以准确控制，雨季时截流的合流污水的水量、水质变化较大，给污水厂的运行管理带来困难。

2）溢流堰式截流井（图 5.2.11）：堰式截流井应用广泛，一般设于现状合流污水管道上，不需要改变现状管道的标高，也不用降低截流管的高程。其优点是能设置一定的溢流堰高来控制截流量在一定的范围内。但在实际应用当中，溢流堰口上经常被杂物堵塞，影响了溢流排水。同时由于设置溢流堰，顶托作用造成上游区域排水困难，易发内涝。

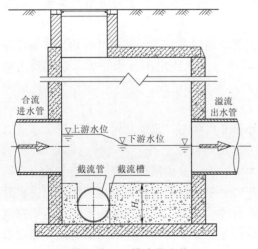

图 5.2.10 槽式截流井

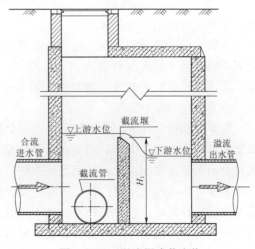

图 5.2.11 溢流堰式截流井

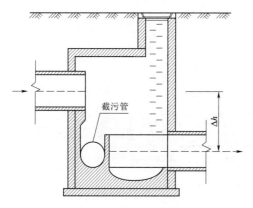

图 5.2.12　跳跃堰式截流井示意图

截污管

3）跳跃堰式截流井（图 5.2.12）：一般置于新设合流污水管道上，对于现状合流管道，如果距出水口较近，且入河标高较高，有降低管道标高的条件，才可采用跳跃堰式溢流井，否则需改动下游管道，施工难度大，费用较高。

根据上述常规的截流井，由于部分排放口埋深较大，低于河道常水位，常常在排放口末端设置拍门、鸭嘴阀、闸门等，防止河水倒灌。

拍门往往启闭不严，且有树枝、垃圾等卡口，防倒灌功能失效。

鸭嘴阀在运行过程中容易被泥沙、石头卡口，导致防倒灌功能不能完全发挥；同时目前国产鸭嘴阀市场混乱，质量参差不齐，运行一段时间后完全失去防倒灌功能。

闸门，由于人为启闭，运行维护方面较为烦琐，涨潮不关闸，造成潮水倒灌涌入污水管；雨季不及时开闸，造成区块内部排水不畅，形成内涝。

所以设置拍门、鸭嘴阀、闸门的截流井，设计时都考虑了防倒灌及防内涝，但在实际运行中，雨水垃圾的带入、产品质量原因、维护力度不足等，均影响后续截污管的运行。

所以根据现状合流管道的标高、管径以及截流井设置的位置等实际情况，根据不同的工况选择适当的截流井，保持原有排水通道畅通，并在此基础上加设措施，防止河水倒灌。

（2）截流井优化。

针对不同排放口出水淹没程度，提出不同的截流井形式。

1）常水位以上排口。对于高程较高、几乎不受倒灌影响的排放口，可采用常规的截流方式。

2）半淹没出流的排口。受倒灌影响较小的排放口采用堰式截流井。

3）常水位以下出流的排口。设置堰式截流井对管道顶托较严重，阻洪影响大，故建议采用双向控流形式的截流井。

本次末端沿河截污工程采用兼具限流和防倒灌功能的截流井。截流井内均设置安装限流阀及鸭嘴阀。限流阀材质为 304 不锈钢，金属硬密封，适用于污水介质。限流阀由闸板、箱体、浮筒、传动轴、密封件、轴承、浮力杆等部件组成，通过液位实现浮筒的升降，控制闸门的开启。

晴天及初雨时，井内液位较低，限流装置处于开启状态，水流从污水管道排出。随着雨量增加，井内液位上升，限流阀的浮筒受浮力作用随液位上升，通过传动轴带动闸门，阀门自动关闭至控制位置，实现限流作用，待大雨过后，井内液位下降，浮筒受重力作用下降，通过传动轴带动闸门，实现限流装置的开启。限流阀的开启角度应根据晴天进水管流量大小进行调试，按晴天进水管常水位的高低合理设置浮筒开启和关闭水位，达到精准截流的目的。为防止停电等因素造成的泵站不运行等情况下污水倒灌入雨水管内，随雨水管进入河道，本工程在截流管上设置了鸭嘴阀，避免污水倒灌入河道。鸭嘴阀材质为进口丁腈橡胶，压力等级为 0.6MPa，背压等级为 0.2MPa，适用于污水介质。

本次规划范围内近期新建截污管道 9.8km，远期新建截污管道 187.4km，减少末端污水入河。

### 5.2.4　雨水管网改造工程

本次雨水管网改造主要是主城区的管网完善、排水单元的雨污水分流改造的同步建设。

#### 5.2.4.1　雨水管网规划

新建雨水管网规划原则如下：

（1）排水管网实行雨污水分流制，雨水就近排入自然水体。

（2）按照分散布局和就近排放的原则规划布置雨水排除设施，充分利用和改造现有排水设施，积极扩建和新建新的排水设施。

（3）充分利用片区内规划道路的坡度汇集雨水。

（4）充分利用规划区内河道，使其成为排泄片区雨水的主体，以节省管渠投资。

（5）雨水管渠的布置应接合城市道路规划中的建筑布局和道路布置，使街坊、小区内雨水以最短距离排入雨水管道。

（6）结合片区道路规划和竖向规划。

（7）对于雨水管渠形式的选择，片区道路两侧尽可能采用暗管的形式，在受到埋深和出口深度限制的地区，可采用盖板明沟的形式排除雨水。

（8）雨水口的布置应使雨水不致漫过路口而影响交通，一般在街道交叉口的汇水点、低洼处设置雨水口，不宜设在对行人不便的地方。雨水口的间距一般为 20～50m。

（9）原有雨水管标准过低，结构状况较差，无法满足正常使用要求，可结合道路改造在原管位新建或异位扩建雨水管道。

（10）管道结构性损坏不严重、允许过水量与规划流量相差不大、道路交通繁忙、无开挖条件、无管位等情况，可通过非开挖管道修复技术，使原有管网满足规划要求。

#### 5.2.4.2　雨水管道改新建工程

本次规划雨水管道建设按时序分近远期建设，近期建设雨水管道 39.58km，远期拟新建雨水管道 14.31km，提高市政雨水管网覆盖率，使得城区雨水有序排放。

## 5.3　农村污水提质增效规划

参照《江苏省村庄生活污水治理适宜技术及建设指南（2016 版）》相关规定及要求，根据所在区位、人口规模、聚集程度、地形地貌、排水特点及排放要求、经济承受能力等具体情况，结合镇村布局规划及污水处理厂的现状与规划，本次规划村庄生活污水主要采用如下几种收集处理模式：直接纳管模式、集中处理模式、分散处理模式及资源化利用。

（1）直接纳管模式。

直接纳管模式（图 5.3.1）适用于生活污水依靠重力流汇集、聚集程度很高的集居点或地理位置相邻的几个自然村。一般污水量大于 20m³/d，服务人口 200 人以上，服务家庭户数 50 户以上。污水提升泵坑布置在村落中，在单户收集系统基础上，将各户的污水用管道提升至污水主管网中，统一送至污水处理厂处理。

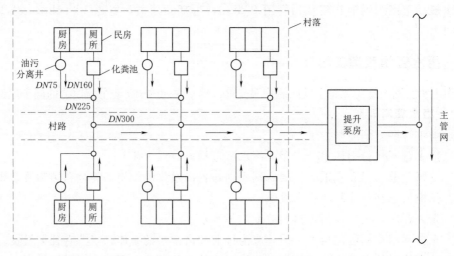

图 5.3.1　直接纳管模式示意图

对于具备较完整的排水系统的村庄、撤并集镇区、镇中村等，将村庄污水收集后以重力流输送或者通过泵提升至污水主管网中。

（2）集中处理模式。

集中处理模式（图 5.3.2）适用于受地形等条件限制，相对聚居的几户农家组成的小型独立收集系统，或聚集程度相对较高，但受河道等地形条件限制，以片区为单位的收集系统。一般污水量为 2～20m³/d，服务人口 20～200 人，服务家庭户数 5～50 户，污水处理设施布置在村落中；在单户收集系统基础上，将各户的污水用管道引入污水处理设施。

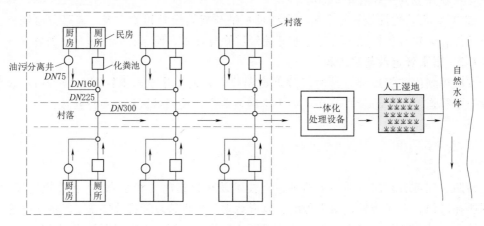

图 5.3.2　集中处理模式示意图

（3）分散处理模式。

分散处理模式（图 5.3.3）适用于较为偏僻的单户或相邻农户的污水收集，一般污水量不大于 2m³/d，服务人口 6～20 人，服务家庭户数 1～5 户。在单户收集系统基础上，将 1～5 户的污水用管道或沟渠引入分散式污水处理设施内。

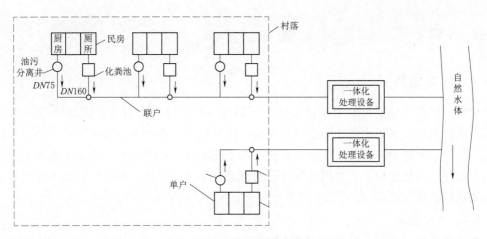

图 5.3.3 分散处理模式示意图

本次治理范围内待治理村庄共计 37 个（分布见图 5.3.4）。根据各个村庄情况，本次系统规划 37 个村庄均采用直接纳管模式。

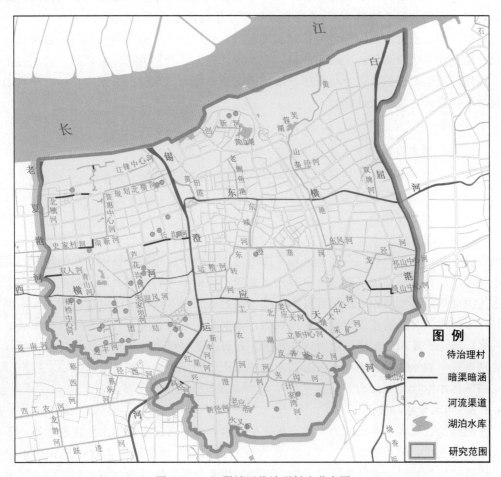

图 5.3.4 江阴城区待治理村庄分布图

## 5.4　污水处理厂改扩建规划

### 5.4.1　污水量预测

根据《江阴市城镇污水专项规划修编（2018—2030 年)》，目前江阴市已经基本完成区域供水，人均生活用水统计数据较为全面；江阴城区工业较少，基本为居住区；乡镇工业较为发达，大部分乡镇都有集中工业区，工业废水所占比例较大，工业废水基本全部纳入污水处理厂收集处理，工业用水统计数据也较为全面。因此，本次规划以单位人口综合用水量指标法进行预测。

#### 5.4.1.1　人口预测

本规划依据《江阴市城市总体规划（2011—2030 年)》控制市域人口、中心城区人口，以各片区总体规划、各镇与高新开发区控制性详细规划确定各镇区近期、远期人口。由于 2015 年江阴市现状人口为 216.4 万，较《江阴市城镇污水专项规划（2013—2030年)》中 2015 年规划人口 212 万多 4.4 万，本次规划近期 2020 年距离基准年较近，在无规划近期人口的前提下通过 2015 年现状人口递增情况确定近期人口。

城市人口规模预测宜用综合增长率法进行。自然增长率、机械增长率应通过统计计算得出。用上述方法预测后，应再用一种以上其他计算方法。如劳动力转移法、劳动力平衡法、人均国内生产总值法等予以校核，最后确定适当的人口规模。根据人口综合年均增长率预测人口规模，按下式计算：

$$P_t = P_0(1+r)^n \tag{5.6}$$

式中　$P_t$——预测目标年末人口规模；

　　　$P_0$——预测基准年人口规模（暂以 2015 年人口数为依据）；

　　　$r$——人口综合年均增长率；

　　　$n$——预测年限。

澄江街道现有暨阳污水处理厂、澄西污水处理厂，高新技术产业开发区现有滨江污水处理厂、申利污水处理厂，南闸街道现有南闸污水处理厂。近期，暨阳污水处理厂、南闸污水处理厂均将关停，污水转输至澄西污水处理厂；由于申利污水处理厂服务范围内工业废水的预处理没有达到相应的纳管要求，难以满足滨江污水处理厂的运行要求，近期保留申利污水处理厂，根据总体规划的用地规划，远期待江苏申利实业股份有限公司搬迁、滨江污水厂规划扩建用地拆迁后，对滨江污水厂进行扩建，将申利污水处理系统纳入滨江污水处理系统。故本次需预测澄江街道、高新技术产业开发区及南闸街道的人口。根据《江阴市城镇污水专项规划修编（2018—2030 年)》，规划人口预测分布见表 5.4.1。

#### 5.4.1.2　用水量指标预测

江阴市现状城区、乡镇较为发达，居民生活水平高，居民生活用水量接近平稳，不会较大幅度地变化，但是商业趋于发达。本次规划江阴的人均生活用水量比现状用水量略高，留有一定的发展余地，根据对近期、远期的用水分析，依据现状用水和江阴地区发达

表 5.4.1                     江阴城区人口预测一览表                     单位：万人

| 编号 | 镇（街道）名 | 近期（2020 年）总人口 | 远期（2030 年）总人口 |
|------|------------|---------------------|---------------------|
| 1 | 澄江街道 | 45.8 | 60 |
| 2 | 高新技术产业开发区 | 17.4 | 22 |
| 3 | 南闸街道 | 8.8 | 12.4 |

区域的用水结构与用水量，并结合相关规划、规范，确定各镇区人均生活用水指标。

根据江阴市统计数据计算，江阴市人均综合用水量指标分三个水平：一是大于等于 400L/（人·d），二是 250～400L/（人·d），三是低于 250L/（人·d）。结合附近地区人均综合用水量指标选取情况［无锡城区 400L/（人·d），常州市 380L/（人·d），昆山市 500L/（人·d）］，在国家规划规范取值范围内对本次人均综合用水量指标进行核准。本次规划结合江阴市产业布局和经济结构调整，随着江阴市节水政策的不断深入，参考周边地区（无锡、昆山），近期较现状综合用水量指标适当降低，远期降至 350～450L/（人·d）的水平。

澄江街道、南闸街道工业较少，规划人均综合用水量指标为 250～300L/（人·d），远期与近期持平，见表 5.4.2。高新技术产业开发区规划为居住、工业混合用地，工业布局较多，规划人均综合用水量指标为 400～600L/（人·d）。虽然江阴市节水政策不断深入推进，但目前江阴市存在镇区人口向城市迁移的现象，一增一减相互抵消。故本次规划确定这些地区综合用水量指标近期近似现状水平，远期与近期持平。

表 5.4.2                     江阴城区用水量指标一览表

| 编号 | 镇（街道）名 | 近期人均综合用水量<br>/[L/（人·d）] | 远期人均综合用水量<br>/[L/（人·d）] |
|------|------------|----------------------------------|----------------------------------|
| 1 | 澄江街道 | 300 | 300 |
| 2 | 高新技术产业开发区 | 610 | 550 |
| 3 | 南闸街道 | 250 | 250 |

### 5.4.1.3  污水量预测

根据《城市排水工程规划规范》（GB 50318—2017），本次确定综合生活污水排放系数取 0.7～0.85。除澄江街道地下水渗入量按污水总量的 18％计外，其余均按 20％计，对江阴城区近期、远期污水量进行预测量，见表 5.4.3 和表 5.4.4。

表 5.4.3               江阴城区近期（2020 年）污水量预测一览表

| 编号 | 镇（街道）名 | 人口<br>/万人 | 人均综合用水量<br>/[L/（人·d）] | 污水排放系数 | 地下水入渗<br>系数/％ | 污水量<br>/（万 t/d） |
|------|------------|-------------|----------------------------------|------------|-------------------|---------------------|
| 1 | 澄江街道 | 45.8 | 300 | 0.75 | 18 | 14.2 |
| 2 | 高新技术产业开发区 | 17.4 | 610 | 0.8 | 20 | 10.2 |
| 3 | 南闸街道 | 8.8 | 250 | 0.75 | 20 | 1.9 |

表 5.4.4 江阴城区远期（2030 年）污水量预测一览表

| 编号 | 镇（街道）名 | 人口/万人 | 人均综合用水量/[L/(人·d)] | 污水排放系数 | 地下水入渗系数/% | 污水量/(万 t/d) |
|---|---|---|---|---|---|---|
| 1 | 澄江街道 | 60 | 300 | 0.8 | 18 | 17.0 |
| 2 | 高新技术产业开发区 | 22 | 550 | 0.8 | 20 | 11.6 |
| 3 | 南闸街道 | 12.4 | 250 | 0.8 | 20 | 3.2 |

## 5.4.2 污水处理工程规划

依据行政区划以及地形地貌，江阴市污水收集系统收集分区基本已经形成，澄江街道目前形成了统一的污水收集与处理系统，其余各个街道、乡镇以内部的污水处理厂为单元形成了各自独立的污水收集处理系统。

本次规划以污水规划为基础，结合江阴市总体规划、各片区总体规划发展与总体用地布局，通过用地条件、地形地貌分析，合理选择规划污水厂布局，对市域范围内的污水处理系统进行整体研究，并根据环保政策的发展对污水处理厂进行定位。

1）根据规划产业与用地性质调整确定规划污水厂的布局。根据总体规划与相关片区规划、控制规划，部分污水处理厂现状服务范围内进行用地性质的调整，将现状工业用地转变为居住、商业、行政用地，本次规划在用地调整过程中保留该类污水处理厂作为工业废水处理厂，在远期用地调整结束将其服务范围内的污水纳入相关污水收集系统。

2）根据日趋严格的环保要求，逐步理顺污水处理厂定位。根据江苏省环境保护厅、江苏省住房和城乡建设厅《关于进一步加强污水处理厂污染减排工作的通知》（苏环办〔2013〕249 号）：新建垃圾填埋场，造纸、印染企业废水不得排入城镇污水处理厂；造纸、印染企业必须自行建设污水处理装置或将污水预处理后排入工业废水处理厂，处理达标后排放；污水接入城镇污水处理厂的造纸、印染企业必须于 2013 年 12 月前自行处理或接入工业废水处理厂处理达标后排放。

根据《太湖地区城镇污水处理厂及重点工业行业主要水污染物排放限值》（DB 32/1072—2018），取消了城镇污水处理厂按接纳污水中工业废水量占比进行的分类，提高了太湖地区区域内部分行业废水排放限值要求。现状印染企业为江阴市部分乡镇的支柱企业，对于日趋严格的环境要求，为保证污染治理达标，将现状以工业废水主的污水处理厂逐步过渡为工业废水处理厂，将以生活污水为主的污水处理厂定位为城镇污水处理厂，同时根据规划工业区的工业类型确定规划污水处理厂布局，对不同的污废水进行相对综合处理。

3）根据日趋严格的环保要求，强化对工业企业废水预处理要求，保证污水处理厂稳定运行。2013 年 1 月 1 日执行的《纺织染整工业水污染物排放标准》（GB 4287—2012）规定，现有纺织染整企业单独处理排放的工业废水 COD 浓度不得高于 100mg/L。而《太湖地区城镇污水处理厂及重点工业行业主要水污染物排放限值》（DB 32/1072—2018）要求，2018 年 1 月 1 日起新建的纺织染整工业企业 COD 排放标准为 60mg/L，现有企业 2020 年 1 月 1 日起执行。

4）合理定位现有污水处理厂，根据规划污水处理量测算，结合现状污水厂规模，尽

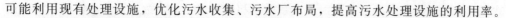

可能利用现有处理设施，优化污水收集、污水厂布局，提高污水处理设施的利用率。

5）根据规划发展与污水厂扩建要求，合理定位现有污水处理厂。根据现状用地布局与各个片区发展规划，现有污水处理厂无扩建用地，难以满足镇区发展要求，本次规划结合临近镇区的污水处理设施规划，对该污水处理厂定位进行分析，合理确定该污水系统的归属。

6）遵循集中和相对集中处理为主、分散处理为辅，城乡统筹和有利于污水处理厂出水再生利用的原则，确定污水处理厂的定位布局。一次规划，分期实施污水处理厂用地控制，污水收集系统规模按远期规划控制，控制用地考虑规划备用地的发展因素，污水处理厂实施规模和收集系统的分片实施范围根据建设开发时序确定。

江阴城区规划范围内近远期主要涉及的污水厂分别为澄西污水处理厂、滨江污水处理厂及暨阳污水处理厂。其中暨阳污水处理厂2020年前关闭，污水转输至澄西污水处理厂，本次不再单独列出。江阴城区污水处理厂近期（2020年）布局情况见表5.4.5。

表 5.4.5　江阴城区污水处理厂近期（2020年）布局一览表

| 污水处理厂 | 规划规模/(万 t/d) | 控制用地/hm² | 服 务 范 围 | 排放水体 | 备注 |
|---|---|---|---|---|---|
| 澄西污水处理厂 | 15 | 24 | 朝阳路—天鹤路—人民路—锡澄高速公路以西澄江街道辖区；新沟河以东、港城大道以北临港开发区辖区 | 老夏港河 | 近期扩建 |
| 滨江污水处理厂 | 15 | 20 | 朝阳路—天鹤路—人民路—锡澄高速公路以东澄江街道辖区，东横河以北高新开发区辖区 | 白屈港 | 近期扩建 |

江阴城区污水处理厂远期（2030年）布局情况见表5.4.6。

表 5.4.6　江阴城区污水处理厂远期（2030年）布局一览表

| 污水处理厂 | 规划规模/(万 t/d) | 控制用地/hm² | 服 务 范 围 | 排放水体 | 备注 |
|---|---|---|---|---|---|
| 澄西污水处理厂 | 20 | 24 | 增加新沟河以东临港开发区辖区、南闸街道辖区 | 老夏港河 | 远期扩建 |
| 滨江污水处理厂 | 15 | 20 | 朝阳路—天鹤路—人民路—锡澄高速公路以东澄江街道辖区，东横河以北高新开发区辖区 | 白屈港 | 远期扩建 |

结合以上分析，本次拟扩建澄西污水处理厂至15万t/d、扩建滨江污水厂至15万t/d的规模，满足规划区内近期污水增长的需求。远期拟扩建澄西污水处理厂至20万t/d的规模。

## 5.5　再生水厂工程规划

城中片区规划有澄西污水处理厂、滨江污水处理厂。现状污水处理厂尾水水质总体较好，达到了一级A标准，规划将尾水简单处理后作为城市杂用水回用。

（1）澄西污水处理厂。

澄西污水处理厂服务范围内以居住、商业、办公为主，规划近期再生水主要回用于江阴市黑臭水体治理工程中澄西片区河道水系循环和增加水动力，远期进一步回用于城市道路冲洗、绿化浇洒、车辆冲洗等城市杂用水（表 5.5.1）。

表 5.5.1　　　　　　　　　　　　澄西污水处理厂再生水回用规划

| 回用途径 | 回用对象 | 再生水回用量/（万 t/d） | |
| --- | --- | --- | --- |
| | | 近期（2020 年） | 远期（2030 年） |
| 城市杂用 | 中心城区 | — | 1.0 |
| 河道活水 | 澄西片区河道 | 2.0 | 8.0 |
| 小　计 | | 2.0 | 9.0 |

（2）滨江污水处理厂。

滨江污水处理厂再生水设施建成规模为 1.0 万 t/d，实际回用规模为 0.80 万 t/d，回用于服务范围内城市杂用水和工业回用水，见表 5.5.2。

表 5.5.2　　　　　　　　　　　　滨江污水处理厂回用规划

| 回用途径 | 回用对象 | 再生水回用量/（万 t/d） | |
| --- | --- | --- | --- |
| | | 近期（2020 年） | 远期（2030 年） |
| 城市杂用 | 中心城区 | 0.1 | 0.15 |
| 工业回用 | 瀚宇博德科技（江阴）有限公司 | 1.9 | 7.85 |
| | 江阴福汇纺织有限公司 | | |
| | 江阴兴澄特种钢铁有限公司 | | |
| 小　计 | | 2.0 | 8.0 |

## 5.6　污水处理厂污泥处理工程规划

污泥处理处置应包括处理与处置两个阶段：处理主要是指对污泥进行稳定化、减量化和无害化处理的过程，主要工艺为污泥脱水、厌氧消化、好氧发酵、污泥热干化、石灰稳定、深度脱水等；处置是指对处理后污泥进行消纳的过程。

《城镇污水处理厂污泥处置　分类》（GB 23484—2009）规定了城市污水处理厂污泥处置方式的分类，确定污泥处置方式按污泥的消纳方式可分为污泥土地利用、污泥填埋、污泥焚烧、污泥建筑材料利用 4 类。

污泥处理与处置主要有以下几个目的：

1）减量化。减小污泥最终处置前的体积，以降低污泥处理及最终处置的费用。

2）稳定化。通过处理使污泥稳定化，最终处置后不再产生污泥的进一步降解，从而避免产生二次污染。

3）无害化。达到污泥的无害化与卫生化。

4）资源化。在处理污泥的同时达到变害为利、综合利用、保护环境的目的，如产生沼气等。

北京市、上海市干污泥产率取 1.5t/万 t 污水；天津市干污泥产率取 1.6t/万 t 污水；广州市干污泥产率取 1.2t/万 t 污水；深圳市干污泥产率取 1.3t/万 t 污水。江阴市实际现状干污泥产泥率较北京市、上海市、广州市和深圳市的都高，主要由于污水进水水质较淡，同时江阴市城区雨污合流现象较为严重，初期雨水携带泥沙量较多；其次管道质量相对较差，地下水携带部分泥沙渗入，导致干污泥产率提高。随着雨污分流改造地推进，江阴市干污泥产率将逐步降低。

根据以上数据及分析，建议本次规划的产泥率取值近期以实际为基准，考虑逐步调整的产业结构，干污泥产泥率将逐步下降，取值 1.8t/万 t 污水；远期与上海市保持一致，即 1.5t/万 t 污水。

近期规划至 2020 年，江阴市城区范围内规划建设污水处理厂 2 座，城市污水处理规模 25 万 t/d，预测江阴市污水处理厂干污泥产量约 45t/d。近期江阴市城区污水处理厂污泥产量预测详见表 5.6.1。

表 5.6.1　　　　　近期江阴市城区污水处理厂（2020 年）污泥产量预测表

| 编号 | 污水处理厂 | 处理规模/（万 t/d） | 污水性质 | 产泥率/（t/万 t） | 产泥量/（t/d） |
|---|---|---|---|---|---|
| 1 | 光大水务（江阴）有限公司澄西污水处理厂 | 15 | 生活为主 | 1.8 | 27 |
| 2 | 光大水务（江阴）有限公司滨江污水处理厂 | 10 | 生活、工业 | 1.8 | 18 |

远期规划至 2030 年，江阴市城区范围内规划建设污水处理厂 2 座，城市污水处理规模 35 万 t/d，预测江阴市污水处理厂干污泥产量约 52.5t/d。远期江阴市城区污水处理厂污泥产量预测详见表 5.6.2。

表 5.6.2　　　　　远期江阴市城区污水处理厂（2030 年）污泥产量预测表

| 编号 | 污水处理厂 | 处理规模/（万 t/d） | 污水性质 | 产泥率/（t/万 t） | 产泥量/（t/d） |
|---|---|---|---|---|---|
| 1 | 光大水务（江阴）有限公司澄西污水处理厂 | 20 | 生活为主 | 1.5 | 30 |
| 2 | 光大水务（江阴）有限公司滨江污水处理厂 | 15 | 生活、工业 | 1.5 | 22.5 |

污泥是污水处理过程中的产物，污泥处理是污水处理的重要组成部分。污泥处理的目的在于降低污泥含水率，减小污泥体积，使其性质稳定，并为进一步处置和综合利用创造条件。污泥处理方法的选择需要与污水处理工艺和污泥最终处置统筹考虑，其一般流程为浓缩→脱水→处置或浓缩→硝化→脱水→处置。

根据现状调查，江阴市城区现有污水处理厂的污泥均完成了深度脱水改造工程，污泥均进入电厂或垃圾焚烧厂处置。

我国的污泥处理处于起步阶段，现阶段的污泥处置仍以填埋为主，污泥利用为辅，经济发达地区污泥采用干化和焚烧。江阴市目前用地紧张，经济情况尚可，在没有找到更好的污泥利用出路之前建议沿用干化＋焚烧＋灰渣填埋的方式；随着污泥利用需求的增长和污泥利用技术的日益成熟，逐渐转向采用污泥利用的最终处置方式。

## 5.7　工程规模及实施计划

污水系统提质增效的规划内容主要有雨污水管网改新建、污水厂扩容及缺陷管网的修复与清理。考虑到建设推进有时序，规划按近远期分步推进实施，见表 5.7.1。

近期对 37 个自然村开展污水新建工程；对 56 个合流小区进行雨污水分流改造；沿河口末端排口新建截污管道 9.8km、截流井 77 座、一体化提升泵站 18 座，减少末端污水入河。近期新建市政干支管污水管道 28.8km，新建雨水管道 39.6km，新建规划 1 号污水泵站（1.5 万 m³/d），扩建澄西污水处理厂（至 15 万 m³/d），扩建滨江污水处理厂（至 15 万 m³/d）。管道修复和清淤还需实测工作支持，以开展针对性修复，本规划暂估对 46.8km 的缺陷管段进行修复及原位翻建，对 75km 的现状雨污水管道进行清淤处理，以提高管网效能，降低污水漏损量。

远期主要继续推进偏远地区的雨污水干支管的覆盖范围，新建污水管道 49.1km，新建雨水管道 14.3km，对 226 个分流制小区进行混错接整改；扩建澄西污水处理厂（至 20 万 m³/d），新建沿河截污干管 187.4km，扩建夏东路污水泵站（至 4 万 m³/d），扩建规划 1 号污水泵站（至 3 万 m³/d）。

表 5.7.1　　　　　　　　　　污水提质增效工程实施计划表

| 序号 | 项目类型 | 建设内容 | 工程规模 | | |
| --- | --- | --- | --- | --- | --- |
| | | | 近期 | 远期 | 单位 |
| 1 | 雨水工程 | 管网新（改）建 | 39.6 | 14.3 | km |
| 2 | 污水工程 | 管网新（改）建 | 28.8 | 49.1 | km |
| 3 | 污水厂站工程 | 夏东路污水泵站工程 | 2（在建） | 2 | 座 |
| | | 规划 1 号污水泵站工程 | 1.5 | 1.5 | 万 m³/d |
| | | 澄西污水处理厂扩建工程 | 7 | 5 | 万 m³/d |
| | | 滨江污水处理厂扩建工程 | 5 | 0 | 万 m³/d |
| 4 | 管道修复清淤工程 | 对现状积淤管道进行清淤处理 | 75 | 0 | km |
| | | 对现状破损管道进行修复处理 | 46.8 | 0 | km |
| 5 | 农村污水收集工程 | 37 个农村雨污水管道新建及改造工程 | 37 | 0 | 个 |
| 6 | 截污干管 | 沿河截污干管工程 | 9.8 | 187.4 | km |
| 7 | 小区污水收集工程 | 小区混错接改造工程 | 0 | 226 | 个 |
| | | 小区雨污分流工程 | 56 | 0 | 个 |

## 5.8　本章小结

本书通过开展城区内小区及自然村的雨污水分流、管道修复及清淤、沿河截污、污水厂站扩建及城市干支管完善等措施，构建中心合流区雨污分流、分流区混错接整治、空白区管网覆盖的污水系统提质增效措施体系。

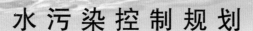

# 第6章

# 水 污 染 控 制 规 划

## 6.1 引言

以污水系统提质增效、黑臭水体治理为核心，在污染负荷计算和污染物限排总量方案制定基础上，开展点源、面源和内源的治理，制定水污染控制方案，提出工业污染控制、农田面源污染治理、城市面源污染治理、垃圾污染治理、移动污染源控制、内源治理等方案措施。

## 6.2 工业污染控制规划

（1）全面推行排污许可证制度。

依法核发排污许可证，强化排污许可与环境质量目标管理、总量减排等制度措施的有效衔接，实施主要污染物总量控制，严格准入制度，研究制定工业源排污总量分配原则及方案，形成排污许可证核发细则。2019年年底前，完成火电、造纸、印染行业排污许可证核发，2020年年底前完成石化、化工、钢铁、有色、水泥、制革、焦化、农副食品加工、农药、电镀等行业排污许可证核发。到2021年，完成全市目录内全行业排污许可证核发，形成完备的排污许可信息化管理模式和排污权分配及交易管理办法。

（2）加快调整产业结构。

制定江阴市城区产业转型升级方案，大力削减城区化工、印染、电镀、水泥等行业产能和企业数量，持续降低城区工业污染负荷，打造具有地方特色的绿色产业体系。

（3）提升清洁生产水平。

开展化工、印染、电镀等重点行业专项整治，建立城区清洁生产企业清单和清洁化工工艺改造项目清单，2020年年底前，全部完成企业清洁化改造，全面提高企业清洁生产水平。

（4）实施工业污染源专项治理。

结合第二次污染源普查成果，摸清工业源污染物的产生、排放和治理情况。编制工业污染防治专项规划，实施工业污染源全面达标排放计划与污染减排，实施重点行业清洁化改造。全面开展化工、电镀、印染等重点行业专项整治，逐一排查企业基本情况，推进重点企业环境综合效益评估，实施"一企一策"，明确淘汰关闭、搬迁入园、整治提升要求，坚决淘汰产值低、污染重、技术落后企业。

（5）推进工业企业入园管理。

按照《关于开展全省化工企业"四个一批"专项行动的通知》相关要求，大幅度提高企业入园率，逐步实现产业集约发展、集中治污、统一监管，禁止限制类项目产能（搬迁改造升级项目除外）入园进区。依法管理各类涉及氮磷污染物排放的化工项目，不得新改扩建染料工业项目。完善工业集聚区污水收集处理设施和在线监控设施。

（6）严控工业废水排放。

涉水重点行业组织实施《太湖地区城镇污水处理厂及重点工业行业主要污染物排放限值》（DB 32/1072—2018）。现有废水直排工业企业须通过接入污水处理厂或升级改造现有污水处理设施等措施，实现工业废水稳定达标排放。接管企业严格执行间接排放标准，不得影响城镇污水处理厂达标排放。全面推行工业集聚区企业废水和水污染物纳管总量双控制度。重点行业工业废水实行"分类收集、分质处理"。化工、电镀、印染工业园区的重点企业污水实施"一企一管"，且全部安装在线监控系统。完善工业集聚区污水收集配套管网，开展工业集聚区污水集中处理和污水处理厂升级改造，提升工业尾水循环和再生水利用水平。加强污水排放口管理，一个园区（企业）原则上只能设置一个排污口。健全重点污染源在线监控系统，加强环境风险评估和应急处置能力建设，做好突发环境污染事故的及时处置工作。

（7）强化工业企业监管。

实施环境监管网格化管理，划分市、区、街道（乡镇、工业园区）三级环境监管网格，各级环境管理机构要加强对工业污染源的监督检查，全面推行"双随机"抽查制度，对污染物排放超标或者重点污染物排放超总量的企业予以限制生产或停产整治，对整治后仍不能达到要求且情节严重的企业予以限期停业、关闭。

（8）构建企业守信激励与失信惩戒机制。

参考《江苏省企业环保信用评价暂行办法》，制定完善江阴市企业环保信用评价标准，对诚信企业采取奖励性环境管理措施，对环保不良企业采取惩戒性环境管理措施，2020年年底前分级建立企业环境信用信息系统。

## 6.3　农田面源污染治理规划

### 6.3.1　治理方案

对河道两岸蓝线范围内菜地、农田进行清退复绿，引导和鼓励农民施用有机肥，减少农药、化肥施用，推进秸秆还田等综合利用。积极调整农业产业结构，建立科学种植制度和生态农业体系，建设种植业和加工业一体化的生态农业模式，推进农业清洁生产，实现农业生产生活的物质循环利用。推广种肥同播、水肥一体化、叶面喷施等高效施肥技术，不断提高肥料利用率。深入推广测土配方施肥，开展以种定养技术示范。

在种植面积较大区域建设生态沟渠（图6.3.1）、生态塘、地表径流集蓄池等设施，净化农田排水及地表径流；无法新建治理设施的，应充分利用现有沟、塘、窖等，配置水生植物群落、格栅和透水坝，减少农田氮、磷、农药排放。针对不同灌区的排水特点，合理设计生态沟渠的规模与形式，根据沟渠中设置的不同植物和水生生物的特性，充分利用其能够吸收径流中养分的特点，对农田损失的氮磷养分进行有效拦截，以控制入河污染物的排放总量。

（a）生态沟                （b）生态渠

图 6.3.1  生态沟和生态渠

## 6.3.2  典型设计

农田径流净化措施的典型设计如图6.3.2所示。该农田区块位于江阴市城区双人河北侧，农田径流净化采用生态沟—生态渠—调蓄池的治理模式，农田面源污染物通过生态沟渠汇入生态塘（调蓄池），经生态沟渠及生态塘处理后再汇入河道，生态塘（调蓄池）内蓄水可作为大棚灌溉用水。该农田区块面积约170亩❶，经统计，生态沟渠长度约2433m，生态塘（调蓄池）数量为4个。

## 6.3.3  农田面源污染治理工程规模及实施计划

对江阴市城区范围内河道两侧农田面积进行统计。根据统计结果，农田面源治理规模约为733.6hm²（图6.3.3）。其中近期针对27条河道汇水范围内228.9hm²的农田进行治理；新建四座初雨滞留塘，分别为普惠中心河初雨滞留塘（面积16.7m²）、史家村河初雨滞留塘（面积73.8m²）、芦花沟河初雨滞留塘（面积315m²）、北潮河初雨滞留塘（面积48.5m²），总面积454m²。

---

❶  1亩≈666.67m²。

图 6.3.2　农田径流净化措施的典型设计

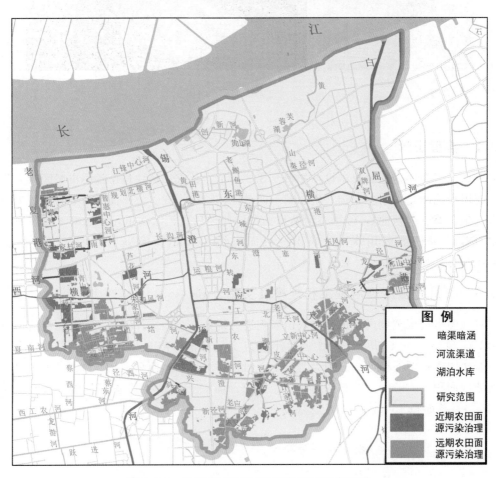

图 6.3.3　江阴市城区农田面源治理工程布局图

## 6.4　城市面源污染治理规划

面源污染是指在一个区域内污染物在晴天积累，在降雨产汇流条件下通过雨水径流和排水管道排入水体而造成污染的过程。其中，在城市降雨初期，由于雨滴在淋洗大气，冲刷城市路面、建筑物、废弃物等之后，携带氮氧化物、重金属、有机物以及病原体等污染物质进入地表水和地下水，加重城市水体的污染。城市初期雨水径流污染是城市面源污染的重要组成部分，表现为雨天通过市政排水设施入河的污染物，雨天混接污水、地表径流污染、管道沉积物污染等，通过管道直接排入河道，给水质造成严重影响，特别是在汛期集中排放，对水环境冲击更加强烈。

江阴经济发达，人民生活水平较高，且人口密集，商业中心、配套设施较为完善，对于餐饮业集中区、菜场、垃圾中转站、交通密集区等区域，初期径流污染相当严重，整个降雨事件的径流平均浓度较高，严重超过水环境自净容量。即使分流制系统不存在雨污混接情况，雨天出流直接排入河道仍将破坏水生生态平衡，对水体影响较大。研究表明，降雨初期的雨水（即初期雨水）携带了绝大部分的污染物。目前初期雨水已经成为黑臭水体点源污染之后的重要污染源，占总污染的30%～40%。江阴城区内尚无针对性的初期雨水污染治理手段，雨水系统溢流污染严重，随着城市点源污染治理水平的提高，初期雨水污染将成为制约江阴市城区水环境质量的主要因素。

### 6.4.1　管控分区

结合《江阴市海绵城市专项规划（2016—2030）》，将江阴市城区按照面源污染管控要求划分为三级分区。一级管控分区结合江阴市的行政区划和水系特征进行划定，共分为3个区（图6.4.1）；二级管控分区在一级管控分区的基础上，结合排水分区及控规编制单元划定，共分为21个（表6.4.1）；三级管控分区落实到地块，本次规划结合河道汇水区及雨水管道布设，分成48个区（图6.4.2和表6.4.2），提出各汇水区地块指导性指标。

表 6.4.1　　　　　　　　　城区面源污染二级管控分区及汇水出路一览表

| 一级管控分区 | 二级管控分区 | 总面积/hm² | 汇　水　出　路 |
|---|---|---|---|
| 新城建设区 | 16 | 2424.33 | 白屈港、白沙港、大河港、新河港、东横河、石牌港 |
| 旧城改造区 | 7 | 1201.85 | 老夏港河、新夏港河、西横河、北横河、街后河、双人河 |
| | 8 | 1130.22 | 普惠河、西横河、锡澄运河 |
| | 9 | 1402.30 | 黄山港、东横河、锡澄运河 |
| | 10 | 1726.95 | 黄山港、东城河、澄塞河、运粮河、东横河、白屈港、应天河、锡澄运河 |
| 工业园区 | 11 | 1145.20 | 团结河、新夏港河、锡澄运河、西工农河 |
| | 12 | 1251.71 | 东工农河、北潮河、应天河、兴澄河、锡澄运河、斜泾河、花山河 |
| | 19 | 2468.56 | 白屈港、应天河、夹沟河、斜泾河、花山河 |

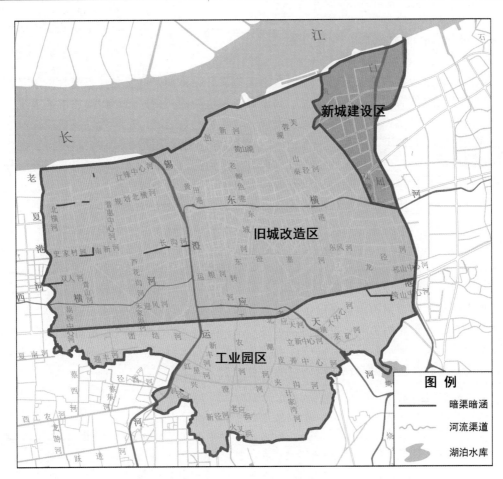

图 6.4.1　江阴市城区面源污染一级管控分区示意图

表 6.4.2　　　　　　城区面源污染三级管控分区及汇水出路一览表

| 编号 | 一级管控分区 | 三级管控分区 | 名　　称 | 面积/km² | 汇水出路 |
|---|---|---|---|---|---|
| 1 | | 1 | 老夏港河控制单元 | 2.53 | 老夏港河 |
| 2 | | 2 | 堤外直排控制单元 | 0.92 | 排江 |
| 3 | | 3 | 规划北横河Ⅰ区控制单元 | 0.83 | 规划北横河 |
| 4 | | 4 | 规划北横河Ⅱ区控制单元 | 2.11 | 规划北横河 |
| 5 | | 5 | 江锋中心河控制单元 | 0.27 | 江锋中心河 |
| 6 | 旧城改造区 | 6 | 北横河控制单元 | 0.55 | 北横河 |
| 7 | | 7 | 普惠中心河控制单元 | 1.79 | 普惠中心河 |
| 8 | | 8 | 史家村河控制单元 | 0.76 | 史家村河 |
| 9 | | 9 | 南新河控制单元 | 0.42 | 南新河 |
| 10 | | 10 | 双人河控制单元 | 0.63 | 双人河 |
| 11 | | 11 | 青山河控制单元 | 0.10 | 青山河 |

续表

| 编号 | 一级管控分区 | 三级管控分区 | 名　称 | 面积/km² | 汇水出路 |
|---|---|---|---|---|---|
| 12 | | 12 | 芦花沟河控制单元 | 1.09 | 芦花沟 |
| 13 | | 13 | 西横河Ⅰ区控制单元 | 0.39 | 西横河 |
| 14 | | 14 | 西横河Ⅱ区控制单元 | 1.07 | 西横河 |
| 15 | | 15 | 西横河Ⅲ区控制单元 | 1.78 | 西横河 |
| 16 | | 16 | 长沟河控制单元 | 0.50 | 长沟河 |
| 17 | | 17 | 葫桥中心河控制单元 | 1.37 | 葫桥中心河 |
| 18 | | 18 | 红光引水河控制单元 | 0.62 | 红光引水河 |
| 19 | | 19 | 朱家坝河控制单元 | 0.16 | 朱家坝河 |
| 20 | | 20 | 迎风河控制单元 | 0.09 | 迎风河 |
| 21 | | 22 | 锡澄运河控制单元 | 7.28 | 锡澄运河 |
| 22 | | 23 | 创新河控制单元 | 1.02 | 创新河 |
| 23 | 旧城改造区 | 24 | 黄山湖控制单元 | 1.70 | 黄山湖 |
| 24 | | 25 | 要塞公园控制单元 | 1.11 | 排江 |
| 25 | | 26 | 老鲥鱼港控制单元 | 0.82 | 老鲥鱼港 |
| 26 | | 27 | 黄山港控制单元 | 5.65 | 黄山港 |
| 27 | | 28 | 秦泾河控制单元 | 0.38 | 秦泾河 |
| 28 | | 29 | 东横河Ⅰ区控制单元 | 2.91 | 东横河 |
| 29 | | 30 | 东横河Ⅱ区控制单元 | 3.04 | 东横河 |
| 30 | | 31 | 东城河控制单元 | 0.89 | 东城河 |
| 31 | | 32 | 澄塞河控制单元 | 3.50 | 澄塞河 |
| 32 | | 33 | 运粮河控制单元 | 0.63 | 运粮河 |
| 33 | | 34 | 东转河控制单元 | 1.06 | 东转河 |
| 34 | | 35 | 东风河控制单元 | 0.33 | 东风河 |
| 35 | | 36 | 龙泾河控制单元 | 2.33 | 龙泾河 |
| 36 | | 21 | 团结河控制单元 | 2.68 | 团结河 |
| 37 | | 37 | 红星河控制单元 | 0.96 | 红星河 |
| 38 | | 38 | 北潮河控制单元 | 2.43 | 北潮河 |
| 39 | | 39 | 老应天河控制单元 | 0.18 | 老应天河 |
| 40 | | 40 | 应天河控制单元 | 4.74 | 应天河 |
| 41 | 工业园区 | 41 | 兴澄河控制单元 | 0.82 | 兴澄河 |
| 42 | | 42 | 工农河Ⅰ区控制单元 | 2.28 | 工农河 |
| 43 | | 43 | 工农河Ⅱ区控制单元 | 2.41 | 工农河 |
| 44 | | 44 | 斜泾河控制单元 | 0.41 | 斜泾河 |
| 45 | | 45 | 老应浜控制单元 | 0.16 | 老应浜 |
| 46 | | 46 | 夹沟河控制单元 | 2.42 | 夹沟河 |
| 47 | | 47 | 皮弄中心河控制单元 | 0.91 | 皮弄中心河 |
| 48 | 新城建设区 | 48 | 白屈港控制单元 | 16.66 | 白屈港 |

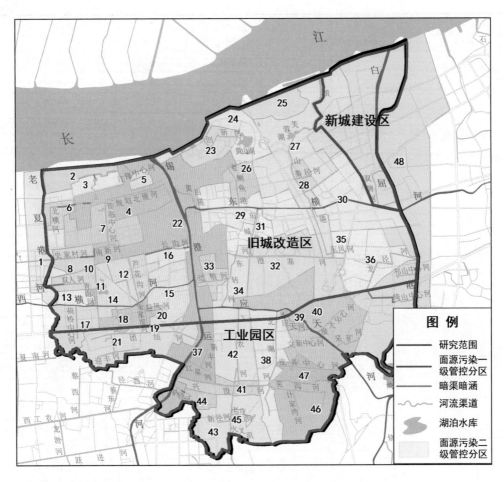

图 6.4.2　江阴市城区面源污染三级管控分区示意图

## 6.4.2　径流控制指标

依据《海绵城市建设技术指南》，我国大陆地区大致分为 5 个区，并给出了各区年径流总量控制率 $\alpha$ 的最低和最高限值，即 I 区（$85\% \leqslant \alpha \leqslant 90\%$）、II 区（$80\% \leqslant \alpha \leqslant 85\%$）、III 区（$75\% \leqslant \alpha \leqslant 85\%$）、IV 区（$70\% \leqslant \alpha \leqslant 85\%$）、V 区（$60\% \leqslant \alpha \leqslant 85\%$）。

江阴市位于 III 区，其年径流总量控制率 $\alpha$ 的取值范围为 $75\% \leqslant \alpha \leqslant 85\%$。江阴市位于长江三角洲，雨量充沛，水资源较为丰富；规划区土壤类型包括潮土、渗育型水稻土、脱潜型水稻土、漂洗型水稻土、潴育型水稻土、粗骨型黄棕壤、普通型黄棕壤；地下水位较高，境内河网交织，水系发达；排水均通过泵站抽排，属于机排区域；现状内河污染较严重，初期雨水径流污染是主要原因之一。

本次规划规划区年径流总量控制率目标为 75%（对应的设计降雨量为 24.5mm），见表 6.4.3 和图 6.4.3。

表 6.4.3 江阴市年径流总量控制率与对应设计降雨量

| 年径流总量控制率/% | 60 | 65 | 70 | 75 | 80 | 85 |
|---|---|---|---|---|---|---|
| 设计降雨量/mm | 14.5 | 17 | 20.4 | 24.5 | 30.2 | 38.8 |

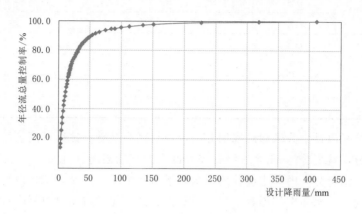

图 6.4.3 江阴市年径流总量控制率-设计降雨量曲线图

结合江阴市建设海绵城市的优势和限制因素，根据一级管控分区下垫面条件、建设现状、规划情况等，考虑各分区的建设要求，将年径流总量控制率目标进行分解，试算到各一级管控分区的年径流总量控制率经面积加权平均不低于主城区整体的年径流总量控制率，并结合下一级管控分区指标的反馈进行调整（表 6.4.4）。其中，一级管控分区径流控制标准如下：

（1）旧城改造区。

以旧城改造区为主的径流控制单元，低影响开发措施以蓄、滞为主，年径流总量控制率目标为 60% 以上。

（2）新城建设区。

以新城建设区为主的径流控制单元，严格按照海绵城市建设标准进行建设和改造，低影响开发措施以蓄、滞、净为主，年径流总量控制率目标为 75% 以上。

（3）工业园区。

以工业园区为主的径流控制单元，低影响开发措施以净化为主，年径流总量控制率目标为 70% 以上。

表 6.4.4 一级管控分区年径流总量控制率汇总表

| 一级管控分区 | 面积/km² | 年径流总量控制率/% | 设计降雨量/mm |
|---|---|---|---|
| 旧城改造区 | 54.61 | 62.4 | 15.7 |
| 新城建设区 | 96.93 | 80.3 | 30.5 |
| 工业园区 | 186.42 | 75.7 | 25 |

根据规划区各片区的规划情况，以及参考其他城市不同用地类型年径流总量控制率，确定不同分区不同用地类型的年径流总量控制率指标指导性要求（表 6.4.5）。

表 6.4.5　　　　　　　　　一级管控分区各类用地年径流总量控制率　　　　　　　　　%

| 一级管控分区 | 建设情况 | 用 地 性 质 | | | |
|---|---|---|---|---|---|
| | | 绿地 | 道路 | 居住 | 公建 |
| 旧城改造区 | 新建 | 80 | 50 | 60 | 65 |
| | 改建 | 75 | 45 | 55 | 60 |
| 新城建设区 | 新建 | 90 | 70 | 80 | 80 |
| | 改建 | 90 | 65 | 75 | 75 |
| 工业园区 | 新建 | 90 | 60 | 75 | 80 |
| | 改建 | 85 | 55 | 65 | 75 |

　　二级管控分区以排水分区和总规划分的控规组团为基础，按照圩区、治涝区和控规组团单元进行划分，共划分为 21 个二级管控分区。二级管控分区主要在一级管控分区的管控要求基础上，结合分区内的土壤、地下水和下垫面情况，以及现状建设情况与规划建设开发强度、绿地率、水面率等因素，将一级管控分区的年径流总量控制率目标分解到二级管控分区，并根据下一级管控分区指标的反馈进行调整。相关二级管控分区指标见表 6.4.6。

表 6.4.6　　　　　　　　　　相关二级管控分区指标一览表

| 管控分区编号 | 总面积/hm² | 水面率/% | 年径流总量控制/% | 设计降雨量 /mm | 设计调蓄容积 /万 m³ |
|---|---|---|---|---|---|
| 7 | 1201.85 | 4 | 65 | 17 | 12.28 |
| 8 | 1130.22 | 1.5 | 60 | 14.5 | 10.01 |
| 9 | 1402.30 | 2.8 | 65 | 17 | 13.52 |
| 10 | 1726.95 | 2 | 60 | 14.5 | 15.19 |
| 11 | 1145.20 | 2 | 75 | 24.5 | 16.70 |
| 12 | 1251.71 | 4 | 75 | 24.5 | 19.47 |
| 16 | 2424.33 | 6 | 75 | 24.5 | 36.06 |
| 19 | 2468.56 | 3 | 85 | 38.8 | 27.03 |

　　年径流总量控制率是控制性指标，本次规划依据《江阴市海绵城市专项规划》，结合河道汇水区及雨水管道布设，将指标分解到规划范围内的 48 个区，提出各汇水区年径流总量控制率，见表 6.4.7。

表 6.4.7　　　　　　　　　　三级管控分区指标一览表

| 三级管控分区 编号 | 名　　称 | 年径流总量控制率 /% | 设计降雨量 /mm | 规划调蓄容积 /万 m³ |
|---|---|---|---|---|
| 1 | 老夏港河控制单元 | 65 | 17 | 2.58 |
| 2 | 堤外直排控制单元 | 65 | 17 | 0.94 |
| 3 | 规划北横河Ⅰ区控制单元 | 65 | 17 | 0.85 |
| 4 | 规划北横河Ⅱ区控制单元 | 60 | 14.5 | 2.71 |

续表

| 三级管控分区编号 | 名　称 | 年径流总量控制率/% | 设计降雨量/mm | 规划调蓄容积/万 m³ |
|---|---|---|---|---|
| 5 | 江锋中心河控制单元 | 60 | 14.5 | 0.35 |
| 6 | 北横河控制单元 | 65 | 17 | 0.56 |
| 7 | 普惠中心河控制单元 | 65 | 17 | 1.83 |
| 8 | 史家村河控制单元 | 65 | 17 | 0.78 |
| 9 | 南新河控制单元 | 60 | 14.5 | 0.53 |
| 10 | 双人河控制单元 | 65 | 17 | 0.65 |
| 11 | 青山河控制单元 | 65 | 17 | 0.11 |
| 12 | 芦花沟河控制单元 | 60 | 14.5 | 1.40 |
| 13 | 西横河Ⅰ区控制单元 | 65 | 17 | 0.40 |
| 14 | 西横河Ⅱ区控制单元 | 60 | 14.5 | 1.37 |
| 15 | 西横河Ⅲ区控制单元 | 60 | 14.5 | 2.28 |
| 16 | 长沟河控制单元 | 60 | 14.5 | 0.64 |
| 17 | 葫桥中心河控制单元 | 65 | 17 | 1.40 |
| 18 | 红光引水河控制单元 | 60 | 14.5 | 0.80 |
| 19 | 朱家坝河控制单元 | 60 | 14.5 | 0.20 |
| 20 | 迎风河控制单元 | 60 | 14.5 | 0.11 |
| 22 | 锡澄运河控制单元 | 65 | 17 | 7.44 |
| 23 | 创新河控制单元 | 65 | 17 | 0.98 |
| 24 | 黄山湖控制单元 | 65 | 17 | 1.64 |
| 25 | 要塞公园控制单元 | 65 | 17 | 1.07 |
| 26 | 老鲥鱼港控制单元 | 65 | 17 | 0.79 |
| 27 | 黄山港控制单元 | 65 | 17 | 5.45 |
| 28 | 秦泾河控制单元 | 65 | 17 | 0.37 |
| 29 | 东横河Ⅰ区控制单元 | 60 | 14.5 | 2.56 |
| 30 | 东横河Ⅱ区控制单元 | 60 | 14.5 | 2.67 |
| 31 | 东城河控制单元 | 60 | 14.5 | 0.78 |
| 32 | 澄塞河控制单元 | 60 | 14.5 | 3.08 |
| 33 | 运粮河控制单元 | 60 | 14.5 | 0.55 |
| 34 | 东转河控制单元 | 60 | 14.5 | 0.94 |
| 35 | 东风河控制单元 | 60 | 14.5 | 0.29 |
| 36 | 龙泾河控制单元 | 60 | 14.5 | 2.05 |
| 21 | 团结河控制单元 | 75 | 24.5 | 10.61 |
| 37 | 红星河控制单元 | 75 | 24.5 | 1.49 |
| 38 | 北潮河控制单元 | 75 | 24.5 | 3.78 |

续表

| 三级管控分区<br>编号 | 名　　　称 | 年径流总量控制率<br>/% | 设计降雨量<br>/mm | 规划调蓄容积<br>/万 m³ |
|---|---|---|---|---|
| 39 | 老应天河控制单元 | 75 | 24.5 | 0.29 |
| 40 | 应天河控制单元 | 65 | 17 | 4.84 |
| 41 | 兴澄河控制单元 | 75 | 24.5 | 1.28 |
| 42 | 工农河Ⅰ区控制单元 | 75 | 24.5 | 3.54 |
| 43 | 工农河Ⅱ区控制单元 | 75 | 24.5 | 3.74 |
| 44 | 斜泾河控制单元 | 75 | 24.5 | 0.63 |
| 45 | 老应浜控制单元 | 75 | 24.5 | 0.25 |
| 46 | 夹沟河控制单元 | 85 | 38.8 | 2.65 |
| 47 | 皮弄中心河控制单元 | 85 | 38.8 | 0.99 |
| 48 | 白屈港控制单元 | 65 | 17 | 17.02 |

### 6.4.3　面源污染控制策略与措施

城市面源污染具有突发性、高流量性及重污染等特点。通过采取源头治理、过程管控和末端处理措施可以有效地控制面源污染。末端处理措施主要依据水体的环境容量制定形式和规模，进而将面源污染物的排放控制在环境容量的允许范围内。

#### 6.4.3.1　源头治理

源头治理包括源头初期雨水弃流，加强雨水综合利用以及利用下沉式绿地、雨水花园、透水铺装、绿色屋顶等将初期雨水在源头和点位上进行削减和净化等措施。

#### 6.4.3.2　过程管控

过程管控是在城市径流运动的过程中，通过各种措施对水量和污染物的量进行控制。目前，国内外采取的措施主要为增大截流倍数、完善已有排水系统和构建生态排水模式等。管网系统的改造及完善详见"污水系统提质增效"部分内容，本部分主要采用构建生态滞留带、植草沟等过程生态排水措施。

（1）生态滞留带。

生态滞留带通过恢复灌草系统的建设，拦截雨水携带的污染物，起到控制与治理城镇面源污染的作用。生态滞留带不仅可以减少表面径流对地表的冲蚀，保持水土，减弱侵蚀，还可以通过拦截过滤去除雨水径流中的悬浮颗粒物，氮磷等营养元素则渗透到土壤后被植物根系吸收利用（图 6.4.4）。

（2）植草沟。

植草沟是一种类似地表沟渠的排水系统，在沟渠内种植植被，通过下渗、植物根系的储存、过滤的生物处理等原理，将雨水径流中的多数悬浮颗粒污染物和部分溶解态污染物有效去除。采用植物草沟的形式收集道路雨水，可以取代雨水口或沟渠以及一部分雨水管网。既收集雨水，也利用植物根系对雨水进行预处理，在源头对径流污染物进行处理。植草沟代替传统地下排水系统，能够解决传统雨水和污水管道错接和乱接的问题（图 6.4.5）。

图 6.4.4　生态滞留带示意图

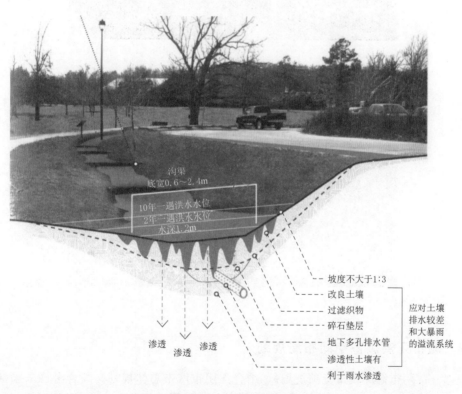

图 6.4.5　植草沟示意图

### 6.4.3.3　末端治理

末端治理措施指雨水径流进入受纳水体之前的径流污染控制措施，具体包括滞留塘、调蓄池、湿地等。滞留塘及调蓄池主要是对径流进行短时间的滞留及排放，在削减洪峰流量及初雨污染方面有显著的作用，但其本身并不能减少区域总的径流量；湿地被称为"地球之肾"，是开放水域与陆地之间的过渡性生态系统，兼有水域和陆地生态系统的特点，湿地可以滞留沉积物、有毒物质、营养物质，从而减少环境污染，还可以有效延缓水流、降低洪峰，并通过蒸腾作用在一定程度上减少径流总量。

目前，江阴市的污染物入河量已超出了水环境容量的允许值，需要在规划区设置末端处理设施对污染物进行消纳。综合比较几种末端削减措施，湿地对氨氮、TP 及重金属的去除率相对较高，且江阴市水系发达，绿地充分，具备建设人工湿地的先天条件。

规划在雨水入河口附近，结合周边停车场、广场、运动场和绿地建设，修建人工湿地和初雨调蓄池（图 6.4.6 和图 6.4.7），储蓄和处理初期雨水。

图 6.4.6　人工湿地

图 6.4.7　初雨调蓄池

### 6.4.4　城市雨洪调蓄空间布局规划

根据《江阴市海绵城市专项规划》，结合江阴市城市总体规划，综合考虑未来江阴市城市发展需求，充分利用现有水体和绿地，整合汇水单元，统筹规划城区调蓄空间。地块的控制指标仅包括年径流总量控制率，其余低影响开发措施、规划调蓄池、人工湿地均为引导性指标。

规划城区调蓄容积总计 150.26 万 $m^3$，其中渗透量 32.15 万 $m^3$，低影响开发措施 14.42 万 $m^3$，人工湿地 64.94 万 $m^3$，蓄水池 18.0 万 $m^3$，此外，将黄山湖作为雨洪调蓄湖体，雨洪调蓄量 4.94 万 $m^3$（表 6.4.8）。

表 6.4.8　　　　　　　　涉及的二级管控分区调蓄总空间属性表

| 分区编号 | 规划调蓄容积/万 m³ | 渗透量/万 m³ | 低影响开发措施/万 m³ | 雨洪调蓄量/万 m³ | 所需人工调蓄措施/万 m³ | 人工湿地/万 m³ | 蓄水池/万 m³ |
|---|---|---|---|---|---|---|---|
| 7 | 12.28 | 2.69 | 0.63 | — | 8.96 | 6.15 | 2.4 |
| 8 | 10.01 | 2.55 | 0.29 | — | 7.17 | 2.94 | 4.5 |
| 9 | 13.52 | 2.77 | 0.50 | 4.94 | 5.31 | 3.57 | 1.8 |
| 10 | 15.19 | 3.97 | 0.43 | — | 10.79 | 8.99 | 1.5 |
| 11 | 16.70 | 4.65 | 3.04 | — | 9.01 | 9.14 | — |
| 12 | 19.47 | 5.19 | 3.78 | — | 10.50 | 8.62 | 1.8 |
| 16 | 36.06 | 8.24 | 5.02 | — | 22.80 | 15.56 | 6.0 |
| 19 | 27.03 | 2.09 | 0.73 | 14.84 | 9.37 | 9.97 | — |
| 合计 | 150.26 | 32.15 | 14.42 | 19.78 | 83.91 | 64.94 | 18.0 |

本次规划依据《江阴市海绵城市专项规划（2016—2030）》，结合河道汇水区及雨水管道布设，将调蓄空间按面积占比分解至规划区内 48 个三级控制单元，各地块属性见表 6.4.9。

表 6.4.9　　　　　　　　　　雨水调蓄空间属性表

| 三级管控分区编号 | 三级控制单元 | 规划调蓄容积/万 m³ | 渗透量/万 m³ | 低影响开发措施/万 m³ | 规划调蓄池/万 m³ | 规划人工湿地/万 m³ |
|---|---|---|---|---|---|---|
| 1 | 老夏港河控制单元 | 2.58 | 0.57 | 0.21 | | |
| 2 | 堤外直排控制单元 | 0.94 | 0.21 | 0.08 | | |
| 3 | 规划北横河Ⅰ区控制单元 | 0.85 | 0.19 | 0.07 | | |
| 4 | 规划北横河Ⅱ区控制单元 | 2.71 | 0.48 | 0.09 | | |
| 5 | 江锋中心河控制单元 | 0.35 | 0.06 | 0.01 | | |
| 6 | 北横河控制单元 | 0.56 | 0.12 | 0.05 | | |
| 7 | 普惠中心河控制单元 | 1.83 | 0.40 | 0.15 | 2.50 | 湿地由于分布的连续狭长的特点，不适切分至三级管控分区，按二级管控分区执行 |
| 8 | 史家村河控制单元 | 0.78 | 0.17 | 0.06 | | |
| 9 | 南新河控制单元 | 0.53 | 0.09 | 0.02 | | |
| 10 | 双人河控制单元 | 0.65 | 0.14 | 0.05 | | |
| 11 | 青山河控制单元 | 0.11 | 0.02 | 0.01 | | |
| 12 | 芦花沟河控制单元 | 1.40 | 0.25 | 0.04 | | |
| 13 | 西横河Ⅰ区控制单元 | 0.40 | 0.09 | 0.03 | | |
| 14 | 西横河Ⅱ区控制单元 | 1.37 | 0.24 | 0.04 | | |
| 15 | 西横河Ⅲ区控制单元 | 2.28 | 0.40 | 0.07 | | |
| 16 | 长沟河控制单元 | 0.64 | 0.11 | 0.02 | | |
| 17 | 葫桥中心河控制单元 | 1.40 | 0.31 | 0.11 | | |
| 18 | 红光引水河控制单元 | 0.80 | 0.14 | 0.03 | | |

| 三级管控<br>分区编号 | 三级控制单元 | 规划调蓄容积<br>/万 m³ | 渗透量<br>/万 m³ | 低影响开发<br>措施/万 m³ | 规划调蓄池<br>/万 m³ | 规划人工湿地<br>/万 m³ |
|---|---|---|---|---|---|---|
| 19 | 朱家坝河控制单元 | 0.20 | 0.04 | 0.01 | | |
| 20 | 迎风河控制单元 | 0.11 | 0.02 | 0.00 | | |
| 21 | 团结河控制单元 | 3.90 | 1.09 | 1.14 | | |
| 22 | 锡澄运河控制单元 | 7.44 | 1.63 | 0.61 | 3.8（2、1.8<br>各 1 座） | |
| 23 | 创新河控制单元 | 0.98 | 0.20 | 0.06 | | |
| 24 | 黄山湖控制单元 | 1.64 | 0.34 | 0.10 | | |
| 25 | 要塞公园控制单元 | 1.07 | 0.22 | 0.06 | | |
| 26 | 老鲥鱼港控制单元 | 0.79 | 0.16 | 0.05 | | |
| 27 | 黄山港控制单元 | 5.45 | 1.12 | 0.32 | | |
| 28 | 秦泾河控制单元 | 0.37 | 0.08 | 0.02 | | |
| 29 | 东横河Ⅰ区控制单元 | 2.56 | 0.67 | 0.12 | 1.5 | |
| 30 | 东横河Ⅱ区控制单元 | 2.67 | 0.70 | 0.12 | | |
| 31 | 东城河控制单元 | 0.78 | 0.20 | 0.04 | | |
| 32 | 澄塞河控制单元 | 3.08 | 0.81 | 0.14 | | |
| 33 | 运粮河控制单元 | 0.55 | 0.14 | 0.02 | | |
| 34 | 东转河控制单元 | 0.94 | 0.24 | 0.04 | | |
| 35 | 东风河控制单元 | 0.29 | 0.08 | 0.01 | | |
| 36 | 龙泾河控制单元 | 2.05 | 0.54 | 0.09 | | |
| 37 | 红星河控制单元 | 1.49 | 0.40 | 0.46 | | |
| 38 | 北潮河控制单元 | 3.78 | 1.01 | 1.17 | | |
| 39 | 老应天河控制单元 | 0.29 | 0.08 | 0.09 | | |
| 40 | 应天河控制单元 | 4.84 | 1.06 | 0.40 | | |
| 41 | 兴澄河控制单元 | 1.28 | 0.34 | 0.40 | | |
| 42 | 工农河Ⅰ区控制单元 | 3.54 | 0.94 | 1.10 | 1.8 | |
| 43 | 工农河Ⅱ区控制单元 | 3.74 | 1.00 | 1.16 | | |
| 44 | 斜泾河控制单元 | 0.63 | 0.17 | 0.20 | | |
| 45 | 老应浜控制单元 | 0.25 | 0.07 | 0.08 | | |
| 46 | 夹沟河控制单元 | 2.65 | 0.21 | 0.11 | | |
| 47 | 皮弄中心河控制单元 | 0.99 | 0.08 | 0.04 | | |
| 48 | 白屈港控制单元 | 17.02 | 3.73 | 1.40 | 3.0 | |
| 合　　计 | | 95.55 | 21.32 | 10.72 | 12.6 | 48.51 |

### 6.4.5 城市面源工程规模及实施计划

城市面源污染控制主要采取源头、道路生态排水改造，以及末端人工湿地和雨水调蓄池等措施，小区低影响开发新（改）建 46km$^2$、道路生态排水改造 60 条、人工湿地 17 处（共 48.515 万 m$^3$）、雨水调蓄池 8 处（共 12.6 万 m$^3$）。近期新建三座初雨调蓄池，分别为北潮河调蓄池（规模 2100m$^3$）、龙泾河调蓄池（规模 3500m$^3$）、普惠中心河调蓄池（规模 4500m$^3$），总规模为 10100m$^3$。

# 6.5 垃圾污染治理工程规划

## 6.5.1 生活垃圾产生量预测

根据江阴市总体规划，截至 2020 年，研究区域内城镇常住人口 28.84 万人，农村常住人口 3.56 万人，远期至 2030 年，城镇常住人口 37.45 万人，农村常住人口 1.19 万人。

根据江阴市现状生活垃圾产量和生活垃圾成分等因素和实际情况，规划人均垃圾产生量取值如下：近期 2020 年，城区取 0.9kg/d，农村取 0.75kg/d；远期 2030 年，城区取 0.85kg/d，农村取 0.65kg/d。则研究区域内城区垃圾产生量近期为 259.6t/d，远期为 318.4t/d；农村垃圾产生量近期为 26.7t/d，远期为 7.7t/d。

## 6.5.2 生活垃圾分类收集

（1）分类模式。

规划江阴市采用"大分流、细分类"的分类模式，即垃圾分为四大类：日常生活垃圾、装修垃圾、大件垃圾、餐厨垃圾。其中日常生活垃圾按不同区域进行不同形式的细分类，方法如下：

居住区：可回收物、有害垃圾、其他垃圾；镇/村宜单独将灰渣分出。

企事业单位/沿街店铺：可回收物、有害垃圾（包括灯管、电池、硒鼓等）、其他垃圾。

菜场（包括蔬菜基地）：菜场厨余垃圾。

公共场所/旅游景点（废物箱）：可回收物、其他垃圾。

（2）分类垃圾流向。

分步构建有机垃圾处理体系：近期，各街镇菜场厨余垃圾及餐厨垃圾分散处理；预留远期餐厨垃圾和菜场厨余垃圾集中处理设施用地。

（3）生活垃圾收运、处理。

1）城区居民住宅。此类房屋一般是多层，实行垃圾袋装化收集，住户自行投放；环卫工人收集后送垃圾转运站。

2）机关、学校和各种集体单位。一般维持原有的委托关系，设置符合卫生标准的密封式垃圾收集点，并由环卫部门负责用小型垃圾收集车收运送至垃圾转运站。

3）街道门店的垃圾。一般实行门前三包和定时定线路收集，随着交通流量的增加，垃圾收集应避开交通高峰区时段，垃圾由小型垃圾收集车运到垃圾转运站。

4）大型公共场所。应使用 100～120L 大型垃圾袋收集，并委托环卫部门进行收集。对垃圾可回收成份加以回收利用，减少垃圾的体积。

5）农村地区。村庄生活垃圾宜就地分类回收利用，减少集中处理垃圾量。依据密闭化要求，按照服务区人口数量和居住密度等因素，分别配备垃圾桶，设立垃圾收集点，建立集中管理、统一清运机制。

### 6.5.3　垃圾收集设施及收集点

公共垃圾桶应采用标准垃圾桶，农村和城区均选用 240L。

农村：按照每 5 户配置 1 组。

城区：居住小区按照每栋楼的单元入口配置 1 组；沿街商铺按每 10 户配置 1 组。

由于城区公共卫生设施已相对完善，因此本次规划仅对城中村进行垃圾收集设施及收集点进行规划布置。

垃圾收集点占地 $10～20m^2$，规划近期每个自然村设置 1 座垃圾收集点，共新建 23 座，远期不再新增，随着村庄合并，逐渐减少。

### 6.5.4　环卫车辆规划

为便于管理，规划生活垃圾收集、运输车辆统一配置压缩式或密闭式垃圾运输车，为了提高农村生活垃圾的无害化处理率，根据生活垃圾收运模式，规划配置小型电动保洁车、垃圾收集车和垃圾运输车。垃圾运输车的选择要与转运站设备配套。

（1）电动保洁车。

为加强日常环境卫生的保洁，提高垃圾清运机械化水平，规划逐步增加小型密闭式收集车替代人力车。规划农村按照每 400 人配置 1 辆小型电动保洁车，规划近期共配置 82 辆，远期共配置 27 辆。

（2）垃圾收运车。

由于以上村庄均为城中村，垃圾收运车不做单独配置，就近使用城市垃圾收运车。

### 6.5.5　水域保洁规划

1）加强责任区管理，清除保洁死角。河道长效管理覆盖到村级河道，明确各镇包括接壤地区的管理范围，消除互相推诿现象。

2）加强与环卫、环保、绿化等部门的沟通和联系，建立日常综合管理制度，减少其他部门在日常作业时向河道抛洒废物、排放污水行为。

3）环卫部门配合河道管理处落实放置密闭、滤水、性能优良的水域垃圾存放设施，减少对周边环境的影响。

### 6.5.6　垃圾污染治理工程规模及实施计划

江阴市城区已具备比较完善的垃圾收运系统，因此本次规划仅对城中村进行垃圾收运系统工程进行规划，近期 25 个行政村（社区）处 3 个拆迁外，其他 22 行政村村（社区）个共布置垃圾桶 1987 个，垃圾收集点 22 个，配置电动保洁车 109 辆。其中近期布置垃圾桶 1490 个，垃圾收集点 22 个，配置电动保洁车 82 辆。

## 6.6 移动污染源控制规划

船舶污染具有分散性和流动性，其影响范围广，不易于监测，主要污染物是石油类。船舶污染绝大部分是操作性污染，主要有：未安装油水分离器等防污设施，或虽安装船舶防污设施但弃用，防污意识淡薄，保护环境的自觉性不强；船舶老化，尾轴润滑油渗漏严重。江阴城区水系港口码头、主航道等局部水域船舶仍存在污染问题。因此，需要从加强环境保护意识，完善相关法规，加强监管和宣传教育，加快推进江阴船舶标准化环保化，杜绝违章排放油污、废油、油污水和船舶生活污水等方面着手，在航运发展的同时保障水环境安全。

## 6.7 内源治理工程规划

江阴城区河道由于高负荷外源污染的持续输入以及较差的水动力条件，导致河道内源污染严重，底泥中具有很高的氮、磷蓄积量。在实施控源截污的基础上，需通过底泥清淤才能有效削减内源污染释放，改善河道水质，消除黑臭。

根据对江阴城区河道底泥中氮、磷及重金属含量的检测分析，确定江阴城区内需要清淤的河道，包括红星河、老应浜、兴澄河、工农河、夹沟河、西横河、运粮河、朱家坝河、应天河、东转河、东城河、澄塞河、迎风河、芦花沟河、红光引水河、团结河、朝阳河、创新河、东横河、秦泾河、南新河、东风河、葫桥中心河、普惠中心河、北横河、江锋中心河、长沟河、史家村河、双人河、青山河、斜泾河、老应天河、龙泾河、祁山中心河、计家湾河、双牌河、北潮河等 37 条河道（图 6.7.1）。

### 6.7.1 清淤范围及清淤量

本次规划清淤范围包括红星河、老应浜、兴澄河、工农河、夹沟河、西横河、运粮河、朱家坝河、应天河、东转河、东城河、澄塞河、迎风河、芦花沟河、红光引水河、团结河、朝阳河、创新河、东横河、秦泾河、南新河、东风河、葫桥中心河、普惠中心河、北横河、江锋中心河、长沟河、史家村河、双人河、青山河、斜泾河、老应天河、龙泾河、祁山中心河、计家湾河、双牌河、北潮河等 37 条河道，清淤总长度约 56km。

根据江阴城区河道底泥监测报告，河道内源污染严重，且主要集中在河道底泥表层，规划对江阴城区河道底泥污染层进行清淤，清淤平均厚度为 80cm，清淤量为 74.49 万 $m^3$（表 6.7.1）。

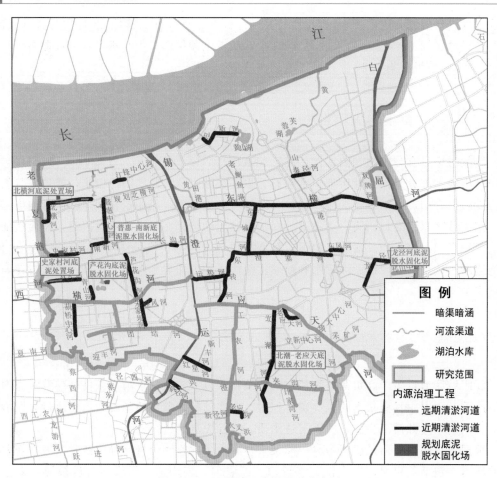

图 6.7.1　江阴城区清淤河道分布图

表 6.7.1　　　　　　　　　　　　江阴城区河道清淤工程量

| 编号 | 河流名称 | 清淤深度/cm | 长度/m | 宽度/m | 清淤量/m³ |
|---|---|---|---|---|---|
| 1 | 红星河 | 60 | 881 | 6 | 3171.6 |
| 2 | 老应浜 | 90 | 223 | 16 | 3211.2 |
| 3 | 兴澄河 | 10 | 2696 | 30 | 8088.0 |
| 4 | 工农河 | 170 | 3577 | 15 | 91213.5 |
| 5 | 夹沟河 | 150 | 2051 | 20 | 61530.0 |
| 6 | 西横河 | 90 | 4432 | 13 | 51854.4 |
| 7 | 运粮河 | 130 | 988 | 28 | 35963.2 |
| 8 | 朱家坝河 | 32 | 676 | 10 | 1049.0 |
| 9 | 应天河 | 70 | 4971 | 30 | 104391 |
| 10 | 东转河 | 130 | 1582 | 17 | 34962.2 |
| 11 | 东城河 | 160 | 1387 | 20 | 44384.0 |
| 12 | 澄塞河 | 90 | 2774 | 15 | 37449.0 |

| 编号 | 河流名称 | 清淤深度/cm | 长度/m | 宽度/m | 清淤量/m³ |
|------|----------|------------|--------|--------|-----------|
| 13 | 迎风河 | 50 | 353 | 9 | 607.1 |
| 14 | 芦花沟河 | 45 | 1271 | 23 | 10800.0 |
| 15 | 红光引水河 | 40 | 780 | 15 | 4680.0 |
| 16 | 团结河 | 40 | 3270 | 9 | 11772.0 |
| 17 | 朝阳河 | 60 | 512 | 14 | 4300.8 |
| 18 | 创新河 | 60 | 1464 | 5 | 4392.0 |
| 19 | 东横河 | 170 | 6539 | 25 | 143640.0 |
| 20 | 秦泾河 | 100 | 472 | 8 | 3776.0 |
| 21 | 南新河 | 0.58 | 445 | 12 | 1563.2 |
| 22 | 东风河 | 65 | 226 | 7.7 | 1248.5 |
| 23 | 葫桥中心河 | 140 | 950 | 10 | 3014.0 |
| 24 | 普惠中心河 | 58 | 1241 | 8 | 3458.2 |
| 25 | 北横河 | 65 | 722 | 5 | 3184.0 |
| 26 | 江锋中心河 | 60 | 592 | 4 | 1842.9 |
| 27 | 长沟河 | 135 | 228 | 5 | 875.5 |
| 28 | 史家村河 | 65 | 789 | 8.6 | 4735.6 |
| 29 | 双人河 | 46 | 579 | 8 | 1480.5 |
| 30 | 青山河 | 55 | 441 | 19 | 5115.0 |
| 31 | 斜泾河 | 80 | 313 | 7 | 1752.8 |
| 32 | 老应天河 | 55 | 650 | 30 | 9902.2 |
| 33 | 龙泾河 | 100 | 1189 | 7 | 8323.0 |
| 34 | 祁山中心河 | 100 | 641 | 6 | 3846.0 |
| 35 | 计家湾河 | 60 | 550 | 7 | 2310.0 |
| 36 | 双牌河 | 80 | 1313 | 10 | 10504.0 |
| 37 | 北潮河 | 63 | 2953 | 22 | 20505.3 |
| 合计 | | | | | 744895.7 |

## 6.7.2 清淤方式

清淤方案的选择应以污染底泥有效去除和水质改善为工程直接目的，以清淤后促进生态修复为间接目的。当前主要存在干挖清淤、两栖式机械清淤、环保绞吸清淤等清淤方式。干挖清淤施工较为简便，清淤彻底，施工挖掘机械可在河道内运行施工；两栖式机械清淤机动性强，施工简便，效率较高，但底泥含水率较高，输送距离有限，需修建集淤池和堆放污泥的泥库，占地面积较大，对居民生活影响较大；环保绞吸清淤具有挖掘精度较高、底泥扰动小、二次污染少等显著的优势，但成本较高，设备及施工要求均较高。三种方案各有优劣势，需根据待清淤河道的实际情况合理选择。

根据江阴城区河道特征，规划对东横河、澄塞河、东城河、运粮河、芦花沟河、应天河、东转河、青山河及北潮河河道水面宽阔，且水深较大，采用环保绞吸船清淤为主，普惠中心河、南新河、北横河等其他清淤河道较窄，水深较浅，且宜采用水力冲挖。

清淤方式比选见表 6.7.2。

表 6.7.2　　　　　　　　　　　　清 淤 方 式 比 选

| 项目 | 干挖清淤 | 两栖式机械清淤 | 环保绞吸清淤 | 水力冲挖清淤 | 生态清淤 |
|---|---|---|---|---|---|
| 挖泥方式 | 机械干挖 | 机械绞吸 | 绞动吸挖 | 人工冲挖 | 底泥原位消减 |
| 清淤设备 | 挖掘机 | 两栖式清淤机 | 绞吸船 | 高压水枪 | 射流泵等 |
| 淤泥含水率 | 低 | 较高 | 较高 | 较高 |  |
| 淤泥输送方式 | 车辆运输 | 管道泵送 | 管道泵送 | 管道泵送 |  |
| 运距 | 高 | 低 | 高 | 短 |  |
| 底泥扰动 | 扰动小 | 扰动大 | 扰动较大 | 大 | 扰动小 |
| 生态影响 | 较大 | 大 | 较小 | 大 | 小 |
| 清淤效率 | 较高 | 较高 | 高 | 低 | 一般 |
| 施工成本 | 低 | 一般 | 高 | 低 | 较高 |

## 6.7.3　清淤底泥处置

河道底泥的处置方法主要有淤泥脱水固结一体化法、自然脱水法、真空预压法、土工管袋法、传统机械脱水法、机械脱水法、化学固结法等，各种处理处置方法适用于不同的底泥性质和现场施工条件。实际处理过程根据现场情况综合考虑（表 6.7.3）。

表 6.7.3　　　　　　　　　　　　淤 泥 处 理 工 艺 对 比

| 比较项目 | 淤泥脱水固结一体化法 | 自然脱水法 | 真空预压法 | 土工管袋法 | 机械脱水法（离心机、带式机） | 化学固结法 |
|---|---|---|---|---|---|---|
| 减量化 | 利用材料和机械配合快速脱去淤泥水分，含水率降至 35% 左右，相对水下方体积、质量减量 65% 以上，效果明显 | 淤泥在自然状态下脱水效率低，干燥周期很长，减量不明显 | 利用真空压力和淤泥自重去除淤泥中的自由水，含水率降至 60% 以后脱水困难，减量缓慢，处理周期数周甚至数月 | 利用淤泥自重压密脱水，脱水效果不佳，减量缓慢，处理周期长达数月甚至数年 | 利用机械压力挤压使淤泥脱水，含水率可降至 60% 左右，但脱水能耗高、产量低 | 直接加入添加剂进行"增量处理"，淤泥无减量或仅有少量水在搅拌固结后自然渗出 |
| 无害化 | 淤泥脱水固结处理后呈硬塑状泥饼，对有害物质实现固封和钝化 | 没有对淤泥进行无害化处理，有污染转移的风险 | 没有对淤泥进行无害化处理，存在污染转移的风险 | 没有对淤泥进行无害化处理，存在污染转移的潜在风险 | 没有对淤泥进行无害化处理，存在污染转移的风险 | 处理后淤泥含水率高，呈流塑状或软塑状，难以迅速实现对有害物质固封 |
| 稳定化 | 硬塑状泥饼，固结过程不可逆，遇水不泥化，无二次污染 | 高含水淤泥，遇水泥化，容易产生二次污染 | 含水 60% 左右的淤泥，遇水泥化，容易产生二次污染 | 高含水淤泥，遇水泥化，容易产生二次污染 | 含水 60% 左右的淤泥，遇水泥化，容易产生二次污染 | 含水 60% 左右的淤泥，遇水泥化，容易产生二次污染 |

| 比较项目 | 淤泥脱水固结一体化法 | 自然脱水法 | 真空预压法 | 土工管袋法 | 机械脱水法（离心机、带式机） | 化学固结法 |
|---|---|---|---|---|---|---|
| 资源化 | 硬塑状泥饼，有一定强度且持续增长，可立刻用作工程回填土 | 高含水淤泥，基本无强度，难以利用，需长期堆放或摊晒 | 含水60%左右的淤泥，强度低且增长慢，难以利用，需长期堆放或摊晒 | 高含水淤泥，基本无强度，难以利用，需长期堆放 | 含水60%左右的淤泥，基本无强度且增长慢，难以利用，需长期堆放或摊晒 | 高含水淤泥，基本无强度且增长慢，难以利用，需经过1~2周的堆放后才能利用 |
| 运行费用 | 较高 | 低 | 较低 | 较高 | 高 | 较低 |
| 设备投资 | 较高 | 低 | 较高 | 较高 | 高 | 较低 |

城市清淤工程中，淤泥堆场用地困难，淤泥处理宜选用占地较小，能连续操作运行的快速固结工艺，以最大程度上减少占地及周边污染。同时，由于芦花沟河、南新河、创新河、龙泾河等河道底泥中重金属（铅）含量较高，因此，在清淤底泥的处置过程中，需对其中的重金属进行固定化处理，加入固化剂，使其不再溶出，达到《土壤环境质量农用地土壤污染风险管控标准（试行）》（GB 15618—2018）和《土壤环境质量建设用地土壤污染风险管控标准（试行）》（GB 36600—2018）中的规定限值。同时，对处置场内底泥临时堆场进行严格防渗处理，四周采用砂袋堆填圈闭，并做好脱水后余水的重金属含量监测，防止含重金属余水直接排入水体。

机械脱水固结一体化法在一套脱水站中完成淤泥输送与干泥输出，同时实现淤泥的污染控制、脱水、固结，淤泥处理效率较高，各组成设备的移动也较灵活，能适用于空间有限的施工场地，处理后的淤泥也具备了很好的抗压强度，减量化明显。规划在龙泾河、北潮河、芦花沟河、普惠中心河、史家村河及北横河附近建立7座临时底泥处置场（表6.7.4），用于城区河道底泥集中脱水固结，处理后淤泥量方为49.66万 $m^3$。

## 6.7.4 底泥最终处置

清淤底泥的资源化利用方式较多，包括土地利用、制造填方材料和建筑材料等。

土地利用是把疏浚底泥应用于农田、林地、草地、湿地、市政绿化、育苗基质及严重扰动的土地修复与重建等。科学合理的土地利用，可减少其负面效应，使疏浚底泥重新进

表 6.7.4　　　　　　　　　江阴城区规划临时底泥处置场信息表

| 处置场名称 | 位 置 | 面积/m² | 脱水工艺 | 处 置 河 湖 |
|---|---|---|---|---|
| 龙泾河底泥处置场 | 澄山路南侧 | 8400 | 机械脱水 | 龙泾河、东风河、秦泾河、东横河、祁山中心河、双牌河 |
| 北潮河底泥处置场 | 北潮河路东侧 | 8000 | 机械脱水 | 北潮河、老应天河、东转河、运粮河、澄塞河、东城河、红星河、老应浜、工农河、兴澄河、夹沟河、团结河 |

续表

| 处置场名称 | 位 置 | 面积/m² | 脱水工艺 | 处 置 河 湖 |
|---|---|---|---|---|
| 芦花沟河底泥处置场 | 南外环路西南侧 | 16000 | 机械脱水 | 芦花沟河、青山河、朱家坝河、迎凤河、葛桥中心河、双人河、西横河、红光引水河、朝阳河 |
| 普惠中心河底泥处置场 | 普惠路东侧 | 2500 | 机械脱水 | 普惠中心河、南新河、江锋中心河、长沟河 |
| 史家村河底泥处置场 | 夏东路西侧 | 3000 | 机械脱水 | 史家村河 |
| 东横河底泥处置场 | 延陵路与澄张路交汇处 | 23800 | 机械脱水 | 东横河 |
| 东转河底泥处置场 | 河东街与环城南路交汇处 | 9800 | 机械脱水 | 东转河、澄塞河、东城河、运粮河 |

入自然环境的物质及能量循环中。经相关工程实践表明，将脱水后的底泥与水草及其他营养剂混合后，经过 15d 左右的高温发酵，杀死底泥中有毒有害微生物，降低底泥中有机污染物，使底泥充分腐熟，即可形成优质营养土。本次规划拟对近期清淤工程中部分固化、脱水后底泥进行土地利用，送入土地山矿坑填埋，远期清淤工程中脱水固结后底泥则送入政府指定处置场，具体位置结合城市规划并与相关部门协商后确定。

制造填方材料和建筑材料是将处理后的底泥代替砂石和土料而作为填方材料使用。通常，采用淤泥固结脱水一体化工艺处理的淤泥，含水量较低且具备一定的强度，与一般的土料相比，固化土具有不产生固结沉降、强度高、透水性小等优点。在城市、港口的建设，筑堤或堤防加固工程，以及道路工程的路基、填方工程中，可以进行使用。规划加强与河道整治规划之间的衔接，将近期部分脱水和固化后底泥用于江阴城区河道生态护岸建设工程。

此外，由于芦花沟河、南新河、创新河、龙泾河等河道存在重金属超标问题，脱水后底泥无法直接填埋或回用，规划对芦花沟河、南新河、创新河、龙泾河等河道脱水后底泥按一般工业固废进行处置。

总体而言，对江阴市城区河道底泥处置以用于土地山矿坑填埋、城市绿化覆盖土及河道护岸建设为主，部分重金属超标河道底泥脱水后按一般工业固废进行处置。

### 6.7.5 内源治理工程规模及实施计划

底泥清淤工程规划内容为对江阴城区 37 条河道约 56km 范围进行清淤，消除河道底泥内源污染隐患，清淤量约为 74.49 万 m³。其中，近期主要对北潮河、朱家坝河、迎凤河、芦花沟河、创新河、东横河、南新河、葛桥中心河、普惠中心河、北横河、江锋中心河、长沟河、史家村河、双人河、青山河、老应天河、龙泾河、运粮河、东城河、东转河、澄塞河、秦泾河、东风河、斜泾河、老应浜、红星河等 26 条黑臭河道实施清淤，清淤量约 39 万 m³；远期在消除城区黑臭水体的基础上，对祁山中心河、计家湾河、双牌河、兴澄河、工农河、夹沟河、西横河、应天河、红光引水河、团结河、朝阳河等 11 条河道实施清淤，提升河道水质，清淤量约 35.49 万 m³（表 6.7.5）。

表 6.7.5　　　　　　　　　　　江阴城区河道清淤工程量

| 治理阶段 | 近　期 | 远　期 |
|---|---|---|
| 河道名称 | 北潮河、朱家坝河、迎风河、芦花沟河、创新河、东横河、南新河、葫桥中心河、普惠中心河、北横河、江锋中心河、长沟河、史家村河、双人河、青山河、老应天河、龙泾河、红星河、老应浜、运粮河、东转河、东城河、澄塞河、秦泾河、东风河、斜泾河 | 祁山中心河、计家湾河、双牌河、兴澄河、工农河、夹沟河、西横河、应天河、红光引水河、团结河、朝阳河 |
| 清淤量/万 m³ | 39 | 35.49 |

## 6.8　工程规模及实施计划

　　水污染治理工程规划内容为：新建人工湿地 17 处（共 48.5 万 m³）、雨水调蓄池 8 处（共 12.6 万 m³），小区低影响开发新（改）建 46.0km²，道路生态排水改造 60 条，治理农田面源 733.6hm²，河道清淤 74.49 万 m³，布置垃圾桶 1987 个，设置垃圾收集点 23 个，配置电动保洁车 109 辆。

　　其中近期建设三座初雨调蓄池，总规模 1.01 万 m³；治理农田面源 228.9hm²，设置四座初雨滞留塘，共 454m²；河道清淤 39 万 m³；布置垃圾桶 1490 个，垃圾收集点 23 个，配置电动保洁车 82 辆。

## 6.9　本章小结

　　研究形成"全范围覆盖，多来源防控"的城区水污染控制工程布局。规划充分考虑新、老、远、近城区格局，通过系列工程及非工程措施实现对城区点源、面源、内源等污染的全方位防控。通过加强管理和完善制度，实现对工业源和移动源的管控；建设城市和农田面源污染控制工程、完善垃圾收运体系等加强面源污染治理；实施底泥清淤实现内源污染控制等。

# 第7章

# 水生态修复规划

## 7.1 引言

在水污染控制方案基础上，根据城市水生态系统现状和突出水生态问题，以保护水生态资源、提高生物多样性、满足重要生态用水要求、修复受损生态系统为目标，针对滨水缓冲带修复、生态河道建设、水生生物多样性提升、生物栖息地恢复等方面，提出重要水体生态修复方案措施。

## 7.2 水生态空间管控规划

### 7.2.1 水生态空间范围划分

河流水生态空间包括河流水域空间和河流岸线空间。河流水域空间以河道两岸临水控制线来划分，临水控制线是为稳定河势、保证河道行洪安全、维护河流生态系统健康等，顺水流方向在河岸临水一侧划定的管理控制线，有堤防河段以设计洪水位与堤防的交线作为临水控制线，无堤防的河流或排水渠道以沿河岸自然高地线作为临水控制线。

河流岸线一般是水陆交错带，生长有水生植物、湿地植物，是鸟类和鱼类重要的栖息地，为其提供产卵、觅食、生存等空间，岸线空间以临水控制线和外缘控制线来划分，外缘控制线是岸线资源管理和保护的外缘边界线，一般以河道堤防工程背水侧的管理范围外边线作为外缘控制线。

根据《中华人民共和国河道管理条例》及《江阴市河道管理实施办法》等确定外缘控制线，有堤防的河道，其管理范围为两岸堤防之间的水域、沙洲、滩地（包括可耕地）、行洪区、两岸堤防及护堤地；无堤防的河道，管理范围为水域、沙洲、滩地及河口线两侧各一定距离，市级河道为10m，城区河道为5m，其他河道为5～10m。

本次规划结合江阴市蓝线构成和河流外缘控制线对江阴市城区河道划分河流水生态空

间，其中，锡澄运河、白屈港等区域性河道以河口线外两侧各 15m 划定保护界线，涉及防洪圩堤的河段，两侧保护宽度以背水坡堤脚线起算；老夏港河、西横河、东横河、应天河及黄山港河等城区主要河道以河口线外两侧各 10m 划定保护界线，涉及防洪圩堤的河段，两侧保护宽度以背水坡堤脚线起算；澄塞河、东城河、东转河、普惠中心河、芦花沟河等次要河道及支河（沟渠）均以河口线外两侧各 5m 划定保护界线，涉及防洪圩堤的河段，两侧保护宽度以背水坡堤脚线起算。

### 7.2.2 水生态空间管控

（1）加强涉水生态红线管控与监测能力。

加强江阴市城区水生态空间范围内涉水生态红线区域分级管控措施，根据《江阴市生态红线区域保护规划》（征求意见稿），规划锡澄运河、西横河、东横河、应天河、白屈港等河流生态廊道为二级管控区，严格按照《江阴市林地保护利用规划》《江阴市城市绿地系统规划》等有关文件保护要求，严格控制生态廊道内破坏绿地生态系统的行为。

（2）落实河湖蓝线管制。

落实水生态空间范围内江阴市河湖蓝线管制措施，规划在蓝线范围内禁止下列活动：①设置影响行洪的阻水设施和构筑物；②设置拦河渔具，在禁止养殖水域内围网养殖；③倾倒、堆放、填埋工业废渣、垃圾或者其他废弃物；④向河道中倾倒泥土、排放泥浆，以及排放未经处理或者处理未达标的污水；⑤清洗装贮过有毒有害物品的车辆、容器；⑥盗伐、擅自砍伐护堤、护岸林木；⑦其他影响河道及其配套工程运行、危害防洪安全、影响河势稳定和破坏河道水环境的活动。

（3）开展水生态栖息地管制。

开展水生态空间范围内水生态栖息地管制，规划加强水生态空间范围内设立滨水缓冲带保护，对滨水缓冲带内大型水生植物定期补植与收割，保护沿滨岸带的原生态，探索建设多功能生态堤岸；清除江阴市城区河道水生态空间范围内违建构筑物及农田种植，恢复河流两岸植被，维护河流生态空间。

## 7.3 水生态修复工程规划

通过加强水生态系统的自适应、自组织、自调节等功能，充分发挥水体自净能力、污染截留消纳能力，使得水生态系统抵抗外界干扰或遏制退化的功能增强。本次规划以生态河道建设、原位净化及水生生物群落恢复为重点建设工程，改善河道水生态环境，恢复和重建健康河流生态系统。

### 7.3.1 生态河道建设工程

生态河道建设工程通过"以结构换空间"的生态修复技术来弥补江河自然河道的缺失，包括生态驳岸建设（改造）和河道缓冲区修复。其中，生态驳岸建设根据堤岸特点选择自嵌式植生型护岸、生态缓坡护岸和木桩护岸，硬质驳岸改造则选择藤条倒挂和种植槽护岸等生态驳岸形式；河道缓冲区修复结合沿岸地形选择全系列、半系列等不同修复模式。

（1）生态驳岸工程方案。

堤岸是陆地和水体两大生态系统之间物质交换、能量流动、生物迁移的廊道，对水体及其周围的生态环境有重要影响。生态驳岸有一定抗干扰和自我修复能力，可以模拟自然岸线的水陆间物质交换和调节，同时，能够保证河岸安全性和稳定性，兼顾生态效益和景观效果（图 7.3.1）。

（a）藤条倒挂　　　　　　　　　　　　　　　（b）自嵌式植生型

（c）木桩护岸　　　　　　　　　　　　　　　（d）种植槽护岸

图 7.3.1　国内常见生态护岸形式

自嵌式植生型：为柔性结构，堤岸由自嵌植生挡土块体、塑胶棒、加筋材料、滤水填料和土体组成，主要依靠挡土块块体、填土通过加筋带连接构成的复合体自重来抵抗动静荷载，达到稳定的作用。挡土块的内孔造型可为水生植物提供良好的生长空间，也为净化水质创造条件。自嵌式挡墙多用于水流相对平稳的河道。

生态缓坡护岸：生态缓坡护岸是将原有护岸修建成斜坡，使之缓缓如水，在斜坡上铺设网垫型生态护岸材料，网垫内有大量空隙，可填充土壤，为植被提供适宜的生长载体。植物发育后，表层土壤和网垫在植物根系作用下紧密结合，有效减少水土流失。三维土工网垫施工简单，施工成本低，后期养护成本低。但不适宜岸坡陡、流速快、植物难生长的河段。

木桩护岸：采用各种废弃木材（如间伐材、铁路上废弃的枕木等）和其他木质材料为主要护岸材料的护岸结构。一般在坡脚处打入木桩，加固坡脚，然后在木桩横向上栏上木材或已扎成捆的木质材料（如荆棘柴捆等），做成栅状围栏。围栏以上的坡面可植草坪植物并配上木质的台阶，实现稳定性、安全性、生态性、景观性与亲水性的和谐统一。

藤条倒挂：采用硬质挡墙两侧的绿化来柔化，挡墙上侧绿地种植藤本或垂钓植物，从上侧遮挡硬质景墙；挡土墙下侧绿地（或水中），由于紧挨水体，种植耐湿或水生植物，从下侧遮挡硬质景墙，上、下结合基本能够减轻堤岸硬质感，选用植物以园林植物或当地野生植物为主，如蓝雪花、勒杜鹃、金银花、凌霄、地锦、美人蕉和南荻等。

种植槽护岸：利用透水材料在河岸坡面构筑长条形槽体，回填种植土而形成种植槽，并在种植槽内栽种各种植物的护岸形式。植物选择要依据种植槽位置高低与水体交换后的水位或土壤水分来确定。

阶梯式生态框式护岸：阶梯式生态框式护岸为框式结构，原材料采用模块化设计，标准化模具生产，工厂预制，现场组装，有很好的产品一致性。产品之间采用螺栓柔性连接，整体性好，抗变形性佳，安全系数高。制品内部回填碎石等材料，形成阶梯式挡土墙，亲水结构的设计便于水土交流，有利于生态循环。

在本次规划中，白屈港、黄山港、东横河、黄田港、老夏港等引水通航型河道护岸均已硬化，规划采用藤条倒挂方式对硬质驳岸进行改造，长度约8.474km；西横河、应天河局部为土质护坡，拟采用自嵌式植生型进行岸坡改造，长度约2.632km；对芦花沟河、长沟河、创新河、澄塞河、东城河、东转河、运粮河、东风河及龙泾河等已硬化的城市建设景观河道采用藤条倒挂和种植槽护岸进行改造，在其河岸两侧进行绿化种植，通过垂吊植物进行改造，河底外围则敷设花池，营造植被生长环境，改造长度约12.213km；对双人河、史家村河、葫桥中心河、红星河、江锋中心河、迎风河、朱家坝河、斜泾河、夹沟河、新泾河、计家湾河和工农河等农村河道，在清除河岸农田种植及建构筑侵占的基础上，建设生态缓坡护岸和木桩护岸，种植草本植物，长度约13.131km。

（2）河道缓冲带修复。

河道滨水缓冲带能充分发挥植被的生态拦截功能，通过土壤-植被系统消减进入水体的污染负荷。缓冲带宽度与河岸坡度、土壤类型、渗透性、稳定性、土地利用等多种因素有关，根据美国林务局（USDA－FS）制定的《河岸植被缓冲带区划标准》，在3区缓冲带中，第1个缓冲带宽度为4～5m，第2个为18m，第3个为6m；研究表明，缓冲带宽度在30m可防治水土流失及控制氮磷的流失，美国河岸缓冲带对沉积物的去除效率统计结果表明，基本型在宽度4m以上，去除率达到80%以上，草本型20m，去除率为40%～100%。

缓冲带模式分为全系列修复和半系列修复模式，全系列修复一般在滩地宽阔、平缓的地段，由乔草复合带、挺水植物带构成，采用小片条带状种植挺水植物带；半系列修复模式在河滨带滩地较窄、基质砾石、挺水植物带不适宜恢复的直立陡岸段，构建漂浮植物、沉水植物。

在本次规划中，为降低江阴城区河道沿岸农田种植及岸线硬质化对河流生境破坏，防止栖息地破碎化和边缘效应的发生，恢复河道横向连通性，需对河道缓冲带实施生态修复。规划对西横河、应天河局部及城郊排涝型河道实施滨水缓冲带修复，根据滨岸带宽度、地形特征因地制宜选择全系列修复或半系列修复模式，修复总长度为9.678km。

## 7.3.2 原位净化工程

（1）增氧曝气。

江阴城区河道有较多呈黑臭状态，其特点主要是氨氮和COD值较高，溶解氧含量较低，水生动植物大量死亡，水体发黑，伴有恶臭。直接应用挺水植物、沉水植物修复，植物存活率不高。黑臭水体形成的原因是好氧微生物在降解有机污染物时，消耗了水体中的氧，导致水体缺氧。随后，由于厌氧细菌的一系列代谢活动，致使水体变黑、发臭。

为改善水体黑臭状况，增加水体溶解氧含量，为水体自净创造有利条件，规划在南新河、普惠中心河、芦花沟河、长沟河等城区景观型河道中设置曝气增氧设备（图 7.3.2），其中，普惠中心河、南新河、芦花沟河、长沟河、创新河、龙泾河、北潮河及老应天河等黑臭河道拟采用微纳米曝气机，平均每间隔 200m 布置 1 台，共设置 45 台；秦泾河、澄塞河、东城河、运粮河、东转河、东风河等非黑臭景观河道拟结合河道景观需求采用扬水喷泉曝气，平均每千米设置 1 台，共 49 台。

图 7.3.2　景观喷泉（左）和微纳米曝气设备（右）示意图

（2）生态浮岛。

生态浮床为人工浮岛的一种，主要针对富营养化的水质，利用生态工学原理，降解水中的 COD、氮和磷的含量。生态浮岛以水生植物为主体，运用无土栽培技术原理，应用物种间共生关系，充分利用水体空间生态位和营养生态位，从而建立高效人工生态系统，用以削减水体中的污染负荷。

生态浮床能够利用植物的根系吸收水中的富营养化物质，例如总磷、氨氮、有机物等，使得水体的营养得到转移，大幅度提高水体透明度，同时改善水质指标，特减轻水体由于封闭或自循环不足带来的水体腥臭、富营养化现象，是一种兼顾水环境治理和水生态修复的技术。

本次规划在芦花沟河、澄塞河、东城河、北潮河、东转河、东风河、老应天河及运粮河等城市景观型河道布设新型强化生态浮床，共设置 8 处，总面积约 21800m²。

（3）生物载体。

生物载体融合了材料学、微生物学及水体生态学等学科原理，采用特殊材料，制成具有一定比表面积和负荷的载体，是目前以生态修复的方法从根本上解决水体净化问题的环保产品。生物载体利用生物绳、生态基、改性碳素纤维水草等载体类型为核心，提供微生物为生长、繁殖的空间，提高微生物群落的生物量和生物多样性，从而实现对污染物的快速分解。

本次规划在普惠中心河、南新河、芦花沟河、长沟河等城市景观型河道布设改性碳素纤维草，布设高度为 0.5～1.0m，共设置 5 处，总面积为 7400m²。

### 7.3.3 水生生物群落恢复

水生动植物如水生植物、底栖动物、虾类及鱼类，组成了水体物质循环和能量流动过程中完整的食物链，能够显著增强水体的自我净化能力。利用生态学基本原理以及水生生物的基础生物学特性，以人工和生物调控相结合的方式改善水体生态环境条件，通过引种移植、保护和生物操纵等技术措施，可以系统重建水生生物多样性。

（1）鱼类调控。

根据江阴城区鱼类调查结果，江阴城区河道内存在大量杂食性鱼类如鲤鱼、鲫鱼、泥鳅、黄颡鱼等，在摄食活动中对底泥的搅动大，促进底泥营养盐释放，降低水体水质。杂食性鱼类对水体浮游动物摄食压力大，使得浮游动物数量降低，对藻类的控制力差，水体藻类密度高，在水体营养盐高，夏季温度上升时，极易暴发水华。此外，在沉水植被恢复时，杂食性鱼类会牧食水草、搅动底泥抑制水草扎根，不利于后期沉水植被恢复。

为促进沉水植物群落构建，规划在生态修复工程实施前，通过人工驱赶、地笼、撒刺网、拖网等物理方法，将江阴城区河湖内鱼类清除，为沉水植被恢复提供基础环境，调控面积为 $7.4km^2$。

（2）沉水植物群落构建。

植被恢复是最普遍的河流修复方法。植被可以通过影响河流的流动、河岸抗冲刷强度、泥沙沉积、河床稳定性和河道形态而对河流产生很大影响。其中，沉水植物茎、叶能够促进水体中悬浮性小颗粒的沉淀、其根系对沟渠底部淤泥具有固着作用，是各种食草性水生生物的食物来源，也为底栖动物提供了必要的生存环境。同时，合理分布植被还有助于减轻洪水灾害、净化水体、截留来自农田的氮、磷以达到保护水质的目的，并可提供景观休闲场所和多种生态服务功能。

通常，草甸型沉水植物主要选择苦草属。苦草具有株型矮、根须发达等特点，对底泥有较强固定能力，有效抑制底泥再悬浮；通过根系分泌物改变根际理化环境，增强底泥对磷的吸附能力，降低水体富营养化风险。王立志等研究发现，当苦草的种植密度大于 $100$ 株/$m^2$ 时，水体搅动前后，水体磷含量无明显变化，能有效固定下层底泥，抑制营养盐释放。

冠层型沉水植物主要选择黑藻、眼子菜、狐尾藻等。在河湖沿岸带种植，能有效地去除地表径流、排口等来水带来的大量悬浮物，促进悬浮物快速沉降，保障水体较高透明度。黑藻是多年生沉水植物，生存范围广、适应能力强，是净化雨污水的理想植物，常在富营养化水体植被恢复工程中作为先锋物种。

在本次规划中，为构建江阴城区草型清水河道，拟在河道水生植物缺失带、富营养化河段、藻类大量繁殖等水生态系统失衡河段实施水生生物群落恢复工程。规划在普惠中心河、南新河、芦花沟河、长沟河等城市景观型河道及双人河、史家村河、葫桥中心河等城郊排涝型河道水深 $0\sim2m$ 范围内恢复沉水植物 34 处，总长度为 11.97km，面积为 $26400m^2$。其中，水深小于 $1.0m$ 区域，主要种植根须发达的矮型苦草，固定底泥污染物，防止植株长出水面，影响河道景观，在排口前端可种植少量黑藻、眼子菜等冠层型植株，促进排口水体中悬浮颗粒物沉降；水深为 $1\sim2m$ 的区域，主要配置冠层型植株，眼子菜、狐尾藻等，充分利用水体光能，确保植物高的成活率。

（3）水生动物恢复。

恢复河道水生动物，构建合理的食物网结构。食物网中各种生物之间的作用，主要依据生物操纵技术原理，通过合理放养凶猛肉食性鱼类操纵食浮游动物鱼类，借此促进滤食效率高的植食性大型浮游动物（枝角类）种群的发展，遏制藻类生物量，提高水体的透明度，达到改善水质的目标。此外，底层鱼类的活动可促进底泥中氮、磷向水体释放，也需要肉食性鱼类对其生物量进行控制。

食物网构建工程包括敞水食物网构建和底栖食物网构建。通过放养一定比例不同食性鱼类，对河道群落结构进行调控，提高河道水生态系统的稳定性（图7.3.3）。

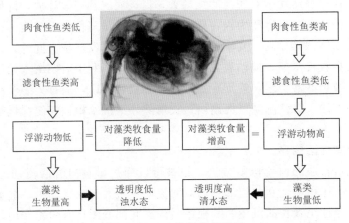

图 7.3.3　生物操纵原理图

江阴城区河道沉水植物种植完成初期，规划在双人河、史家村河、葫桥中心河等城郊排涝型河道中放养适量肉食性鱼类，如乌鳢、翘嘴鲌等，控制水体底栖杂食性鱼类繁殖，消除鱼类对底泥的搅动，确保沉水植物正常扎根生长；放养适量浮游动物，如枝角类，滤食水体浮游藻类，控制藻类生长繁殖；放养适量底栖动物背角无齿蚌、环棱螺等，滤食水体悬浮颗粒物，刮食沉水植物叶片上的附着藻类，使水体保持较高透明度，促进植物充分利用光能、快速生长。

当沉水植物生长稳定后，利用"鱼-草"平衡原理，规划放养适量草食性鱼类，如鳊鱼，控制水草茎叶生长速度，促进植物根须发展，增强对沉积物的固定能力（图7.3.4）。

（a）黑鱼　　　　　　　　　　　　　　（b）翘嘴鲌

图 7.3.4　主要肉食性鱼类示意图

## 7.4 工程规模及实施计划

水生态修复工程建设内容为：实施生态护岸建设，其中河道生态化改造 17 段，总长度为 23.319km，生态护岸建设 17 段，总长度为 13.131km；修复河道缓冲区 14 处，总长度为 9.687km；增设原位净化设施，其中增氧曝气设施 94 台，生态浮岛 21800m²，碳素纤维草 7400m²；恢复沉水植物群落 19 处，面积 26400m²，投放翘嘴鲌 2960kg，黑鱼 2960kg，鳊鱼 2220kg，浮游动物 185000L，背角无齿蚌 22200kg，环棱螺 37000kg（表 7.4.1）。

表 7.4.1 水生动物恢复工程量表

| 名　　称 | 投放量 | 投放密度及规格 |
|---|---|---|
| 翘嘴鲌 | 2960kg | 40g/100m²，50～500g/条 |
| 黑鱼 | 2960kg | 40g/100m²，50～500g/条 |
| 鳊鱼 | 2220kg | 30g/100m²，100～500g/条 |
| 浮游动物 | 185000L | 0.1～2.0mm，20 只/m²，800 只/L |
| 背角无齿蚌 | 22200kg | 3g/m²，50～200g/个 |
| 环棱螺 | 37000kg | 5g/m²，1～20g/个 |

近期主要实施河道护岸生态化改造和原位净化，对城区景观型河道及农村排涝型河道实施生态河道建设，长度为 20.148km，同时修复滨水缓冲带 8.898km，布设增氧曝气设施 94 台，生态浮岛 21800m²，碳素纤维草 7400m²，水生植物群落 19 处，面积 26400m²；远期实施引水通航型河道护岸改造、局部缓冲区修复及水生植物群落恢复工程，其中，引水通航型河道护岸改造 6 处，长度 6.952km，城郊排涝型河道护岸建设 7 段，长度 9.35km，河道缓冲区修复 1 处，长度 0.78km，投放翘嘴鲌 2960kg，黑鱼 2960kg，浮游动物 185000L，背角无齿蚌 22200kg，环棱螺 37000kg，待沉水植物完全存活后，投放鳊鱼 2220kg 控制植物生长（表 7.4.2）。

表 7.4.2 水生态修复工程措施一览表

| 序号 | 项目类型 | 建设项目名称 | 工程规模 | | |
|---|---|---|---|---|---|
| | | | 近期 | 远期 | 单位 |
| 1 | 生态护岸建设工程 | 白屈港护岸生态化改造工程 | | 1.632 | km |
| 2 | | 黄山港护岸生态化改造工程 | | 0.913 | km |
| 3 | | 东横河护岸生态化改造工程 | 4.154 | | km |
| 4 | | 黄田港护岸生态化改造工程 | | 0.762 | km |
| 5 | | 老夏港护岸生态化改造工程 | | 1.013 | km |
| 6 | | 西横河护岸生态化改造工程 | | 1.949 | km |
| 7 | | 应天河护岸生态化改造工程 | | 0.683 | km |
| 8 | | 芦花沟河护岸生态化改造工程 | 0.25 | | km |
| 9 | | 长沟河护岸生态化改造工程 | 0.195 | | km |

| 序号 | 项目类型 | 建设项目名称 | 工 程 规 模 | | |
|---|---|---|---|---|---|
| | | | 近期 | 远期 | 单位 |
| 10 | 生态护岸建设工程 | 团结河护岸生态化改造工程 | | 1.446 | km |
| 11 | | 创新河护岸生态化改造工程 | 0.872 | | km |
| 12 | | 澄塞河护岸生态化改造工程 | 2.545 | | km |
| 13 | | 东城河护岸生态化改造工程 | 1.385 | | km |
| 14 | | 东转河护岸生态化改造工程 | 1.06 | | km |
| 15 | | 运粮河护岸生态化改造工程 | 0.934 | | km |
| 16 | | 东风河护岸生态化改造工程 | 0.199 | | km |
| 17 | | 双人河生态护岸新建工程 | 0.891 | | km |
| 18 | | 史家村河生态护岸新建工程 | 0.744 | | km |
| 19 | | 葫桥中心河生态护岸新建工程 | 0.634 | | km |
| 20 | | 红星河生态护岸新建工程 | 0.785 | | km |
| 21 | | 江锋中心河生态护岸新建工程 | 0.581 | | km |
| 22 | | 迎风河护岸生态护岸新建工程 | 0.286 | | km |
| 23 | | 红光引水河护岸生态化改造工程 | | 0.756 | km |
| 24 | | 斜泾河生态护岸新建工程 | 0.213 | | km |
| 25 | | 南新河生态护岸新建工程 | 0.436 | | km |
| 26 | | 普惠中心河生态护岸新建工程 | 1.2 | | km |
| 27 | | 兴澄河生态护岸新建工程 | | 2.587 | km |
| 28 | | 北横河生态护岸新建工程 | 0.426 | | km |
| 29 | | 朱家坝河生态护岸新建工程 | 0.667 | | km |
| 30 | | 夹沟河生态护岸新建工程 | | 1.967 | km |
| 31 | | 新泾河生态护岸新建工程 | | 0.352 | km |
| 32 | | 计家湾生态护岸新建工程 | | 0.53 | km |
| 33 | | 工农河生态护岸新建工程 | | 1.712 | km |
| 34 | | 龙泾河护岸生态化改造工程 | 1.691 | | km |
| 35 | 河道缓冲带修复工程 | 西横河滨水缓冲带修复工程 | 1.949 | | km |
| 36 | | 应天河滨水缓冲带修复工程 | 0.683 | | km |
| 37 | | 双人河滨水缓冲带修复工程 | 0.91 | | km |
| 38 | | 史家村河滨水缓冲带修复工程 | 0.776 | | km |
| 39 | | 葫桥中心河滨水缓冲带修复工程 | 0.588 | | km |
| 40 | | 青山河滨水缓冲带修复工程 | 0.424 | | km |
| 41 | | 迎风河滨水缓冲带修复工程 | 0.295 | | km |
| 42 | | 红光引水河滨水缓冲带修复工程 | | 0.78 | km |
| 43 | | 红星河滨水缓冲带修复工程 | 0.776 | | km |

| 序号 | 项目类型 | 建设项目名称 | 工 程 规 模 | | |
|---|---|---|---|---|---|
| | | | 近期 | 远期 | 单位 |
| 44 | 河道缓冲带修复工程 | 朱家坝河滨水缓冲带修复工程 | 0.77 | | km |
| 45 | | 江锋中心河滨水缓冲带修复工程 | 0.319 | | km |
| 46 | | 斜泾河滨水缓冲带修复工程 | 0.2 | | km |
| 47 | | 老应浜滨水缓冲带修复工程 | 0.508 | | km |
| 48 | | 北横河滨水缓冲带修复工程 | 0.7 | | km |
| 49 | 曝气增氧工程 | 南新河微孔纳米设备布置 | 2 | | 台 |
| 50 | | 普惠中心河微孔纳米设备布置 | 5 | | 台 |
| 51 | | 芦花沟河微孔纳米设备布置 | 6 | | 台 |
| 52 | | 长沟河微孔纳米设备布置 | 1 | | 台 |
| 53 | | 创新河微孔纳米设备布置 | 5 | | 台 |
| 54 | | 龙泾河微孔纳米设备布置 | 8 | | 台 |
| 55 | | 北潮河微孔纳米设备布置 | 15 | | 台 |
| 56 | | 老应天河微孔纳米设备布置 | 3 | | 台 |
| 57 | | 秦泾河景观喷泉布置 | 2 | | 台 |
| 58 | | 澄塞河景观喷泉布置 | 10 | | 台 |
| 59 | | 东城河景观喷泉布置 | 8 | | 台 |
| 60 | | 运粮河景观喷泉布置 | 4 | | 台 |
| 61 | | 东转河景观喷泉布置 | 8 | | 台 |
| 62 | | 东风河景观喷泉布置 | 1 | | 台 |
| 63 | | 普惠中心河景观喷泉布置 | 3 | | 台 |
| 64 | | 北潮河景观喷泉布置 | 4 | | 台 |
| 65 | | 芦花沟河景观喷泉布置 | 8 | | 台 |
| 66 | | 老应天河景观喷泉布置 | 1 | | 台 |
| 67 | 生态浮岛工程 | 澄塞河生态浮岛布置 | 4800 | | m² |
| 68 | | 东城河生态浮岛布置 | 3200 | | m² |
| 69 | | 北潮河生态浮岛布置 | 4200 | | m² |
| 70 | | 东转河生态浮岛布置 | 2600 | | m² |
| 71 | | 东风河生态浮岛布置 | 200 | | m² |
| 72 | | 老应天河生态浮岛布置 | 1600 | | m² |
| 73 | | 芦花沟河生态浮岛布置 | 3000 | | m² |
| 74 | | 运粮河生态浮岛布置 | 2200 | | m² |
| 75 | 生物载体工程 | 南新河生物载体布置 | 1200 | | m² |
| 76 | | 普惠中心河生物载体布置 | 2400 | | m² |
| 77 | | 创新河生物载体布置 | 1500 | | m² |
| 78 | | 长沟河生物载体布置 | 100 | | m² |
| 79 | | 龙泾河生物载体布置 | 2200 | | m² |

续表

| 序号 | 项目类型 | 建设项目名称 | 工程规模 | | |
|---|---|---|---|---|---|
| | | | 近期 | 远期 | 单位 |
| 80 | 水生植物群落恢复工程 | 芦花沟河水生生物恢复工程 | 1200 | | m² |
| 81 | | 创新河水生生物恢复工程 | 3300 | | m² |
| 82 | | 澄塞河水生生物恢复工程 | 2500 | | m² |
| 83 | | 东城河水生生物恢复工程 | 1400 | | m² |
| 84 | | 龙泾河水生生物恢复工程 | 9000 | | m² |
| 85 | | 东转河水生生物恢复工程 | 1500 | | m² |
| 86 | | 东风河水生生物恢复工程 | 200 | | m² |
| 87 | | 运粮河水生生物恢复工程 | 1000 | | m² |
| 88 | | 双人河水生生物恢复工程 | 910 | | m² |
| 89 | | 史家村河水生生物恢复工程 | 780 | | m² |
| 90 | | 葫桥中心河水生生物恢复工程 | 930 | | m² |
| 91 | | 朱家坝河水生生物恢复工程 | 770 | | m² |
| 92 | | 江锋中心河水生生物恢复工程 | 320 | | m² |
| 93 | | 青山河水生生物恢复工程 | 420 | | m² |
| 94 | | 迎风河水生生物恢复工程 | 300 | | m² |
| 95 | | 红星河水生生物恢复工程 | 770 | | m² |
| 96 | | 斜泾河水生生物恢复工程 | 180 | | m² |
| 97 | | 老应浜水生生物恢复工程 | 220 | | m² |
| 98 | | 北横河水生生物恢复工程 | 700 | | m² |
| 99 | 水生动物群落恢复工程 | 老夏港水生动物群落投放工程 | | 9620 | kg |
| 100 | | 西横河水生动物群落投放工程 | | 9620 | kg |
| 101 | | 团结河水生动物群落投放工程 | | 9620 | kg |
| 102 | | 应天河水生动物群落投放工程 | | 9620 | kg |
| 103 | | 东横河水生动物群落投放工程 | | 9620 | kg |
| 104 | | 黄山港水生动物群落投放工程 | | 9620 | kg |
| 105 | | 澄塞河水生动物群落投放工程 | | 9620 | kg |

## 7.5　本章小结

　　本书以白屈港、黄山港、东横河、黄田港、西横河、应天河、老夏港等七条骨干河流为基础，通过加强水生态空间管控，实施岸线生态化改造，建设生态绿廊；以廊道支流为脉络，通过生态河道建设，滨水缓冲带修复及水生动植物群落恢复等措施体系，打造贯通全城的生态水网，形成"七廊多支"的水生态保护与修复布局。

第8章

# 水系布局及防洪排涝规划

## 8.1　引言

江阴城区河网纵横，但存在很多断头浜、死浜，水系脉络不健全，部分河道被填埋，部分河道改造为箱涵、管涵等，严重削弱了河道的行洪排涝和调蓄能力，致使骨干河道之间缺乏有效沟通，畅通性不佳。长江江港堤防存在抗风浪能力不足、标准偏低等问题，部分圩内水系布局不合理，干支河道不匹配，现有的防洪排涝体系难以满足城区防洪排涝的要求。因此，有必要全面分析水系现状及防洪排涝存在的问题及原因，根据各行业涉水工程对水系的要求，规划骨干河网总体布局，确定河道功能和等级；以骨干河道改造为重点，制定河道整治方案，提出水系治理要求；通过水文水利计算，确定各排涝片区的规模，结合规划水平下控制水位约束，确定各河道的最小尺寸规模；依据国家和地方相关法律法规，制定完善河道管理措施，确保水系布局的科学性与完整防洪排涝体系的构建。

## 8.2　水系布局规划

在摸清水系现状的基础上，综合考虑水安全、水资源、水环境等规划对水系的要求，提出水系布局方案，调整部分河道等级，确定河道控制宽及水循环方案。

骨干河道布局：在现状水系格局基础上，考虑水系的完整性、系统性、畅通性，提出由"三横三纵"市级河道及其他主要镇级河道组成骨干河道布局，提出河道拓浚、疏浚、连通、开挖、清障等水系治理措施。

规划河道规模：根据规划要求，从防洪、排涝、引水、排水、航运、河道水循环、河道生态和景观需水要求等方面综合考虑，确定骨干河网的规模、断面尺寸。一般情况下，区域性河道河底高程为 $0\sim0.5\text{m}$，河底宽度不小于 $10\text{m}$；市级河道河底高程为 $0\sim1.0\text{m}$，河底宽度不小于 $6\text{m}$；镇级河道河底高程为 $0\sim1.5\text{m}$，河底宽度不小于 $5\text{m}$。

水循环方案：为了保障江阴市城区河道水体的流畅，保护河湖生态环境，制定区域水循环路线，可以满足区域河湖水体生态要求，有效改善水功能区水环境质量。

河道等级：主要依据河道特征、河道规模、河道重要程度、传统河道分级等综合因素确定河道等级，将全市河道分为区域性河道、市级河道、镇级河道、村级河道四个级别。

河道功能：根据河道的自然特性和社会功能，河道现状和规划条件，骨干河道的功能分为行洪、排涝、航运、供水、景观、引水等六大功能，根据每条河道特点又分为主要功能和次要功能。

河道控制宽：依据相关法规，结合江阴市城市建设实际情况，在骨干河道两侧合理划定河道管理范围，区域性河道满足流域河道蓝线控制要求，市级及以下河道蓝线控制范围为背水坡堤脚外 5～10m，无堤防河道，以水域、滩地及河口两侧 5～10m 确定控制距离。

水面率控制：合理确定各镇（街道）现状水面率，要求在开发建设前后水面率基本保持动态平衡。

## 8.2.1　水系调整方案

本次水系调整区域位于花山以北，处于兴澄河、北潮河、夹沟河三河交汇处。该区域不仅位于新规划的江阴高铁站位置，同时也是新澄杨线、大桥南路、花山路等几条交通要道的汇集点。江阴高铁站位于新长铁路江阴站的西北侧，采用与既有江阴站并站的方案。新澄杨线和大桥南路是高铁枢纽"人"字形快速疏解的通道，它不仅承担着主城、高铁枢纽与副城方向的中长距离交通，也是沿线区域重要的集散通道。随着高铁站及道路的建设，周边水系受到不同程度的影响，为了支撑区域经济发展，在确保防洪安全的前提下，拟对兴澄河、北潮河、夹沟河进行调整。

江阴市主城区其他区域水系维持现状。

### 8.2.1.1　调整方案

（1）兴澄河。

根据《江阴市水系规划（2011—2030）》，兴澄河河道规模保持不变，但因为大桥南路高铁站段的实施，原河道花山路—新澄杨线之间将部分填埋，河道必须随之进行改道。

改道兴澄河位于大桥南路北侧，河口线距离道路红线 8m，河道口宽 30m，改道段河道长度约 292m。

（2）北潮河。

根据《江阴市水系规划（2011—2030）》，北潮河作为花山地区主要排洪河道之一，河道应保留，河道规模保持不变。但因高铁站的实施，部分段河道被轨道覆盖。此外大桥南路匝道也与部分段河道重合，北潮河河道应进行局部调整。

涉及调整段北潮河范围是新长铁路—兴澄河段，长度为 685m，其中高铁站区域段采用两孔桥涵形式（5m×8m），长度为 306m，南北两侧的站外段采用明河形式（河宽 18～30m）。

（3）夹沟河。

夹沟河作为花山北排山洪的第二通道，根据调整后北潮河和兴澄河相连通，对新长铁路以西段进行调整，涉及调整长度为 297m。此外，为了增加区域的水面积，平衡开挖和回填土方量，在夹沟河与北潮河交汇处做大水面的水景观。

#### 8.2.1.2　调整方案影响分析

经计算，兴澄河、北潮河、夹沟河涉及调整段河道现状水面积为 2.89 万 m²，调整后扣除箱涵段，三河水面积总和为 2.98 万 m²，比现状水面积有所增加，可满足水面积平衡要求，基本不会对防洪排涝产生影响。

### 8.2.2　水系功能定位

结合江阴市城区防洪除涝规划（2017）、江阴市蓝线规划（2014—2030），将江阴城区河道划分为一级河道、二级河道、三级河道和四级河道。一级河道为具有区域性引排水功能的河道，有锡澄运河和白屈港；二级河道共 6 条，为构成市域河网的骨架的主要河道，承担着全市水系的主要的引排、水量调度和航运任务，有老夏港河、西横河、东横河和应天河等；三级河道共 34 条，为影响一个排水片范围的河道，沟通骨干河道的次要河道，包括团结河、普惠中心河、工农河、兴澄河、北潮河、东城河、运粮河、澄塞河、夹沟河、龙泾河、红光引水河、东转河等；四级河道共 11 条，为沟通一个排水片内部水系的河道，仅承担滞涝、生态、景观等功能，包括江锋中心河、老应浜、迎风河等。在河道等级划分的基础上，进行河道功能定位，见表 8.2.1，为依法管理河道提供依据。

表 8.2.1　　　　　　　　　　江阴市城区河道功能定位

| 编号 | 河名 | 河道等级 | 河　道　功　能 |
|:---:|:---:|:---:|:---:|
| 1 | 锡澄运河 | 一 | 行洪、排涝、用水、引水、景观 |
| 2 | 老夏港河 | 二 | 行洪、排水、引水、通航 |
| 3 | 北横河 | 三 | 行洪、排水、引水、景观 |
| 4 | 规划北横河 | 二 | 行洪、排水、引水、景观 |
| 5 | 西横河 | 二 | 行洪、排水、引水、通航、景观 |
| 6 | 史家村河 | 三 | 行洪、排水、引水、景观 |
| 7 | 南新河 | 三 | 行洪、排水、引水、景观 |
| 8 | 普惠中心河 | 三 | 行洪、排水、引水、景观 |
| 9 | 芦花沟河 | 三 | 行洪、排水、引水、景观 |
| 10 | 江锋中心河 | 四 | 滞涝、生态、景观 |
| 11 | 双人河 | 三 | 行洪、排水、引水、景观 |
| 12 | 青山河 | 三 | 行洪、排水、引水、景观 |
| 13 | 长沟河 | 三 | 行洪、排水、引水、景观 |
| 14 | 团结河 | 三 | 行洪、排水、引水、景观 |
| 15 | 葫桥中心河 | 三 | 行洪、排水、引水、景观 |
| 16 | 朱家坝河 | 三 | 行洪、排水、引水、景观 |
| 17 | 迎丰河 | 四 | 滞涝、生态、景观 |
| 18 | 红光引水河 | 三 | 行洪、排水、引水、景观 |
| 19 | 朝阳河 | 四 | 滞涝、生态、景观 |
| 20 | 迎风河 | 四 | 滞涝、生态、景观 |

| 编号 | 河名 | 河道等级 | 河道功能 |
| --- | --- | --- | --- |
| 21 | 白屈港 | 一 | 行洪、排涝、用水、引水、航运、景观 |
| 22 | 黄山港 | 二 | 行洪、排水、引水、景观 |
| 23 | 东横河 | 二 | 行洪、排水、引水、通航、景观 |
| 24 | 创新河 | 三 | 行洪、排水、引水、景观 |
| 25 | 老鲥鱼港 | 三 | 行洪、排水、引水、景观 |
| 26 | 秦泾河 | 三 | 行洪、排水、引水、景观 |
| 27 | 双牌河 | 三 | 行洪、排水、引水、景观 |
| 28 | 黄田港 | 三 | 行洪、排水、引水、通航、景观 |
| 29 | 应天河 | 二 | 行洪、排水、引水、通航、景观 |
| 30 | 澄塞河 | 三 | 行洪、排水、引水、景观 |
| 31 | 东城河 | 三 | 行洪、排水、引水、景观 |
| 32 | 龙泾河 | 三 | 行洪、排水、引水、景观 |
| 33 | 绮山中心河 | 三 | 行洪、排水、引水、景观 |
| 34 | 运粮河 | 三 | 行洪、排水、引水、景观 |
| 35 | 东转河 | 三 | 行洪、排水、引水、景观 |
| 36 | 东风河 | 四 | 滞涝、生态、景观 |
| 37 | 祁山中心河 | 三 | 行洪、排水、引水、景观 |
| 38 | 璜大中心河 | 四 | 滞涝、生态、景观 |
| 39 | 采矿河 | 四 | 滞涝、生态、景观 |
| 40 | 工农河 | 三 | 行洪、排水、引水、景观 |
| 41 | 北潮河 | 三 | 行洪、排水、引水、景观 |
| 42 | 皮弄中心河 | 三 | 行洪、排水、引水、景观 |
| 43 | 兴澄河 | 三 | 行洪、排水、引水、景观 |
| 44 | 夹沟河 | 三 | 行洪、排水、引水、景观 |
| 45 | 计家湾河 | 三 | 行洪、排水、引水、景观 |
| 46 | 红星河 | 三 | 行洪、排水、引水、景观 |
| 47 | 新丰河 | 四 | 滞涝、生态、景观 |
| 48 | 斜泾河 | 三 | 行洪、排水、引水、景观 |
| 49 | 老应浜 | 四 | 滞涝、生态、景观 |
| 50 | 新泾河 | 四 | 滞涝、生态、景观 |
| 51 | 火叉浜 | 四 | 滞涝、生态、景观 |
| 52 | 老应天河 | 三 | 行洪、排水、引水、景观 |
| 53 | 立新中心河 | 三 | 行洪、排水、引水、景观 |

### 8.2.3 河道蓝线管理及河网水面率

江阴市蓝线划定对象主要是城镇规划用地范围内的规划地表水体，包括河道和湖泊两大类。河道涉及流域性河道和区域性河道全部，主要河道53条，以及一些在原有河道上开挖、在地区河网中起沟通作用的现状河荡。湖泊蓝线划定对象主要是绮山水源水库。

河口线控制标准：区域性河道河底宽度不小于15m，边坡系数一般按照1：2.5考虑；主要河道河底宽度不小于10m，边坡系数一般按照1：2.5考虑；次要河道河底宽度不小于5m，边坡系数一般按照1：2.0考虑；支河（沟渠）河底宽度不小于3m，边坡系数一般按照1：2.0考虑。

保护线控制标准：流域性河道即长江，其保护线以长江防洪堤背水坡堤脚外15m划定；区域性河道以河口线外两侧各15m划定保护界线。

主要河道以河口线外两侧各10m划定保护界线；次要河道以河口线外两侧各5m划定保护界线；支河（沟渠）以河口线外两侧各5m划定保护界线；水源水库以湖岸堤防为参照，背水坡堤脚外50m；湿地规划岸线基础上外延8m为保护界线。涉及防洪圩堤的河段，两侧保护宽度以背水坡堤脚线起算。河道蓝线控制范围见表8.2.2。

目前，规划范围内水面面积约为7.4km² （不含长江），水面率为9.6%，规划水面率保持动态平衡，以保持水乡特色和满足片区防洪排涝及水景观需求。

表8.2.2　　　　　　　　　　　　　河道蓝线控制范围

| 编号 | 河名 | 河道等级 | 蓝线控制范围/m | 边坡 |
|------|------|----------|----------------|------|
| 1 | 锡澄运河 | 一 | 15×2 | 1：2.5 |
| 2 | 老夏港河 | 二 | 10×2 | 1：2.5 |
| 3 | 北横河 | 三 | 5×2 | 1：2.0 |
| 4 | 规划北横河 | 二 | 10×2 | 1：2.5 |
| 5 | 西横河 | 二 | 10×2 | 1：2.5 |
| 6 | 史家村河 | 三 | 5×2 | 1：2.0 |
| 7 | 南新河 | 三 | 5×2 | 1：2.0 |
| 8 | 普惠中心河 | 三 | 5×2 | 1：2.0 |
| 9 | 芦花沟河 | 三 | 5×2 | 1：2.0 |
| 10 | 江锋中心河 | 四 | 5×2 | 1：2.0 |
| 11 | 双人河 | 三 | 5×2 | 1：2.0 |
| 12 | 青山河 | 三 | 5×2 | 1：2.0 |
| 13 | 长沟河 | 三 | 5×2 | 1：2.0 |
| 14 | 团结河 | 三 | 5×2 | 1：2.0 |
| 15 | 葫桥中心河 | 三 | 5×2 | 1：2.0 |
| 16 | 朱家坝河 | 三 | 5×2 | 1：2.0 |
| 17 | 迎丰河 | 四 | 5×2 | 1：2.0 |
| 18 | 红光引水河 | 三 | 5×2 | 1：2.0 |

续表

| 编号 | 河　名 | 河道等级 | 蓝线控制范围/m | 边　坡 |
|---|---|---|---|---|
| 19 | 朝阳河 | 四 | 5×2 | 1：2.0 |
| 20 | 迎风河 | 四 | 5×2 | 1：2.0 |
| 21 | 白屈港 | 一 | 15×2 | 1：2.5 |
| 22 | 黄山港 | 二 | 10×2 | 1：2.5 |
| 23 | 东横河 | 二 | 10×2 | 1：2.5 |
| 24 | 创新河 | 三 | 5×2 | 1：2.0 |
| 25 | 老鲫鱼港 | 三 | 5×2 | 1：2.0 |
| 26 | 秦泾河 | 三 | 5×2 | 1：2.0 |
| 27 | 双牌河 | 三 | 5×2 | 1：2.0 |
| 28 | 黄田港 | 二 | 10×2 | 1：2.5 |
| 29 | 应天河 | 二 | 10×2 | 1：2.5 |
| 30 | 澄塞河 | 三 | 5×2 | 1：2.0 |
| 31 | 东城河 | 三 | 5×2 | 1：2.0 |
| 32 | 龙泾河 | 三 | 5×2 | 1：2.0 |
| 33 | 绮山中心河 | 三 | 5×2 | 1：2.0 |
| 34 | 运粮河 | 三 | 5×2 | 1：2.0 |
| 35 | 东转河 | 三 | 5×2 | 1：2.0 |
| 36 | 东风河 | 四 | 5×2 | 1：2.0 |
| 37 | 祁山中心河 | 三 | 5×2 | 1：2.0 |
| 38 | 璜大中心河 | 四 | 5×2 | 1：2.0 |
| 39 | 采矿河 | 四 | 5×2 | 1：2.0 |
| 40 | 工农河 | 三 | 5×2 | 1：2.0 |
| 41 | 北潮河 | 三 | 5×2 | 1：2.0 |
| 42 | 皮弄中心河 | 三 | 5×2 | 1：2.0 |
| 43 | 兴澄河 | 三 | 5×2 | 1：2.0 |
| 44 | 夹沟河 | 三 | 5×2 | 1：2.0 |
| 45 | 计家湾河 | 三 | 5×2 | 1：2.0 |
| 46 | 红星河 | 三 | 5×2 | 1：2.0 |
| 47 | 新丰河 | 四 | 5×2 | 1：2.0 |
| 48 | 斜泾河 | 三 | 5×2 | 1：2.0 |
| 49 | 老应浜 | 四 | 5×2 | 1：2.0 |
| 50 | 新泾河 | 四 | 5×2 | 1：2.0 |
| 51 | 火叉浜 | 四 | 5×2 | 1：2.0 |
| 52 | 老应天河 | 三 | 5×2 | 1：2.0 |
| 53 | 立新中心河 | 三 | 5×2 | 1：2.0 |

## 8.3 防洪系统规划

### 8.3.1 防洪标准

2018 年，江阴现状全市常住人口 165.18 万人，中心城区常住人口已突破 100 万人。2030 年，江阴市城市总体规划中心城区人口 202 万人，市域人口 310 万人。根据《国务院关于调整城市规模划分标准的通知》（国发〔2014〕51 号），以城区常住人口为统计口径，将城市划分为五类七档，其中城区常住人口 100 万以上 500 万以下的城市为大城市。按照此标准，江阴已属于大城市，依据相关规范，确定江阴市中心城区及沿长江地区防洪标准为近期 2021 年为 100 年一遇，远期 2030 年达到 200 年一遇。

### 8.3.2 防洪分区

根据《江阴市城区防洪除涝规划（2017）》，江阴市划分为澄西区、中心城区、西南低片、东南高片 4 个防洪分区。其中中心城区西至泰常高速公路，南至规划江阴大道（西段）—京沪高速公路—常合高速公路（东段），东至新桥西边界，北至江阴市界所围合的范围，总面积为 421.83km²，规划近期抵御 100 年一遇洪水，远期抵御 200 年一遇洪水。江阴城区位于中心城区，以澄江街道为主。

### 8.3.3 防洪工程规划

江苏省长江堤防能力提升工程的建设任务是在已实施的江堤达标建设基础上，按照规划确定的防洪标准，对主江堤、港堤、洲堤堤防及穿堤建筑物进行加固、消险；结合城镇开发进行生态建设和环境整治；畅通防汛道路、完善安全监测设施；明确管理、保护范围和管理职责，全面提升长江堤防防御洪潮能力和管理水平。

结合江阴市实际情况及相关规范和指导意见要求，本次江堤能力提升工程确定江阴市长江堤防按 100 年一遇水位提标，主江堤超高 2m，港堤超高 1.5m，顶宽不小于 6m。拟达标整治江堤 11.4km，港堤 5.26km。

## 8.4 排涝系统规划

### 8.4.1 排涝标准

根据江阴市城市规模和相关规范，确定江阴市中心城区排涝标准为近期（至 2020 年）20 年一遇 24h 暴雨 24h 排至控制高程，远期（至 2030 年）30 年一遇 24h 暴雨 24h 排至控制高程；排水标准为中心城区新建雨水管渠设计重现期采用 2～5 年，非中心城区采用 2～3 年；中心城区重要地区采用 5～10 年，中心城区地下通道和下沉式广场等采用 20～30 年。

### 8.4.2 排涝分区

根据规划区骨干河网格局及涝水汇集的范围，以锡澄运河、西横河、东横河、应天河为界分成 5 个排水分区，如图 8.4.1 所示。

　　排水Ⅰ区位于锡澄运河以西、西横河以北，面积约为 14.92km²，该区河网密度较低，北横河（规划）、普惠中心河—芦花沟河（计划沟通）为该区骨干排水河道；排水Ⅱ区位于锡澄运河以西、西横河以南，面积约为 6.68km²，该区涝水难以自流排除，需通过泵站控制内河水位；排水Ⅲ区位于锡澄运河以东、东横河以北，面积约为 19.17km²，该区涝水自流排除，黄山港为骨干排水河道；排水Ⅳ区位于锡澄运河以东、东横河以南、应天河以北，面积约为 21.20km²，东城河、东转河、运粮河、澄塞河—龙泾河（计划沟通）为该区骨干排水河道；排水Ⅴ区位于锡澄运河以西、应天河以南，面积约为 14.98km²，该区涝水难以自流排除，需通过泵站排除涝水。

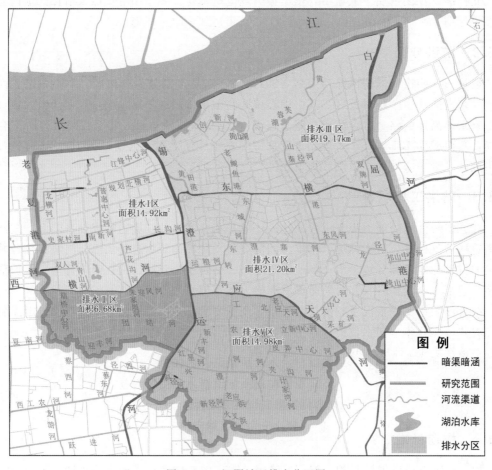

图 8.4.1　江阴城区排水分区图

## 8.4.3　圩区排涝规划

### 8.4.3.1　排涝计算方法

　　采用平均排涝模数法对圩区外排泵站规模进行复核，初步确定规划年排涝能力满足的程度。按逐小时排除法计算排涝（抽排）模数，设计流量计算公式为

$$Q = qA \tag{8.1}$$

$$q \geqslant \frac{P_1 \Psi A + P_2 \Psi A + P_3 \Psi A + \cdots + P_i \Psi A - hA_\omega}{3.6iA} \tag{8.2}$$

式中　　$Q$——雨水设计流量，$\mathrm{m^3/s}$；

　　　　$q$——设计排涝（抽排）模数，$\mathrm{m^3/(s \cdot km^2)}$；

$P_1$、$P_2$、$P_i$——连续出现径流量大于抽排量的各时段暴雨量，mm；

　　　　$\Psi$——长历时径流系数；

　　　　$i$——连续出现暴雨量大于抽排量的时段数；

　　　　$A$——排涝区面积，$\mathrm{km^2}$；

　　　　$A_\omega$——排涝区内可利用的调蓄水体面积，$\mathrm{km^2}$；

　　　　$h$——排涝区内可利用的调蓄水体水深，mm。

设计流量计算采用试算法，先假定 $q$ 值，判断连续出现 $P_i \Psi A > 3.6qA$ 时段数，将这些时段的净雨量代入［式（8.2）］，得出 $q$ 值，如大于假定 $q$ 值，则提高 $q$ 值再进行计算，直到计算 $q$ 值等于假定 $q$ 值，则此 $q$ 值即为设计排涝（抽排）模数。

#### 8.4.3.2　圩区排涝能力复核

排涝计算主要是复核河道过流能力和泵站排洪能力。根据各圩区排涝标准及汇流域内主要河道的来流过程，采用远期 30 年一遇的暴雨水文计算出的汇流过程。

（1）控制运用水位。

江阴城区现有江锋圩、团结圩、千亩圩、谢园圩 4 个圩区，本次规划新建工农圩，均按城镇排涝要求进行调蓄计算。各圩区控制水位见表 8.4.1。

表 8.4.1　　　　　　　　　　江阴城区圩区特征水位统计表

| 序号 | 名称 | 面积/km² | 平均高程/m | 常水位/m | 控制水位/m |
|------|------|---------|-----------|---------|-----------|
| 1 | 江锋圩 | 1.21 | 4.5 | 3.5 | 4.0 |
| 2 | 团结圩 | 3.07 | 5.0 | 4.0 | 4.5 |
| 3 | 千亩圩 | 0.50 | 4.6 | 3.8 | 4.2 |
| 4 | 谢园圩 | 1.52 | 4.2 | 3.4 | 3.8 |
| 5 | 工农圩 | 2.50 | 4.6 | 3.8 | 4.2 |

（2）排涝能力复核。

采用平均排涝模数法对设计排涝标准下各圩区规划水平年排涝能力进行复核，结果详见表 8.4.2。

#### 8.4.3.3　圩区规划

江锋圩面积约为 1.21km²，平均地面高程为 4.5m，规划水面率为 6%，现有港口排涝站（1.1m³/s）、江海排涝站（0.22m³/s）、黄田港排涝站（1.35m³/s）和望江公园排涝站（0.9m³/s）4 座排涝站，主要通过雨水管网将涝水汇集，由泵站排入锡澄运河，总排涝流量为 3.57m³/s，基本满足现状排涝设计标准的要求，规划至水平年打通北横河，增设 1.5m³/s 排涝泵站排水。

表 8.4.2　　　　　　　　　　　　　江阴城区圩区排涝能力复核

| 圩区名称 | 规划水面率/% | 调蓄水深/m | 现有排涝流量/(m³/s) | 排涝流量/(m³/s) | 需新增排涝流量/(m³/s) |
|---|---|---|---|---|---|
| 江锋圩 | 6 | 0.5 | 3.57 | 5.12 | 1.55 |
| 团结圩 | 7 | 0.5 | 9.11 | 11.56 | 2.45 |
| 千亩圩 | 6 | 0.5 | 1.05 | 2.11 | 1.06 |
| 谢园圩 | 6 | 0.5 | 2.00 | 6.43 | 4.43 |
| 工农圩 | 6 | 0.5 | 7.65 | 10.57 | 2.92 |

团结圩面积约为 1.21km²，平均地面高程为 5.2m，规划水面率为 7%，现有红光排涝站（3.5m³/s）、璜塘上排涝站（0.75m³/s）、陈家村排涝站（0.45m³/s）和团结河排涝站（4.41m³/s）4 座排涝站，涝水排入西横锡澄运河，总排涝流量为 9.11m³/s。本次规划将朱家坝河向南延伸 7km，与团结河相接，拓浚整治迎风河、朱家坝河、红光河、迎丰河、团结河等圩内骨干河道，并扩建璜塘上排涝站（5.0m³/s）。建议将圩内迎风河以北目前排向西横河的雨水管网调整排向迎风河和朱家坝河。

千亩圩占地面积约为 0.5km²，平均地面高程为 4.6m，规划水面率为 6%，现有谢北排涝站（1.0m³/s），涝水排入锡澄运河，不能满足圩区排涝要求。本次规划在疏浚整治红星河基础上，扩建红星排涝站（2.0m³/s）。

谢园圩面积约为 1.52km²，平均地面高程为 4.2m，规划水面率为 6%，现有红星排涝站（2.0m³/s），涝水排入兴澄河，泵站规模不能满足圩区排涝要求。本次规划在疏浚整治斜泾河基础上，扩建谢园排涝站（6.5m³/s）。

在工农河入应天河和兴澄河河口处现已分别建有工农河南排涝站（6.0m³/s）和工农排涝站（1.65m³/s），总排涝流量为 7.65m³/s。本次规划在区域内增设工农圩，面积约为 2.02km²，规划水面率为 6%，扩建工农排涝站（4m³/s），并将圩内目前排向应天河和兴澄河的雨水管网调整排向工农河，以避免外河高水位顶托造成排水困难，而工农河水位可通过两端的排涝泵站加以控制（表 8.4.3）。

表 8.4.3　　　　　　　　　　建 筑 物 汇 总 表

| 序号 | 建筑物名称 | 所在河道 | 工程性质 | 建设规模 $Q$/(m³/s) |
|---|---|---|---|---|
| 1 | 葫桥排涝站 | 葫桥中心河 | 扩建 | 5 |
| 2 | 璜塘上排涝站 | 朱家坝河 | 扩建 | 5 |
| 3 | 工农排涝站 | 工农河 | 扩建 | 4 |
| 4 | 红星排涝站 | 红星河 | 扩建 | 2 |
| 5 | 谢园排涝站 | 斜泾河 | 扩建 | 6 |
| 6 | 澄南排涝站 | | 新建 | 10 |
| 7 | 花鸟市场排涝站 | | 扩建 | 5 |

## 8.4.4　分区排涝规划

江阴城区以锡澄运河、白屈港为主要引排水河道，辅以老夏港河和黄山港两条通江河道，横向河流大都由锡澄运河引出，包括北横河、西横河、东横河、应天河等四条主要河道，以及普惠中心河、芦花沟河、团结河、新河、澄塞河、兴澄河、工农河等次要河道。由于主城是城市化快速推进地区，城市建设早期对河道保护缺乏重视，导致芙蓉大道以北地区水网密度较低，对该区排水有较大影响，规划加强水系沟通、河道疏浚，同时通过改造部分雨水管网，提高管道建设标准，弥补河网密度低的问题，提升区域排涝能力。

（1）排水Ⅰ区。

通过骨干河道综合整治，沟通连接普惠中心河、街后河和芦花沟河，注重锡澄运河、西横河、北横河、老夏港河等主要河道的沟通，提升地区排涝能力；健全片区内雨水管网布局，提高管道建设标准，雨水管网改造时建议优先对图8.4.2中所示的骨干管网实施改造，并适当增大管径；对于地面高程低于5.5m的地区建议抬高路面工建设用地高程。骨干河道的综合整治增加了片区内部的雨水调蓄能力，缩短了雨水管网的延伸长度及雨水排除时间。

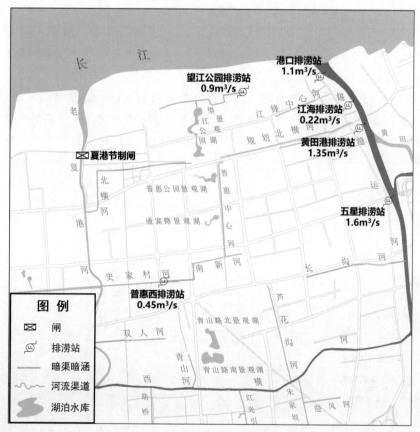

图 8.4.2　排水Ⅰ区排涝工程布局图

（2）排水Ⅱ区。

葫桥村中心河控制的排水范围约为 1.33km²，径流系数为 0.7，排涝流量应达到 4.9m³/s，因此规划扩建葫桥排涝站（5.0m³/s）。该区排涝工程布局如图8.4.3所示。

图 8.4.3 排水Ⅱ区排涝工程布局图

（3）排水Ⅲ区。

通过拓浚黄山港，增加其排水能力；结合《江阴市主城区、高新区雨水规划》，健全片区内雨水管网布局，提高管道建设标准；对骨干管道实施改造，并适当增大管径，增加向东横河的排涝能力，减轻黄山港的排水压力。该区排涝工程布局如图 8.4.4 所示。

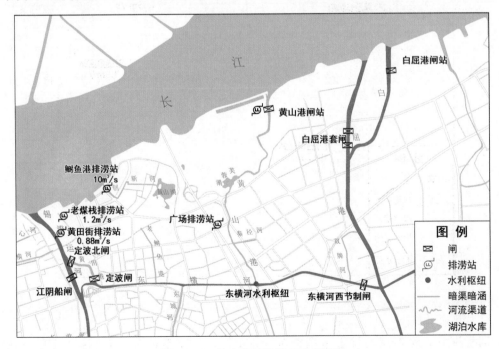

图 8.4.4 排水Ⅲ区排涝工程布局图

（4）排水Ⅳ区。

通过沟通、疏浚骨干河道，主要是将澄塞河东延，与龙泾河连接，恢复澄塞河水系，提升地区排涝能力；健全片区内雨水管网布局，提高管道建设标准；考虑到该区为建成区，没有抬高地面高程的条件，规划对易涝区采取单设排水片，新建澄南排涝站（10m³/s），扩建花鸟市场排涝站（5m³/s）。该区排涝工程布局如图8.4.5所示。

（5）排水Ⅴ区。

该区位于锡澄运河以西、应天河以南，除北潮河两侧地面高程在5.0m以上，其他区域地势较低，地面高程大多在5.0m以下，涝水难以自流排除，需通过泵站排除涝水。该区建有千亩圩、谢园圩和工农圩，排涝工程布局如图8.4.5所示。

图8.4.5 排水Ⅳ区、Ⅴ区排涝工程布局图

## 8.5 工程规模及实施计划

规划实施皮弄村计家湾排涝工程：清淤整治夹沟河约为680m、计家湾河道约为

590m；沿花山脚下疏浚截洪沟总长为1.37km，结构断面形式为浆砌石及砖砌明沟，疏浚浆砌石明沟长为1200m，疏浚砖砌明沟长为170m；拆除北潮河滚水坝，新建3座箱涵；计家湾河北侧新建泵站1座。规划实施河道疏浚整治工程中土方工程为195万m³。规划新建澄南排涝站（10m³/s），扩建葫桥排涝站、璜塘上排涝站、工农排涝站、红星排涝站、谢园排涝站、花鸟市场排涝站6座排涝泵站，规模为27m³/s。

根据水系布局及防洪排涝布局统计，所有规划工程均为远期建设。水系布局及防洪排涝工程实施计划见表8.5.1。

表8.5.1 水系布局及防洪排涝实施计划表

| 序号 | 项目类型 | 建 设 内 容 | 工程规模 | | 实施期限 |
| --- | --- | --- | --- | --- | --- |
| | | | 数量 | 单位 | |
| 1 | 防洪排涝工程 | 皮弄村计家湾排涝工程：规划清淤整治夹沟河约680m；清淤整治计家湾河道约590m；沿花山脚下疏浚截洪沟，截洪沟总长1.37km，疏浚浆砌石明沟长1200m，疏浚砖砌明沟长为170m；拆除北潮河滚水坝；新建3座箱涵；计家湾河北侧新建泵站1座 | 1 | 项 | 远期 |
| 2 | 河道疏浚 | 城区主要河道疏浚 | 195 | 万m³ | 远期 |
| 3 | 排涝泵站工程 | 新建澄南排涝站 | 10 | m³/s | 远期 |
| | | 扩建葫桥排涝站、璜塘上排涝站、工农排涝站、谢北排涝站、谢园排涝站、澄南排涝站、花鸟市场排涝站 | 27 | m³/s | 远期 |

## 8.6 本章小结

城市水系是防洪排涝体系的重要组成部分，通过优化水系布局和完善防洪排涝工程建设是确保城市生产生活安全和构建健康城市水系统的有效途径。水系连通受阻、地面径流不合理、堤防建设不达标、排水系统老化以及防洪排水规划不完善等因素是导致城市洪涝灾害的主要诱发因素。现阶段江阴城区水系割裂严重、防洪排涝设施老化、关键节点缺少闸站工程控制，致使城区防洪排涝体系不健全，难以满足的城市发展所需的防洪排涝要求。

本章在分析江阴城区防洪排涝现状问题及主要原因的基础上，基于水系功能定位，提出了通过河道综合整治完善河网水系布局的骨干河道改造方案；根据江阴城区防洪标准和分区，提出了将江堤防洪能力提升至100年一遇的堤防达标建设方案；并基于排涝分区进行排涝计算，确定各综合整治河道的设计参数及排涝工程设计规模，以指导江阴市城区水系布局与防洪排涝工程的实施，为构建健康完善的防洪排涝体系、保障城市水安全提供参考。

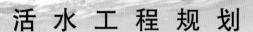

# 第 9 章

# 活 水 工 程 规 划

## 9.1 引言

　　江阴市城区河网属于武澄锡低片水系，水动力不足，而且由于城市高速发展，城区内出现了许多断头浜，河网水系分割严重，水环境容量不足，现状多处河道为黑臭水体，仅依靠截污、清淤等水环境治理工程，并不能从根本上改变城区水环境现状。

　　江阴市城区同长江具有良好的水系联系条件，为保证城区河网水系水质能够维持目标水质要求，有必要沟通城区水系，充分利用长江水源及城区内现有闸泵工程，调活水体，改善水动力，提高水体复氧能力与自净能力，进而加快水体污染物的降解速度，增加河道的水环境容量。

## 9.2 活水条件分析

### 9.2.1 水源条件

　　长江江阴段在三峡工程蓄水后多年平均径流量为 8148 亿 $m^3$，有足够的可供水量；水质总体评价为 Ⅱ 类，水质优良，可作为江阴市城区的主要活水水源。长江水引入城区后流经白屈港、黄山港、锡澄运河、东横河、西横河、应天河等骨干河道及黄山湖，可作为其相邻河道的活水水源。

　　此外，澄西污水处理厂尾水规划于 2020 年完成尾水提标工作（准 Ⅳ 类），水量为 3.5 万 $m^3/d$。为了促进水资源的高效利用，远期可利用澄西污水处理厂尾水进入望江公园景观湖净化后作为辅助水源补水。

　　江阴市城区活水水源分布如图 9.2.1 所示。

### 9.2.2 工程条件分析

　　江阴市城区水网主要为"三横三纵"连接，有老夏港、锡澄运河、白屈港三条通江河

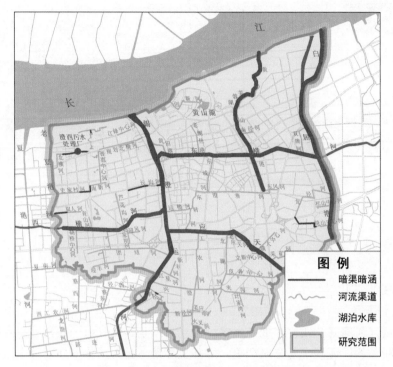

图 9.2.1 江阴市城区活水水源分布图

道，横向依靠西横河、东横河、应天河联系，河渠重要节点均布置有闸站，可作为活水工程的重要支撑条件。通过直接利用、合理新建或改建闸门、泵站，可以实现活水工程调度。

（1）排水 I 区活水工程条件。

排水 I 区仅布设了望江公园排涝站与夏港节制闸，如图 9.2.2 所示。

（2）排水 II 区活水工程条件。

排水 II 区布设了葫桥排涝站、红光排涝站、璜塘上排涝站、甲介里排涝站、团结河排涝站、朱家坝节制闸等闸站，如图 9.2.3 所示。

（3）排水 III 区活水工程条件。

排水 III 区布设了白屈港闸站、白屈港套闸、黄山港闸站、东横河水利枢纽、东横河西节制闸、定波北闸、定波闸、江阴船闸、黄山湖挡水坝、鲥鱼港排涝站等闸站，如图 9.2.4 所示。

（4）排水 IV 区活水工程条件。

排水 IV 区仅布设了龙泾河排涝站和龙泾河节制闸，如图 9.2.5 所示。

（5）排水 V 区活水工程条件。

排水 V 区布设了应天河控制闸、兴澄河节制闸、北潮河滚水坝、沿河村排涝站、谢园排涝站、工农河南排涝站、瑞风苑排涝站、工农排涝站、红星排涝站等闸站，如图 9.2.6 所示。

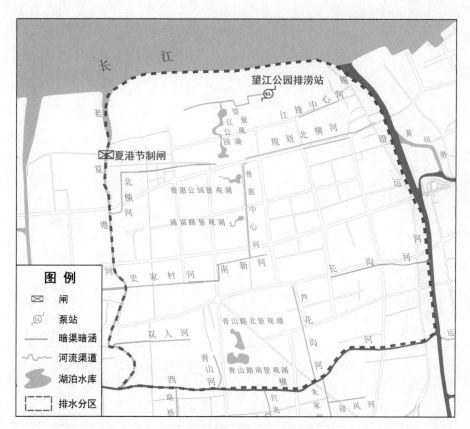

图 9.2.2 排水 I 区活水工程条件图

图 9.2.3 排水 II 区活水工程条件图

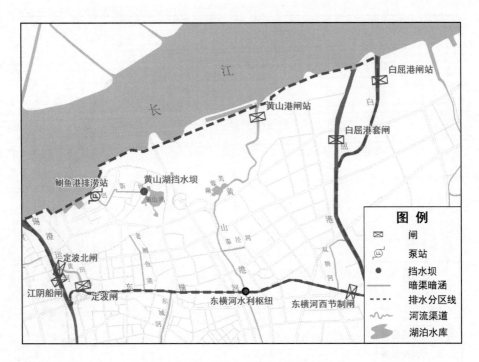

图 9.2.4　排水Ⅲ区活水工程条件图

图 9.2.5　排水Ⅳ区活水工程条件图

图 9.2.6 排水 V 区活水工程条件图

## 9.3 活水线路分析

通过宏观分析江阴市城区引排水格局，依托三横河、东横河、应天河以及老夏港、锡澄运河、白屈港之"三横三纵"水系总体布局，按照"大水系大循环，小水系小循环"的活水方式，分 5 个片区规划实施活水工程。

### 9.3.1 活水方式

根据国内外活水工程研究与实践情况，结合江阴市城区河道实际条件，提出"大水系大循环，小水系小循环"的活水方式（图 9.3.1），实行分片活水。其中，"大水系大循环"是指相邻水系间隔不远，可通过新建明渠或管涵连通，在必要处布设闸站控制水流；"小水系小循环"是指对于末端与相邻水系间隔较远的断头浜，通过明渠或管涵与邻近水系连通难以实现的情况，可新建泵站及输水管将下游水体输送至支流上游，依靠水体回流实现活水。

### 9.3.2 活水路线

（1）排水 I 区活水路线。

排水 I 区处于长江、老夏港河、锡澄运河、西横河之间，根据现状水系布局及水源条件，以长江为主水源、以澄西污水处理厂为辅助水源（远期使用），本片区主要有 6 条引

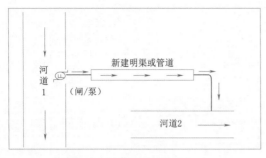

（a）"大水系大循环"方式

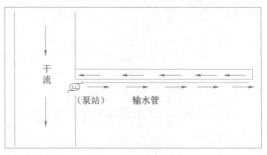

（b）"小水系小循环"方式

图 9.3.1 活水方式示意图

水路线（图 9.3.2）：

1）长江/澄西污水处理厂—望江公园景观湖—普惠中心河/规划北横河/滨江路南侧明渠。

2）规划北横河—锡澄运河。

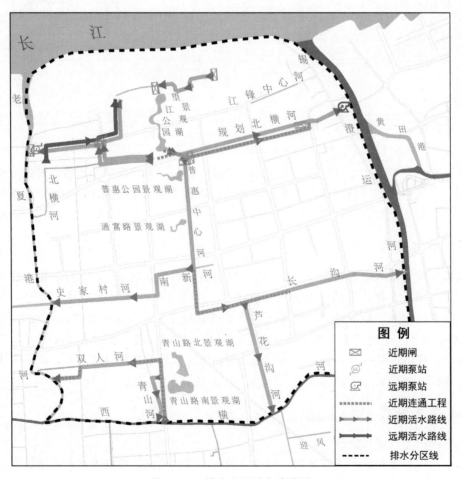

图 9.3.2 排水 I 区活水路线图

3）南新河—史家村河—老夏港河。

4）普惠中心河—芦花沟河—西横河。

5）芦花沟河—长沟河—锡澄运河。

6）西横河—青山河/双人河。

（2）排水Ⅱ区活水路线。

排水Ⅱ区处于老夏港河以东、西横河以南、锡澄运河以西。根据现状水系布局及水源条件，以西横河为水源，本片区主要有3条引水路线（图9.3.3）：

1）西横河—葫桥中心河—西横河。

2）西横河—葫桥中心河—团结河。

3）西横河—朱家坝河/迎风河—团结河。

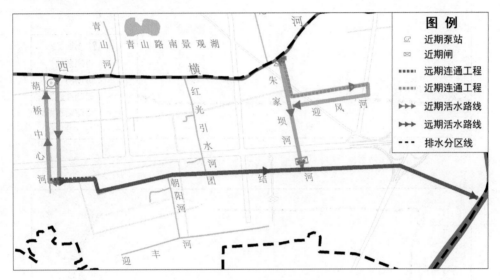

图9.3.3　排水Ⅱ区活水路线图

（3）排水Ⅲ区活水路线。

排水Ⅲ区处于长江、锡澄运河、东横河、白屈港之间。根据现状水系布局及水源条件，主要以黄山湖为水源给创新河和老鲫鱼港补水，本片区主要有3条引水路线（图9.3.4）：

1）黄山湖—创新河—长江。

2）东横河—老鲫鱼港—东横河。

3）黄山港—秦泾河—黄山港。

（4）排水Ⅳ区活水路线。

排水Ⅳ区处于锡澄运河、东横河、白屈港、应天河之间。根据现状水系布局及水源条件，主要以黄山港、白屈港为水源，本片区主要有3条引水路线（图9.3.5）：

1）黄山港—东风河—黄山港。

2）白屈港—龙泾河—白屈港。

3）白屈港—龙泾河—澄塞河。

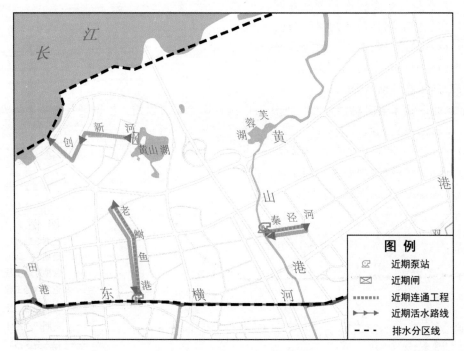

图 9.3.4　排水Ⅲ区活水路线图

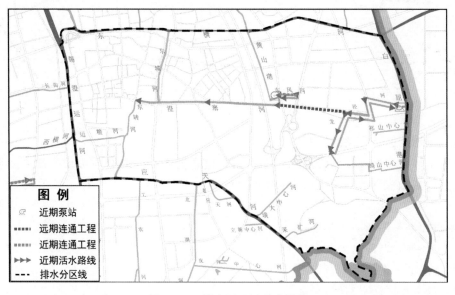

图 9.3.5　排水Ⅳ区活水路线图

（5）排水Ⅴ区活水路线。

排水Ⅴ区处于锡澄运河以东、应天河以南、白屈港以西。根据现状水系布局及水源条件等，局部沟通水系即可。本片区主要有 3 条引水路线（图 9.3.6）：

1）应天河—老应天河—应天河。

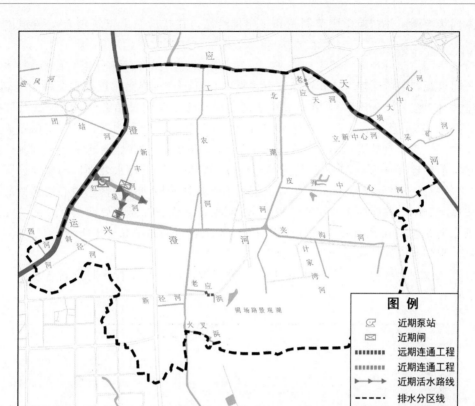

图 9.3.6 排水Ⅴ区活水路线图

2）锡澄运河—红星河—兴澄河。

3）工农河—老应浜。

## 9.4 活水工程布局

针对 5 个片区的活水路线，从工程建设条件、安全性、经济性、运行管理等多方面考虑，充分利用现有工程，合理布局明渠、管涵、闸站建设工程。

### 9.4.1 排水Ⅰ区活水工程布局

排水Ⅰ区近期实施 5 个活水工程，远期实施 1 个活水工程。

（1）长江/澄西污水处理厂—望江公园景观湖—普惠中心河/规划北横河/滨江路南侧明渠活水工程（近期）。

在望江排涝站旁新建 1 座闸泵结合站，并在望江公园北引水渠道上新建 1 座节制闸，引长江水通过望江公园北引水渠道及望江公园北侧的暗涵流入望江公园景观湖。

在澄西污水处理厂尾水出口新建 168m 明渠和 663m 管涵连至望江公园北引水渠道西侧，可将澄西污水处理厂尾水引至望江公园景观湖。澄西污水处理厂尾水在远期可作为辅助水源使用。此外，在澄西污水处理厂北侧新建明渠拐点处向西新建 180m 明渠连至老夏港东侧现状沟渠，并新建 1 座节制闸和 1 座排涝站，在排涝站出口新建 60m 管道连至老夏港河。

　　通过望江公园景观湖给普惠中心河、规划北横河、滨江路南侧明渠 3 条河道补水。从望江公园景观湖南侧新建 321m 管涵连至普惠中心河，并在管涵靠近规划北横河处新建 1 座分流井（望江公园分流井），在普惠中心河北段新建 1 座闸泵结合站；从望江公园分流井向西新建 377m 管涵、1363m 明渠和打开 170m 现状管涵形成明渠，沿着衡山路连至江峰路明渠（澄西污水处理厂与望江公园连通路线），并在连接点处新建 1 座节制闸，在明渠连接点前新建 1 座泵站与 50m 管道连至江峰路管道（澄西污水处理厂与望江公园连通路线）；从望江公园分流井向东新建 37m 管道连至规划北横河；从普惠中心河东侧断头处新建 1 座节制闸，并新建 120m 管涵和 866m 明渠，形成滨江路南侧明渠，并在滨江路南侧明渠东端新建 50m 管涵连至规划北横河。活水工程布局如图 9.4.1 所示。

　　(2) 规划北横河—锡澄运河（远期）。

　　在现状规划北横河东侧新建 15m 管涵连至锡澄运河，并在管涵起点新建泵站，如图 9.4.1 所示。

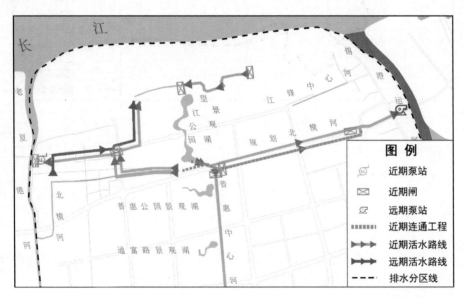

图 9.4.1　长江/澄西污水处理厂—望江公园景观湖—普惠中心河/规划北横河/
滨江路南侧明渠活水工程及规划北横河—锡澄运河活水工程布局图

　　(3) 南新河—史家村河—老夏港河活水工程（近期）。

　　在南新河西侧新建泵站，并新建 233m 明渠和 220m 管涵连至史家村河东侧，可使普惠中心河水经南新河流至史家村河，如图 9.4.2 所示。

　　(4) 普惠中心河—芦花沟河—西横河活水工程（近期）。

　　在普惠中心河南侧新建 783m 明渠和 80m 管涵连接至芦花沟河，可使普惠中心河水流至芦花沟河，如图 9.4.2 所示。

　　(5) 芦花沟河—长沟河—锡澄运河活水工程（近期）。

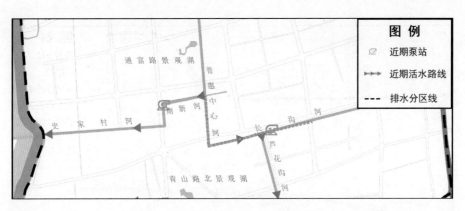

图 9.4.2　南新河—史家村河—老夏港河活水工程、普惠中心河—芦花沟河—西横河活水
工程及芦花沟河—长沟河—锡澄运河活水工程布局图

在芦花沟河北侧新建 120m 暗涵连至长沟河西侧在万达广场前的暗涵，并在芦花沟河北侧新建 1 座泵站，可使芦花沟河水流至长沟河，最后流入锡澄运河，如图 9.4.2 所示。

（6）西横河—青山河/双人河活水工程（近期）。

在青山河与西横河交点处新建泵站；在泵站出口新建 990m 管涵连至双人河，在双人河西侧新建 430 管涵连至老夏港河；在泵站出口新建 470m 管涵连至青山河。通过泵站调度，可使西横河水分别进入双人河与青山河，再分别流入老夏港河与西横河，如图 9.4.3 所示。

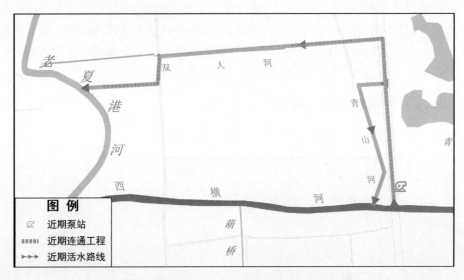

图 9.4.3　西横河—青山河/双人河活水工程布局图

## 9.4.2　排水Ⅱ区活水工程布局

排水Ⅱ区近期实施 2 个活水工程，远期实施 1 个活水工程，其布局如图 9.4.4 所示。

（1）西横河—葫桥中心河—西横河活水工程（近期）。

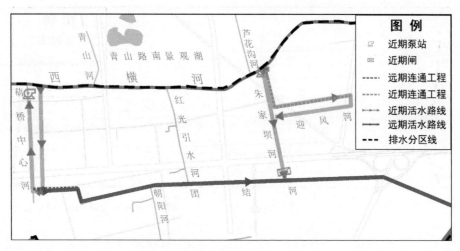

图 9.4.4　排水Ⅱ区活水工程布局图

在葫桥中心河与西横河交点处附近新建泵站，并在葫桥中心河岸新建 950m 管道，可通过泵站将水从西横河输送至葫桥中心河南侧，再流向西横河。

（2）西横河—葫桥中心河—团结河活水工程（远期）。

在现状葫桥中心河南侧新建 200m 明渠、改建 300m 灌溉渠道连至团结河，可使西横河水经葫桥中心河流至团结河。

（3）西横河—朱家坝河/迎风河—团结河活水工程（近期）。

在朱家坝河与西横河交点处附近新建泵站，从泵站出口新建 790m 管道连至迎风河东侧，在朱家坝河末端新建 1 座钢坝闸，可使西横河水分别进入朱家坝河与迎风河，再流至团结河。

## 9.4.3　排水Ⅲ区活水工程布局

排水Ⅲ区 3 个活水工程全在近期实施，其布局如图 9.4.5 所示。

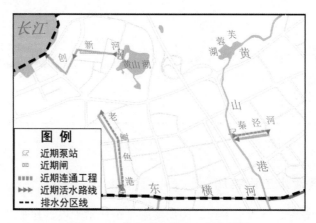

图 9.4.5　排水Ⅲ区活水工程布局图

（1）黄山湖—创新河—长江活水工程（近期）。

将现状黄山湖与创新河交点处的挡水坝改造成闸门，在创新河中部新建 1 座生态堰，可使黄山湖水流入创新河，最后流入长江。

（2）东横河—老鲥鱼港—东横河活水工程（近期）。

对老鲥鱼港河床进行硬质化改造，防止河床下污水管污水渗漏到老鲥鱼港；在老鲥鱼港泵站新建管道连至老鲥鱼港，并在新建 950m 管道起点处改造原有泵站，在滨江西路前新建 1 座生态堰，通过泵站将东横河水输送至老鲥鱼港北侧，再流向东横河。

（3）黄山港—秦泾河—黄山港活水工程（近期）。

在秦泾河与黄山港汇合处新建泵站，从泵站出口新建 460m 管道至秦泾河东侧，通过泵站从黄山港引水输送至秦泾河，再流向黄山港。

### 9.4.4 排水Ⅳ区活水工程布局

排水Ⅳ区近期实施 2 个活水工程，远期实施 1 个活水工程，其布局如图 9.4.6 所示。

（1）黄山港—东风河—黄山港活水工程（近期）。

在东风河与黄山港汇合处新建泵站，从泵站出口新建 270m 管道至东风河东侧，通过泵站从黄山港引水输送至东风河，再流向黄山港。

（2）白屈港—龙泾河—白屈港活水工程（近期）。

在龙泾河排涝站附近新建泵站，通过闸站调度，可使白屈港与龙泾河水流进行交换。

（3）白屈港—龙泾河—澄塞河活水工程（远期）。

新建 1078m 明渠和 178m 管涵连通龙泾河与澄塞河，远期通过龙泾河泵站调度可使白屈港水经龙泾河流至澄塞河。

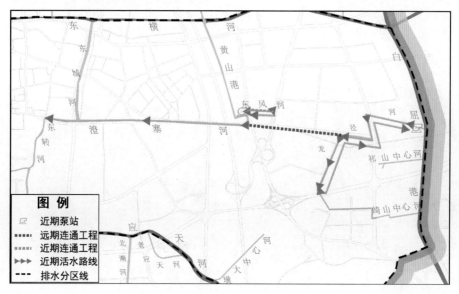

图 9.4.6 排水Ⅳ区活水工程布局图

### 9.4.5 排水 V 区活水工程布局

排水 V 区近期实施 2 个活水工程，远期实施 1 个活水工程。

（1）应天河—老应天河—应天河活水工程（近期）。

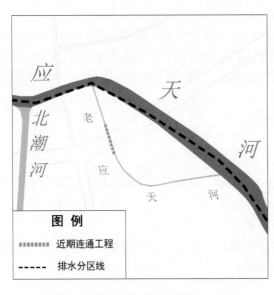

图 9.4.7 应天河—老应天河—应天河
活水工程布局图

新建 30m 管涵穿越芙蓉大道南侧的公路，并对北段的土坝进行平整恢复河道，进而连通老应天河两端，可使应天河与老应天河进行较好的水流交换，如图 9.4.7 所示。

（2）锡澄运河—红星河—兴澄河活水工程（近期）。

在红星河与锡澄运河交点处附近新建泵站，在红星河与新丰河交点东侧向南新建 361m 明渠连至兴澄河，在新建明渠入兴澄河前新建 1 座钢坝闸，可使锡澄运河水经红星河流至兴澄河。在新丰河与红星河交界处新建 1 座节制闸，控制水体交换，如图 9.4.8 所示。

（3）工农河—老应浜活水工程（远期）。

在老应浜北段东侧新建 110m 明渠和 77m 管涵连至老应浜南段，可使工农河与老应浜北段进行较好的水流交换，如图 9.4.9 所示。

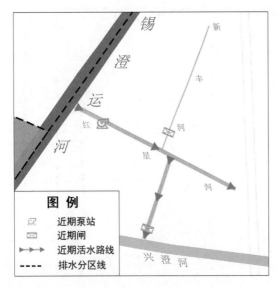

图 9.4.8 锡澄运河—红星河—兴澄河活水
工程布局图

图 9.4.9 工农河—老应浜活水工程布局图

# 9.5 活水规模分析

## 9.5.1 活水需水量

### 9.5.1.1 活水需水量计算方法

（1）常用的活水规模计算方法。

根据相关研究和应用实践，活水规模一般可用水质达标稀释法、槽蓄法、水文学法中的 Tennant 法 3 种方法进行计算。

1）水质达标稀释法。采用片区漏失的污水量和水质、补水水质、水质目标计算补水量，公式如下：

$$W_0 = \frac{C - C_1}{C_1 - C_0} W$$

（9.1）

式中　$W_0$——日补水总量；

　　　$W$——日漏失污水总量；

　　　$C$——漏失污水水体的污染物浓度；

　　　$C_0$——引入中水水体的污染物浓度；

　　　$C_1$——预计需要达到的水体污染物浓度。

2）槽蓄法。槽蓄法适用于有闸坝控制的河道，根据河槽形状及河底高程等实测资料测算出每条河道在目标水位下的槽蓄量，考虑蒸发渗漏损失和换水量，得到各河道生态恢复的生态需水量。

槽蓄量计算公式如下：

$$W_h = BHL$$

（9.2）

式中　$W_h$——河道槽蓄量，$m^3$；

　　　$B$——河道平均宽度，m；

　　　$H$——河道平均水深，m；

　　　$L$——河道长度，m。

水面蒸发需水量计算公式如下：

$$W_E = A(E - P) \qquad E > P$$

（9.3）

$$W_E = 0 \qquad E \leqslant P$$

（9.4）

式中　$W_E$——河道水面蒸发需水量，$m^3$；

　　　$A$——河道水面平均面积，$m^2$；

　　　$E$——平均蒸发量，m；

　　　$P$——平均降雨量，m。

渗漏需水量计算公式如下：

$$W_S = KILB\Delta T$$

（9.5）

式中　$W_S$——计算时段渗漏量，$m^3$；

　　　$K$——含水层加权平均渗透系数，m/d；

$I$——河道水力坡度；

$L$——河道长度，m；

$B$——含水层平均厚度，m；

$\Delta T$——计算时段长度，m。

3）水文学法中的 Tennant 法。Tennant 法是一种依赖于河流流量统计的方法，建立在历史流量记录的基础上，根据水文资料以年平均径流量百分数来描述河道内流量状态。Tennant 法简单易操作，以预先确定的年平均流量百分数作为河流推荐流量，比较适合河流进行最初的目标管理和河流的战略性管理，可作为其他方法的一种检验。采用 Tennant 法计算时，按照最小生态流量不小于多年平均流量 10％的标准计算，考虑下游生态用水及景观用水需要，按多年平均流量 10％、15％、20％、30％的标准计算。一般研究认为，当枯水期河流基流为多年平均流量的 20％时，可保护鱼类、野生动物、生态景观处于良好状态，基流量为多年平均流量的 30％时，可达到水生生物生长的满意流量。

（2）方法选取。

水质达标稀释法适用于污染情况持续存在，且短期内无法改善的河道，由于本规划同步进行水污染控制工程，预计工程实施后，河道污染情况会有较为显著的改善。而江阴市城区多条河道未断头浜或死浜，流量近乎为 0，且许多河道缺乏流量记录数据。因此，本规划采用槽蓄法计算各河道的活水需求量。

**9.5.1.2 活水需水量计算结果**

规划对江阴市城区河道实施清淤、局部拓宽等整治措施后，除了白屈港、锡澄运河、老夏港河、西横河等引排水通道外的河道在常水位条件下需水量见表 9.5.1，总需水量为 242.2 万 m³。其中，排水Ⅰ区河道总需水量 26.9 万 m³、排水Ⅱ区河道总需水量 20.6 万 m³、排水Ⅲ区河道总需水量 84.9 万 m³、排水Ⅳ区河道总需水量 56.6 万 m³、排水Ⅴ区河道总需水量 53.2 万 m³。

表 9.5.1　　　　　　　　　　　　各河道需水量计算表

| 排水分区 | 河　道 | 需水量/万 m³ | 排水分区 | 河　道 | 需水量/万 m³ |
|---|---|---|---|---|---|
| 排水Ⅰ区 | 望江公园北引水渠道 | 0.6 | 排水Ⅱ区 | 葫桥中心河 | 1.3 |
| | 望江公园景观湖 | 3.3 | | 朱家坝河 | 1.4 |
| | 北横河 | 1.3 | | 迎风河 | 0.9 |
| | 规划北横河 | 1.6 | | 团结河 | 13.2 |
| | 滨江路南侧明渠 | 1.2 | | 红光引水河 | 1.5 |
| | 普惠中心河 | 1.4 | | 朝阳河 | 0.8 |
| | 南新河 | 1.5 | | 迎丰河 | 1.5 |
| | 史家村河 | 0.9 | 排水Ⅲ区 | 创新河 | 1.2 |
| | 芦花沟河 | 11.4 | | 老鲫鱼港 | 1.1 |
| | 长沟河 | 1.2 | | 秦泾河 | 0.5 |
| | 双人河 | 0.7 | | 黄山港 | 28.7 |
| | 青山河 | 1.8 | | 东横河 | 39.3 |

| 排水分区 | 河　道 | 需水量/万 m³ | 排水分区 | 河道 | 需水量/万 m³ |
|---|---|---|---|---|---|
| 排水Ⅲ区 | 双牌河 | 2.6 | 排水Ⅴ区 | 北潮河 | 12.0 |
| | 黄田港 | 11.5 | | 皮弄中心河 | 3.6 |
| 排水Ⅳ区 | 应天河 | 24.3 | | 兴澄河 | 16.9 |
| | 澄塞河 | 5.6 | | 夹沟河 | 4.1 |
| | 东城河 | 6.2 | | 计家湾河 | 0.9 |
| | 龙泾河 | 5 | | 红星河 | 0.8 |
| | 绮山中心河 | 1.7 | | 新丰河 | 0.4 |
| | 运粮河 | 4.0 | | 斜泾河 | 0.6 |
| | 东转河 | 6.3 | | 老应浜 | 1.0 |
| | 东风河 | 0.6 | | 新泾河 | 0.8 |
| | 祁山中心河 | 1.0 | | 火叉浜 | 0.8 |
| | 璜大中心河 | 0.5 | | 老应天河 | 3.6 |
| | 采矿河 | 2.9 | | 立新中心河 | 0.8 |
| 排水Ⅴ区 | 工农河 | 7.2 | | | |

## 9.5.2　活水设施规模

综合考虑河道需水量、调度管理、建设场地、现状河道/管涵过流能力等因素，确定2座闸泵结合站、13座泵站、9座闸门、2座生态堰共26座建筑物的规模，见表9.5.2。

表 9.5.2　　　　　　　　　江阴市城区活水设施规模

| 编号 | 控制建筑物 | 上游河道 | 下　游　河　道 | 主要考虑因素 | 设计流量/(m³/s) |
|---|---|---|---|---|---|
| 1 | 望江公园闸泵结合站 | 长江 | 望江公园北引水渠道、望江公园、规划北横河、滨江路南侧明渠、普惠中心河、南新河、史家村河、芦花沟河、长沟河 | 建设场地、活水调度时间 | 泵 3，闸 3 |
| 2 | 普惠中心河闸泵结合站 | 望江公园 | 普惠中心河、南新河、史家村河、芦花沟河、长沟河 | 活水调度时间 | 泵 1，闸 3 |
| 3 | 葫桥中心河引水泵站 | 西横河 | 葫桥中心河 | 活水调度时间 | 0.8 |
| 4 | 朱家坝河引水泵站 | 西横河 | 朱家坝河、迎风河 | 活水调度时间 | 1.6（双泵各 0.8） |
| 5 | 红星河引水泵站 | 锡澄运河 | 红星河 | 活水调度时间 | 0.8 |
| 6 | 龙泾河引水泵站 | 白屈港 | 龙泾河、绮山中心河 | 建设场地、活水调度时间 | 0.3 |
| 7 | 南新河引水泵站 | 南新河 | 史家村河 | 建设场地、活水调度时间 | 0.8 |

续表

| 编号 | 控制建筑物 | 上游河道 | 下游河道 | 主要考虑因素 | 设计流量 /（m³/s） |
|---|---|---|---|---|---|
| 8 | 长沟河引水泵站 | 芦花沟河 | 长沟河 | 现状管道过流能力 | 0.3 |
| 9 | 青山河引水泵站 | 西横河 | 双人河、青山河 | 建设场地、活水调度时间 | 1.6（双泵各 0.8） |
| 10 | 秦泾河引水泵站 | 黄山港 | 秦泾河 | 建设场地、活水调度时间 | 0.6 |
| 11 | 东风河引水泵站 | 黄山港 | 东风河 | 建设场地、活水调度时间 | 0.6 |
| 12 | 老鲥鱼港南侧引水泵站 | 西横河 | 老鲥鱼港 | 现状管道过流能力 | 0.1 |
| 13 | 衡山路西侧新建取水泵站 | 望江公园 | 望江公园北明渠 | 建设场地、活水调度时间 | 0.2 |
| 14 | 老夏港东侧排涝泵站 | 分流井—老夏港闸明渠 | 老夏港河 | 建设场地、排涝调度时间 | 0.3 |
| 15 | 规划北横河泵站 | 规划北横河 | 锡澄运河 | 排水 | 1 |
| 16 | 望江公园北侧钢坝闸 | 望江公园北引水渠道 | 望江公园北引水渠道 | 引水、排涝 | 1.6 |
| 17 | 滨江路南侧明渠节制闸 | 普惠中心河 | 滨江路南侧明渠 | 引水 | 1 |
| 18 | 创新河东侧节制闸 | 黄山湖 | 创新河 | 活水调度时间 | 0.8 |
| 19 | 新丰河口涵闸 | 新丰河 | 红星河 | 排水 | 1 |
| 20 | 规划北横河东过街涵闸 | 滨江路南侧明渠 | 规划北横河 | 排水 | 1 |
| 21 | 红星河南侧明渠钢坝闸 | 锡澄运河 | 兴澄河 | 排水 | 0.8 |
| 22 | 朱家坝河南端钢坝闸 | 朱家坝河 | 团结河 | 排水 | 1.6 |
| 23 | 衡山路西侧节制闸 | 分流井—老夏港闸明渠 | 分流井—老夏港闸明渠 | 排水 | 1 |
| 24 | 老夏港东侧节制闸 | 分流井—老夏港闸明渠 | 老夏港 | 排水 | 1 |
| 25 | 创新河生态堰 | 创新河 | 创新河 | 壅水 | 3 |
| 26 | 老鲥鱼港生态堰 | 老鲥鱼港 | 老鲥鱼港 | 壅水 | 3 |

## 9.6　活水调度方案

### 9.6.1　活水调度原则

1）优先给水环境质量差和活水需求高的河道补水，兼顾活水调度对象之间的公平性。

2）活水调度主要在非汛期开展。

3）在遭遇暴雨、暴潮时，水闸、泵站调度以防洪排涝安全为主，实现防洪排涝与改善水环境的相互协调转换。

4）活水调度具有可操作性，提高活水效率，尽量降低工程调度成本，即优先采用闸门调度，以泵调度为辅。

## 9.6.2 活水调度方案

### 9.6.2.1 排水Ⅰ区活水调度方案

（1）非汛期调度方案。

在近期，望江公园泵站从长江引水，经望江公园景观湖向规划北横河、北横河、滨江路南侧明渠、普惠中心河、南新河、史家村河、芦花沟河、长沟河等河道补水，一次补水量为 24.4 万 $m^3$，调度 2～3d，每天引水 8～12h。远期，澄西污水处理厂尾水作为辅助水源进入望江公园，向各河道补水。

望江公园景观湖控制水位为 2.16m，当长江水进入望江公园景观湖抬高水位至 2.16m，通过望江公园分流井依次分别向北横河、规划北横河、滨江路南侧明渠、普惠中心河补水。此外，向规划北横河、滨江路南侧明渠补水前应通过规划北横河临时泵站（远期新建泵站）排空渠道。

向普惠中心河补水时，若流速较慢，则通过普惠中心河闸泵结合站的泵站抽水，增强水动力条件。当长江水流至南新河泵站和长沟河泵站时，依次启用泵站分别向史家村河、长沟河补水，泵站运行时间均约为 4h。

通过青山河泵站 2 个泵从西横河引水经管道分别向双人河、青山河补水。双人河、青山河一次补水量共约 2.5h，调度时长为 4～6h。

（2）汛期调度方案。

在遭遇暴雨、暴潮时，应根据水文气象预报预先停止引水，通过望江公园排涝站、规划北横河临时泵站（远期新建泵站）等闸站调度预泄水量，并在必要时通过排涝站排涝。此外，可利用望江公园景观湖的调蓄能力进行调度。

排涝结束后，根据河道水质情况决定是否启用补水。若补水，则采用非汛期活水调度调度方案。

### 9.6.2.2 排水Ⅱ区活水调度方案

（1）非汛期调度方案。

近期，通过葫桥中心河泵站从西横河引水经输水管道向葫桥中心河补水，再流向西横河，一次补水量约 1.3 万 $m^3$，调度时长为 4～6h。远期，葫桥中心河与团结河连通后，输水管道停用，通过葫桥中心河泵站从西横河引水，经葫桥中心河流向团结河，最后流向锡澄运河，一次补水量约 13.5 万 $m^3$，调度时长为 46～48h。

朱家坝河泵站 2 个泵从西横河引水分别向朱家坝河、迎风河补水。朱家坝河一次补水量约 1.4 万 $m^3$，调度时长为 5～6h；迎风河一次补水量约 0.9 万 $m^3$，调度时长为 3～4h。迎风河补水结束后，再向朱家坝河补水。

（2）汛期调度方案。

在遭遇暴雨、暴潮时，葫桥中心河泵站和朱家坝河泵站应根据水文气象预报预先停止引水，通过葫桥中心河排涝站、红光排涝站调度预泄水量，并在必要时排涝。

排涝结束后，根据河道水质情况决定是否启用补水。若补水，则采用非汛期活水调度调度方案。

### 9.6.2.3　排水Ⅲ区活水调度方案

（1）非汛期调度方案。

黄山港闸站以 $8m^3/s$ 流量从长江引水，维持现状调度方式向各河道补水。

通过黄山湖挡水坝（改建成闸门）控制黄山湖给创新河补水，创新河一次补水量约 1.2 万 $m^3$，调度时长为 6～8h。

通过老鲥鱼港泵站从东横河引水经管道输送至老鲥鱼港北端，再流向东横河。老鲥鱼港一次补水量约 1.1 万 $m^3$，调度时长为 3～5h。

通过秦泾河泵站从黄山港引水经管道输送至秦泾河东端，再流向黄山港。秦泾河一次补水量约 0.5 万 $m^3$，调度时长为 3～4h。

（2）汛期调度方案。

在遭遇暴雨、暴潮时，黄山湖向创新河、老鲥鱼港引水及黄山港闸站、白屈港闸站引水应根据水文气象预报预先停止，通过闸站调度预泄水量，并在必要时通过老鲥鱼港排涝站、黄山港闸站及白屈港闸站排涝。此外，可利用黄山湖的调蓄能力进行调度。

排涝结束后，根据河道水质情况决定是否启用补水。若补水，则采用非汛期活水调度调度方案。

### 9.6.2.4　排水Ⅳ区活水调度方案

（1）非汛期调度方案。

通过东风河泵站从黄山港引水经管道输送至东风河东端，再流向黄山港。东风河一次补水量约 0.6 万 $m^3$，调度时长为 3～4h。

近期，通过龙泾河泵站从白屈港引水，向龙泾河后，再流向白屈港。龙泾河一次补水量约 5 万 $m^3$，调度时长为 40～48h。

（2）汛期调度方案。

在遭遇暴雨、暴潮时，龙泾河泵站应根据水文气象预报预先停止引水，通过龙泾河排涝站调度预泄水量，并在必要时排涝。

排涝结束后，根据河道水质情况决定是否启用补水。若补水，则采用非汛期活水调度调度方案。

### 9.6.2.5　排水Ⅴ区活水调度方案

（1）非汛期调度方案。

通过红星河泵站从锡澄运河引水，向红星河活水，再流向兴澄河，补水期间新丰河节制闸一直关闭。红星河一次活水量约 1.1 万 $m^3$，调度时长为 3～5h。

（2）汛期调度方案。

在遭遇暴雨、暴潮时，红星河泵站应根据水文气象预报预先停止引水，通过红星排涝站、沿河村排涝站、工农排涝站等闸站调度预泄水量，并在必要时排涝。

排涝结束后，根据河道水质情况决定是否启用补水。若补水，则采用非汛期活水调度调度方案。

## 9.7　工程规模及实施计划

活水工程规模为：新建泵站 12 座，改建泵站 1 座，新建闸泵结合站 2 座，新建闸门 8 座，新建分流井 1 座，拆除堤坝 1 座，改建挡水坝为闸门 1 座，新建生态堰 2 座；新建明渠 5342m，改建明渠 300m；新建管涵 7708m，改建管涵 170m。

其中，近期新建泵站 11 座，改建泵站 1 座，新建闸泵结合站 2 座，新建闸门 8 座，新建分流井 1 座，拆除堤坝 1 座，改建挡水坝为闸门 1 座，新建生态堰 2 座；新建明渠 3954m；新建管涵 7438m，改建管涵 170m。远期新建泵站 1 座；新建明渠 1388m，改建明渠 300m；新建管涵 270m。

活水工程实施计划见表 9.7.1。

表 9.7.1　　　　　　　　　　　活水工程实施计划表

| 序号 | 项目类型 | 建设内容 | 工程规模 | | | |
| --- | --- | --- | --- | --- | --- | --- |
| | | | 近期 | 远期 | 合计 | 单位 |
| 1 | 闸站工程 | 新建泵站 | 11 | 1 | 12 | 座 |
| 2 | | 改建泵站 | 1 | 0 | 1 | 座 |
| 3 | | 新建闸泵结合站 | 2 | 0 | 2 | 座 |
| 4 | | 新建闸门 | 8 | 0 | 8 | 座 |
| 5 | | 新建分流井 | 1 | 0 | 1 | 座 |
| 6 | | 拆除堤坝 | 1 | 0 | 1 | 座 |
| 7 | | 改造挡水坝为闸门 | 1 | 0 | 1 | 座 |
| 8 | | 新建生态堰 | 2 | 0 | 2 | 座 |
| 9 | 明渠工程 | 新建明渠 | 3954 | 1388 | 5342 | m |
| 10 | | 改建明渠 | 0 | 300 | 300 | m |
| 11 | 管涵工程 | 新建管涵 | 7438 | 270 | 7708 | m |
| 12 | | 改建管涵 | 170 | 0 | 170 | m |

## 9.8　本章小结

已有研究与实践表明，活水工程对城市河道水环境改善具有较好作用，是当前城市水环境治理的重要措施。为解决江阴市城区河湖水系割裂、水动力不足、水环境恶化、水生态系统破坏等问题，在污水系统提质增效、水污染控制、水生态修复等工程措施的基础之上，规划实施活水工程。

经过调研分析，研究提出了江阴市城区 18 条活水路线，计算了活水需水量，布局了明渠、管道、闸站等工程，确定了控制建筑物的规模，提出了活水调度方案，为河道增加水环境容量、修复水生态系统等提供支撑。

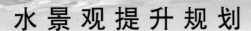

# 第 10 章

# 水 景 观 提 升 规 划

## 10.1 引言

　　滨水空间是城市重要的空间资源，是城市运转的重要载体。以开放、和谐、生态的理念为指导，通过构建满足城市防洪安全基本要求、充分与城市总体发展相协调的滨水空间建设，可达到促进人水和谐、美化城市空间、提升城市风貌的目的。当前，江阴市经济发展水平较高，城区主要河道滨水景观已建成，可为周边居民提供休闲活动空间。但也存在亲水空间缺失、景观视觉效果差、河道开放空间被挤占、城市蓝绿线管控不足等问题，致使江阴山水城市的形胜格局未得到突显。

　　为充分挖掘江阴市城区滨水空间特色，有必要结合江阴城市定位与生态文明建设需求开展江阴城区水景观提升工程，依托水体周边用地规划和自然生态禀赋进行河道、湖泊水域的分类景观建设，创造美丽宜居的生活环境，提升江阴滨江港口花园城市形象与品位。

## 10.2 水景观总体规划方案

### 10.2.1 规划定位

　　本次水景观提升规划基于江阴市丰富的河流水系、优雅的宜居环境及璀璨的文化特征，旨在全力打响江阴"人文宜居"品牌，从"展现江阴的现代化特征，彰显山水城市的鲜明特色，创造美丽宜居的生活环境"三个层面，提升江阴滨江港口花园城市形象与品位（图 10.2.1）。

　　现代化，即使城市总体风貌与江阴经济社会发展水平相称。通过水景观的设计介入，塑造具有国际气质、现代气息的城市风貌，打造展现江阴特质的现代之城、智慧之城。

　　特色鲜明，即让江阴亲山近水的城市特色充分彰显、底蕴深厚的历史文化充分挖掘、独具特质的城市精神充分发扬。规划区内通过生态系统的修复与构建、文化特色的萃取与演绎，使江阴真正成为一座呼应长三角竞争态势的特色之城、魅力之城。

现代智慧发展高地　　　　　　山水城市特色鲜明　　　　　　美丽宜居人居环境
展现江阴城市气派　　　　　　呼应长三角竞争态势　　　　　　人民真正满意

图 10.2.1　规划定位图

美丽宜居，即创造"满眼将是绿色，步步即是风景"的生态宜居城市，规划区内通过植物组团的配置与更新、游憩功能的植入与扩充、服务设施的提升与完善，使江阴处处都充满着绿色的优雅，焕发着勃勃的生机，成为一座人民真正满意的生态之城、宜居之城。

## 10.2.2　规划主题

营造"山势水灵满澄江，吴风楚韵润新城"魅力优雅的主题景象（图 10.2.2）。遵循生态、宜居、文化、产业四位一体的原则，通过编织及复建城市生态廊道系统、贯通开放空间体系、打造主题文化景观及彰显高新产业功能，将规划区打造为"城水共融的生态示范绿屿""多彩荟萃的文化展示走廊""开放共享的活力聚会客厅""绿色智慧的产业发展高地"。

以此次江阴市城区黑臭水体整治为契机，修复河道环境，建设水系文化底蕴丰富、生态景色宜人的滨水景观，提升城市整体品质，创造江阴城市风景名片。

图 10.2.2　规划主题图

## 10.2.3　规划结构

景观规划结构以水系连通为基础，交通网络为依托，与城市空间特色及城市功能板块充分衔接，重塑河网绿脉。提出"一带一环四片多廊"的景观空间格局。

一带"润"城：依托长江主轴黄金水岸，对滨江岸线进行新建与提升，分段打造多样化的滨水空间，形成兼具繁荣都市风光、时尚文化魅力、现代科创风貌的魅力岸线，展现江阴现代、时尚、创新的滨江城市特色。

一环"联"城：以水为脉，绕山成环，以园为核、串绿成网。以水为脉链接城市区域功能，沿主城区 30km 滨水岸线，连接锡澄运河—应天河—黄山港—滨江岸线而成长江下游最壮观、最靓丽的滨水景观环，同时也是保护历史城区整体格局和风貌的"历史人文环"。以碧水为魂、青山为骨、绿道为线，为市民打造宜赏宜游宜养的生态、亲水、文化、活力滨水环状景观岸线。

四片"映"城：在研究范围内形成四大主题景观片区。历史风貌景观区展现兼具历史文化魅力和老城生活底蕴的江阴风貌；休闲体验景观区以生活休闲、游憩娱乐为核，打造充满活力的新时代江阴；商务高新景观区打造高新产业集聚的城市客厅，体现高新技术与创新文化，展示江阴发展软实力；生态活力景观区打造有机开敞的沿山体生态空间，延续环城林带核心吸引力。

多廊"融"城：以白屈港、老夏港河两条水系生态绿廊组织沟通城市与北部长江、南部环城林带的联系；以东横河、西横河、北潮河三条生态绿廊形成城市滨水景观环的延伸水系廊道。通过多条融于城市的河流廊道，织补城市开敞空间与城市居住、商业、行政等功能，整合文化资源，形成兼具创新服务展示、水文化展示、历史文化展示的水景观廊道网络体系。

## 10.2.4　规划方案

### 10.2.4.1　总体规划

水景观工程总体布局将以"山势水灵满澄江，吴风楚韵润新城"为规划主题，编织蓝绿生态水网，在研究范围内形成"一带一环四片多廊"的水景观结构体系（图 10.2.3）。依托江阴市北依长江、南环群山，水网密布、廊道互通，优越的山水格局体系及深厚的历史文化脉络优势，结合水系治理新建覆盖研究范围的滨水景点，完善河流生态廊道与绿道系统，串联多种类型的游憩空间，包括滨江景观带、滨河休闲带等，形成一个依托河流存在的既能体现江阴市历史文化、又能展现当代发展成就的市域滨水景观系统。

"一带"包括 11.1km 滨江岸线（始于老夏港河止于白屈港河）的新建与提升，总规模为 44.8hm²；"一环"包括沿主城区 30km 滨水岸线，以水为脉连接锡澄运河—应天河—黄山港—滨江岸线而成的滨水景观环的滨水景观打造，总规模为 60.9hm²；"四片"包括历史风貌景观区、休闲体验景观区、商务高新景观区、生态活力景观区四大主题景观片区的分区规划建设，主要包括 9 处滨河景观新建及提升工程及 27 条河道景观覆绿工程，总规模为 121.2hm²；"多廊"包括白屈港、老夏港河、东横河、西横河、北潮河等多条融于城市的水系景观风貌廊道的主题文化展示与景观营造，总长度为 26km，总规模为 81hm²。

### 10.2.4.2　分区规划

（1）滨江区域景观规划。

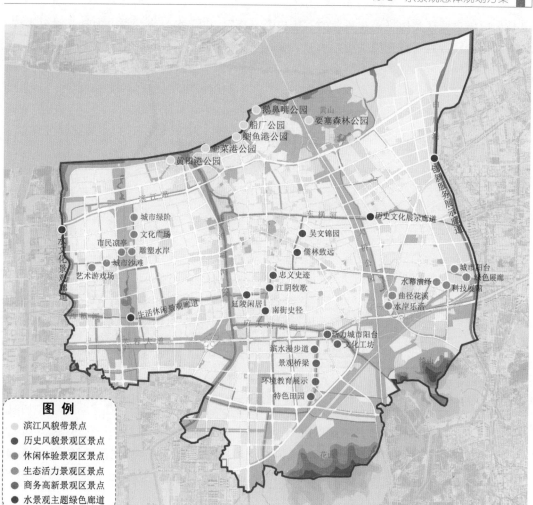

图 10.2.3　总体布局图

此次研究范围内的滨江岸线长达 11.2km，始于老夏港河止于白屈港河，滨江区域景观规划紧密结合滨江现状和江阴市近期发展规划，对滨江约 400m 范围内 11.2km 长的滨江岸线，分段打造多样化的滨水空间对滨江岸线进行新建与提升，形成兼具繁荣都市风光、时尚文化魅力、现代科创风貌的魅力岸线，展现现代、时尚、创新的滨江城市特色与风貌。

总体布局由西至东分别规划为都市岸线（2.1km）、文化岸线（6.4km）、科创岸线（2.7km），其中都市岸线为由老夏港河至文富路段滨江岸线，展示繁荣都市风光；文化岸线为文富路—黄山港段滨江岸线，展示时尚文化魅力；科创岸线为从黄山港—白屈港段滨江岸线，展示现代科创风貌（图 10.2.4）。

（2）滨水景观环（30km）规划。

主城区 30km 滨水景观环，以水为脉、绕山成环，以园为核、串绿成网，连接锡澄运河、应天河、黄山港、滨江岸线而成，既是长江下游最壮观、最靓丽的滨水景观环，同时也是保护历史城区整体格局和风貌的"历史人文环"。以碧水为魂、青山为骨、绿道为线，为市民打造宜赏宜游宜养的生态、亲水、文化、活力滨水景观岸线。

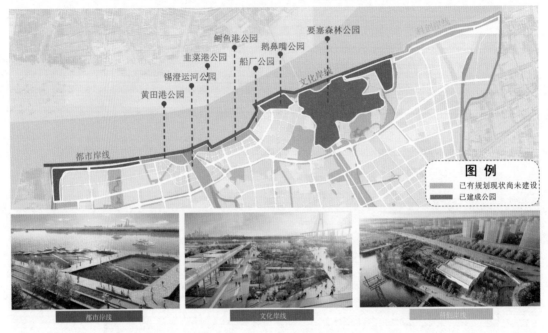

图 10.2.4　滨江区域景观规划方案

（3）历史风貌景观区重点区域规划。

历史风貌景观区位于锡澄运河、应天河与京沪高速之间，重点规划范围是位于环城南路两侧的东城河、东转河、老鲥鱼港、创新河和运粮河滨水绿化空间，总面积约为 7.4hm²。

结合河道现状及用地规划，对江阴城市文化进行解读与梳理，在整个河道重点设计范围内提炼出按特色划分的、围绕江阴历史文化脉络展开的"儒林英才""义勇之邦""诗韵延陵"三大主题体验区，分别展现江阴的历史文人文化脉络、忠义文化礼教、诗词山水文化。在河道已建成景观的基础上，增加"吴文锦园""儒林致远""忠义史迹""南街史径""延陵闲居""江阴牧歌"六大景观节点，展现江阴文化从古代、近代、现代到未来的演变与发展，塑造丰富的景观体验。

（4）休闲体验景观区重点区域规划。

休闲体验景观区位于锡澄运河以西、老夏港河以东、西横河以北，重点规划范围是位于人民西路以北的普惠中心河、南新河、史家村河和芦花沟河的滨水绿化空间，总面积约为 15.9hm²。

休闲体验景观区以突出江阴山水城市特色、展现城市休闲生活面貌为主题，结合片区特色，创造多种水文化展示平台，分为娱乐游憩体验、生活休闲体验、自然生态体验三大主题分区，分别设置休闲活动平台与滨水步道等景观设施，打造城市绿阶、雕塑水岸、文化广场、艺术游戏场、市民凉亭、城市沙滩等多个景观节点；加强河道与周边公园、环城绿道的衔接，强化滨江城市小桥流水的格局；创造丰富多样的居民休闲场所，对江阴水文化进行继承与发扬。

（5）商务高新景观区重点区域规划。

商务高新景观区位于京沪高速与白屈港之间，重点规划范围是位于锡澄高速东侧、芙蓉大道北侧的龙泾河、秦泾河和东风河滨水绿化空间，总面积约为 6.4hm²。

结合江阴国家高新区的总体定位，龙泾河滨水景观重点展现城市产业特色，以滨水绿廊串联产业片区和公共中心。设计以"流·舞动的生态绿廊"为主题，采用流线型设计手法，配合主题雕塑、文化景墙等元素，设置绿色展廊、城市阳台、科技展馆、水幕演绎、曲径花溪、水岸乐活等景点，展现创新服务产业特色。通过高新产业文化体验、创新科技体验、文化娱乐体验三大主题文化体验区，为高新区创造一个展现区域城市特色、营造新城滨水活力空间、构建生态安全格局的绿色廊道。

（6）生态活力景观区重点区域规划。

生态活力景观区位于西横河与应天河南侧与环城林带北侧之间，重点规划范围是位于芙蓉大道两侧的北潮河和老应天河滨水绿化空间，总面积约为 4.2hm²。

生态活力景观区以生态为基底、以生活为纽带、以人文为脉络，展现江阴生态水乡风貌；将北潮河和老应天河打造为顺应时代趋势，完善城市绿地系统功能，集湿地保护、环境教育于一体的生态型滨水绿地。河道沿岸设置环境保护教育、滨水漫步道、特色田园、景观桥梁、文化工坊、活力城市阳台等多个景观节点，打造文化特色的生态湿地景观区，形成服务周边居民，集健身、休闲于一体的活力长廊。

## 10.2.5　滨水绿道规划

本次滨水绿道规划，基于江阴市近期已建 30km 滨水环城绿道工程，及未来的环城绿道"中期一大环"（71km）、"远期多个环"的绿道规划结构，将研究范围内的创新河、东横河、老鲥鱼港、东城河、运粮河、东转河、澄塞河等滨河绿化空间规划为滨水社区绿道，与环城绿道环进行贯通，突出环城绿道体系总体连续性和特色性，形成城市串联式的绿色廊道网络（图 10.2.5）。

考虑绿道类型，合理设置功能布局；结合绿道设计规范，形成特色节点；与城市中其他绿道串联形成网络，精美、富有特色的慢行系统提升江阴市作为滨江港口花园城市的形象与品质。

## 10.2.6　植被规划

### 10.2.6.1　植被规划原则

（1）因地制宜原则。

遵循生态园林植物配置原则，因地制宜，适地适树，合理选择配置植物的类型，充分利用环境资源，建立人类、动物、植物相联系的新秩序，达到生态性与景观性的兼顾。

（2）季相变化多样性。

塑造多彩多姿的植物时序景观，根据植物季相特征丰富景观色彩，引发不同的植物观赏感受。运用单色表现、多色配合等不同的配置方式，实现园林景物色彩构图要求，创造

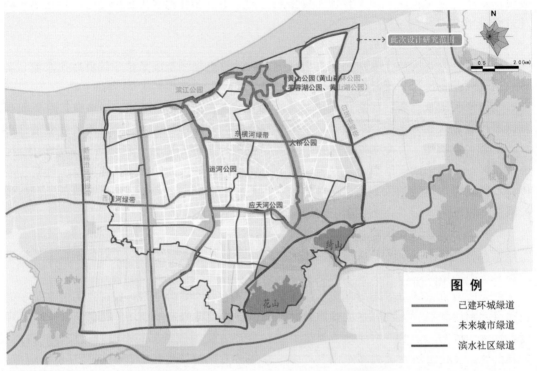

滨水绿道意向图

图 10.2.5　滨水绿道规划方案

出五彩缤纷且具有视觉冲击力的植物景观。

（3）流线种植原则。

在临水区域通过流线型种植，形成优美的水岸线。竖向上，注重背景林的林冠线处理，形成韵律，与江中倒影相映成趣；空间上，注重道路对于空间的引导性，营造疏密结合、开发有效的滨水景观。

（4）功能布局科学性。

根据城市绿地类型及人们的要求，选择不同的植物群落类型，来体现不同的园林功能，并创造丰富多彩且与周围环境互相协调、富有科学性的植物景观。

（5）文化意境特色性。

体现不同植物形态及生态特征（图 10.2.6），将人与大自然很好地协调，并通过拟人化的植物景观风格获得具有民族精华的艺术效果，将历史文化内涵再现出来，使人们从欣赏植物形态之美上升到欣赏文化意境之美。

图 10.2.6　植被选择意向图

### 10.2.6.2　植被规划策略

运用景观设计、人性化设施等技术手段提升水岸绿化的品位，从而突出水岸绿化景观的生态性，同时引入水生态景观绿化的设计手法，丰富植物群落，形成具有特色的生态临水公园绿化景观（图 10.2.7）。

（1）季节相营、五彩背景。

在原有植被基础上，种植既有花叶、色叶植物，同时又具有特殊意义的植物品种。突出植物色彩、四季变化，构成一系列的多彩树廊，形成如油画般的风光景色。

（2）竖向提升、优美林冠线。

打造起伏有致、高低错落、层次丰富的优美林缘线，突出植物组团立面效果，以高大乔木为种植背景，增加植株竖向变化，形成视线绿廊。

（3）滨水优化、环保生态。

优化河岸水生植物，选择具有净化水质的水生植物，结合观景视线突出植物组团效果，提升水岸景观效果，保护生态环境。

### 10.2.7　服务设施规划

本次服务设施规划将以配套完善、功能多元为规划目标，以一级驿站、二级驿站、三

235

春意盎然　　　　　夏之宁静　　　　　秋之妖娆　　　　　冬之苍劲

图 10.2.7　植被规划意向图

级服务点形成的三级体系进行服务设施设置。

一级驿站设置 5 个。一级驿站结合游客服务中心在重要景观节点（如锡澄运河公园等）布置。一级驿站的面积约为 300m²，服务半径为 2000m，提供停车、休息场所、公厕、租赁自行车、小型餐饮、淋浴、手机充电、上网等服务。

二级驿站设置 11 个，面积约为 150m²，服务半径为 1000m，将结合分段景观提供厕所、交通换乘等服务。

三级服务点设置若干个，面积约为 50m²，服务半径为 500m，将结合分段景观布置，提供自行车停放。

## 10.3　工程规模与实施计划

水景观提升工程总规模为 307.9hm²，包括：①新建滨河景观与景观提升项目 9 处，总规模约为 30.4hm²；②对 27 条河道实施景观复绿，总规模约为 90.8hm²；③实施城市整体风貌提升工程，包括 11.2km 滨江岸线新建与提升，规模约为 44.8hm²；④30km 滨水景观环打造，总规模约为 60.9hm²；⑤26km 水系景观风貌廊道的文化展示与景观营造，总规模约为 81hm²。

近期工程主要内容为 9 处滨河景观重点提升项目（总规模为 30.4hm²）和 17 处河道景观复绿项目（总规模约为 44.3hm²）。其中，9 处滨河景观重点提升项目包括：历史风貌景观区 3 处滨河景观建设项目，总规模为 6hm²；休闲体验景观区 2 处滨河景观建设项目，总规模为 14.5hm²；商务高新景观区 3 处滨河景观建设项目，总规模为 6.4hm²；生态活力景观区 2 处滨河景观建设项目，总规模为 3.5hm²。

远期工程主要内容为 10 处河道景观复绿项目及城市整体风貌提升工程，总规模为

263.6hm²。其中，规划北横河、朝阳河等 10 处河道的复绿提升，总规模为 76.9hm²。城市整体风貌提升工程包括：11.2km 滨江岸线（始于老夏港河，止于白屈港河）的新建与提升，总规模为 44.8hm²；30km 滨水景观环（沿锡澄运河—应天河—黄山港—滨江岸线环）的滨水景观打造，总规模为 60.9hm²；5 条水系景观风貌廊道总长度 26km 的文化展示与景观营造，总规模为 81hm²。

水景观工程实施计划见表 10.3.1 和表 10.3.2。

表 10.3.1　　　　　　　　景观提升工程分区统计结果（按项目类型分）

| 编号 | 项目类型 | 工程分区 | 建设项目名称 | 工程规模面积/hm² | | |
| --- | --- | --- | --- | --- | --- | --- |
| | | | | 近期 | 远期 | 小计 |
| 1 | 新建滨河景观与景观提升工程 | 历史风貌景观区 | 东城河、老鲥鱼港、创新河景观建设 | 6 | — | 6 |
| 2 | | 休闲体验景观区 | 普惠中心河、芦花沟河景观建设 | 14.5 | — | 14.5 |
| 3 | | 商务高新景观区 | 秦泾河、龙泾河、东风河景观建设 | 6.4 | — | 6.4 |
| 4 | | 生态活力景观区 | 北潮河景观建设 | 3.5 | — | 3.5 |
| 5 | 景观覆绿工程 | | 规划北横河、朝阳河等 27 条河道景观复绿 | 13.9 | 76.9 | 90.8 |
| 6 | 城市风貌提升工程 | 滨江区域 | 滨江岸线景观提升（始于老夏港河，止于白屈港河） | — | 44.8 | 44.8 |
| 7 | | 滨水景观环区域 | 滨水景观岸线打造（沿锡澄运河—应天河—黄山港—滨江岸线环） | — | 60.9 | 60.9 |
| 8 | | 水系景观风貌廊道区域 | 水系景观风貌廊道文化展示与景观营造（白屈港、老夏港河、东横河、西横河、北潮河） | — | 81 | 81 |

表 10.3.2　　　　　　　　景观提升工程分区统计结果（按控制单元分）　　　　　　单位：hm²

| 编号 | 控 制 单 元 | 近 期 | | 远 期 | |
| --- | --- | --- | --- | --- | --- |
| | | 新建滨水景观及景观提升工程 | 景观复绿工程 | 景观复绿工程 | 城市风貌提升工程 |
| 1 | 老夏港河控制单元 | | | | 21 |
| 2 | 堤外直排控制单元 | | | | 8.2 |
| 3 | 规划北横河Ⅰ区控制单元 | | | | |
| 4 | 规划北横河Ⅱ区控制单元 | | | 6.6 | |
| 5 | 江锋中心河控制单元 | | | 0.6 | |
| 6 | 北横河控制单元 | | | 0.6 | |
| 7 | 普惠中心河控制单元 | 9.6 | | | |
| 8 | 史家村河控制单元 | | 0.9 | | |
| 9 | 南新河控制单元 | | 0.5 | | |
| 10 | 双人河控制单元 | | 0.5 | | |
| 11 | 青山河控制单元 | | 0.4 | | |
| 12 | 芦花沟河控制单元 | 4.9 | | | |

| 编号 | 控制单元 | 近 期 | | 远 期 | |
|---|---|---|---|---|---|
| | | 新建滨水景观及景观提升工程 | 景观复绿工程 | 景观复绿工程 | 城市风貌提升工程 |
| 13 | 西横河Ⅰ区控制单元 | | | | 5.5 |
| 14 | 西横河Ⅱ区控制单元 | | | | 6 |
| 15 | 西横河Ⅲ区控制单元 | | | | 8.4 |
| 16 | 长沟河控制单元 | | | 0.4 | |
| 17 | 葫桥中心河控制单元 | | | 1 | |
| 18 | 红光引水河控制单元 | | | | |
| 19 | 朱家坝河控制单元 | | | 0.7 | |
| 20 | 迎风河控制单元 | | | 0.5 | |
| 21 | 团结河控制单元 | | | 40.8 | |
| 22 | 锡澄运河控制单元 | | | 1.9 | 19.9 |
| 23 | 创新河控制单元 | 2.5 | | | |
| 24 | 黄山湖控制单元 | | | | 11.6 |
| 25 | 要塞公园控制单元 | | | | 7 |
| 26 | 老鲫鱼港控制单元 | 2.3 | | | |
| 27 | 黄山港控制单元 | | | | 33.7 |
| 28 | 秦泾河控制单元 | 1.3 | | | |
| 29 | 东横河Ⅰ区控制单元 | | | | 8.9 |
| 30 | 东横河Ⅱ区控制单元 | | | | 8.8 |
| 31 | 东城河控制单元 | | 1.4 | | |
| 32 | 澄塞河控制单元 | | 2.8 | | |
| 33 | 运粮河控制单元 | | 1 | | |
| 34 | 东转河控制单元 | 1.2 | | | |
| 35 | 东风河控制单元 | | 0.6 | | |
| 36 | 龙泾河控制单元 | 4.5 | | | |
| 37 | 红星河控制单元 | | 0.8 | | |
| 38 | 北潮河控制单元 | 3.5 | | | 10.6 |
| 39 | 老应天河控制单元 | | 0.7 | | |
| 40 | 应天河控制单元 | | | | 15.5 |
| 41 | 兴澄河控制单元 | | | 12.2 | |
| 42 | 工农河Ⅰ区控制单元 | | | 6.2 | |

| 编号 | 控制单元 | 近 期 | | 远 期 | |
|---|---|---|---|---|---|
| | | 新建滨水景观及景观提升工程 | 景观复绿工程 | 景观复绿工程 | 城市风貌提升工程 |
| 43 | 工农河Ⅱ区控制单元 | | | | |
| 44 | 斜泾河控制单元 | | | 0.6 | |
| 45 | 老应浜控制单元 | | | 0.5 | |
| 46 | 夹沟河控制单元 | | | 4.3 | |
| 47 | 皮弄中心河控制单元 | | | 3.5 | |
| 48 | 白屈港控制单元 | | | 21.6 | |
| 合　计 | | 30.4 | 13.9 | 76.9 | 186.7 |

## 10.4 本章小结

　　城市水景观是城市风貌、城市品质的体现。塑造滨水景观要从尊重自然规律出发，建立生态环境平衡基础上的特点鲜明的滨水生境，又要能体现地域文化特色的继承和发扬。为进一步展现江阴的现代化特征，彰显山水城市的鲜明特色，创造美丽宜居的生活环境，有必要开展城市水景观提升工程，优化亲水空间，释放河道开放空间，加强城市蓝绿线管控，融合历史文化，打造具有丰富功能和清晰脉络的城市景观空间格局。

　　本章基于江阴市丰富的河流水系和人文特征，明确了江阴市城市定位与景观建设主题，以水系联通为基础、交通网络为依托，提出了"一带一环四片多廊"的景观空间格局和水景观结构体系，在此基础上，对骨干河道进行相应的功能定位，并对滨水绿道、景观植被和服务设施的规划原则和总体布局进行明确。依据总体规划原则提出了滨水区域景观、滨水景观环、历史风貌景观区、休闲体验景观区、商务高新景观区、生态活力景观区和主题河流廊道景观等分区规划方案，凸显了"山势水灵满澄江，吴风楚韵润新城"的水景观主题，为江阴市城区水景观提升提供参考。

## 第 11 章

# 智 慧 水 务 建 设 规 划

## 11.1　引言

借助现代互联网信息技术，构建全方位覆盖城市水环境立体监测、及时预警、智能管控、快速响应、便捷服务、科学决策等功能的监测、管理和服务智慧体系方案，提升江阴市城区水环境综合治理体系的技术保障和支撑。

## 11.2　智慧水务总体框架

智慧水务充分利用新一代信息技术，深入挖掘和广泛运用水务信息资源，包括水务信息采集、传输、存储、处理和服务，全面提升水务管理的效率和效能，实现更全面的感知、更主动的服务、更整合的资源、更科学的决策、更自动的控制和更及时的应对。

根据智慧水务建设需求，构建"两网、一环境、一大脑、一系统、两体系"的总体框架（简称"21112"）。"两网"即感知网和通信网，感知网是运营管理工作支撑监管、预警的"千里眼""顺风耳"，通信网是运营管理工作的"神经系统"，建立起智慧大脑与感知采集系统的连接。"一环境"即基础运行环境，为应用系统提供运行环境，为各层级管理单位的联合调度会商提供实体环境。"一大脑"即智慧大脑，是运营管理工作实现智慧化、智能化的核心，包括数据资源、支撑平台。"一系统"即智慧水务应用系统，围绕水质提升目标及运营管理需要，提供主动预警、高效管理、辅助决策的支撑。"两体系"即保障体系和安全体系，是"智慧水务"的保障。智慧水务建设总体设计框架如图 11.2.1 所示。

### 11.2.1　感知采集

充分利用物联网、互联网等传输技术，无人机、视频 AI 分析等监测技术，构建空天地网立体感知体系。监测关键河道的水质、视频，监测湖泊水质、视频、水位，排污口视频监测，监测水利工程实时状态等，共享其他行业的气象、交通、环保、人口、经济等信

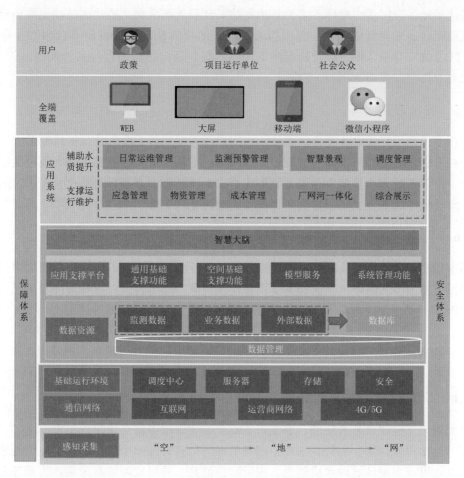

图 11.2.1　智慧水务建设总体设计框架图

息，监测收集互联网舆情等。

## 11.2.2　基础运行环境

基础运行环境包括通信网络与运行环境。对接智慧城市布局，建设基础网络、指挥中心等，为智慧水务提供应用、管理、决策提供全面支撑。

## 11.2.3　数据资源

考虑到项目运营单位各项目之间的统筹建设，避免重复，按需进行数据资源的统一建设，主要包括各项目的监测数据及业务数据，涵盖项目运行管理的前端采集数据、业务运行数据、各类文档视频资料等。数据中心预留相关接口，便于实现与市公用事业局等单位的数据共享和交换。

## 11.2.4　应用支撑平台

考虑到项目运营单位各项目之间的统筹建设，避免重复，应建设统一的应用支撑平台。搭建满足各应用系统建设需求的基础支撑平台和使能平台。搭建的基础支撑平台包括通用流程平台、视频集成平台、智能报表平台、地理信息平台、短信平台和文件存储系统、ETL、统一身份认证、综合检索服务、消息服务等；使能平台包括物联网监控平台、水质水动力模型、视频 AI 分析平台。

## 11.2.5　智能应用

应用系统是用户通过各类终端直接面向用户，为用户各类业务管理提供辅助支撑的软件，是提升管理能力的主要体现，同时业务系统也是数据汇集的主要渠道，通过系统的运行使用，使各类数据能够汇集存储至数据库中。本项目应整合项目运营单位各项目的业务需要，设计统一的平台和应用，后期可以按需进行补充扩展。

## 11.2.6　用户

系统用户包括政府相关部门、项目运行单位、社会公众等。不同级别的用户根据角色和权限设定使用不同的展示页面和系统模块使用权限，并可通过权限管理配置不同用户的应用权限。

# 11.3　水管理能力提升规划

## 11.3.1　前端感知采集全面完善

全面智能感知建设是水环境、水生态、水务综合管理等信息化建设的重要内容，是全面、实时地掌握城区综合水情、水质、现场情况等信息的必要手段。通过全面智能感知系统的建设，可以实现区域内水质信息、视频监控信息、管网监测信息采集，为管理人员全面掌握城区情况提供数据支撑。面向水污染防治、水环境治理、水务综合管理等业务应用建设需求，科学规划、优化布局、查缺补漏，充分利用物联网和移动端技术，提升感知能力，形成多元化的智能采集体系，提高信息的完备性、全面性、时效性，满足精细化业务管理、应急管理和辅助决策支撑需要。全面智能感知建设包括水质监测体系建设、视频监测体系建设和闸泵自动化建设等内容。

### 11.3.1.1　水质监测信息采集

（1）规划思路。

在现有的水环境要素监测体系基础上，进一步加密水质监测点，提高水环境的综合监测水平。在市界断面全面覆盖水质自动监测站点建设；对城区重点河段实现水质自动监测全覆盖；加大无人机等监测技术的应用，丰富监测手段、扩大覆盖规模。

（2）布设原则。

根据调研，江阴市水利农机局目前已建设了部分水质在线监测设备，本项目在站点布设时充分考虑已建站点位置，避免重复建设。对于已建的水质监测站点，本项目在建设时通过数据接入的方式接入至本项目的业务应用系统中。

综合考虑在江阴市城区河道布设水质自动监测站址的可行性、经济性、合理性，站点的选择将遵循以下原则。

a. 基本条件的可行性：具备土地、交通、通信、电力、清洁水及地质等良好的基础条件。

b. 水质的代表性：根据监测的目的和断面的功能，具有较好的水质代表性。

c. 站点的长期性：不受城市、农村、水利等建设的影响，具有比较稳定的水深和河流宽度，能够保证系统长期运行。

d. 系统的安全性：水站周围环境条件安全、可靠。

e. 运行维护的经济性：便于日常运行维护和管理。

（3）规划内容。

目前江阴市区内总共包涵 53 条重点水质监控河道、8 个重点监测湖泊，研究区域内已经建造完成 9 处水质自动监测站，近期规划新建 29 座河道水质自动监测站，远期规划新建 24 座河道水质自动监测站，9 座湖泊水质自动监测站，70 座排水管网水质自动监测站。同时采购 3 套便携式水质监测设备，以备出现突发环境污染时使用。

通过完善水质采集体系实现对城区所有重点部位水质监控，并将水质信息实时地、准确地传输到有关权限单位，以实现全方位的监控。具体布设位置见江阴市城区监测设备总体布局图（图 11.3.1）。

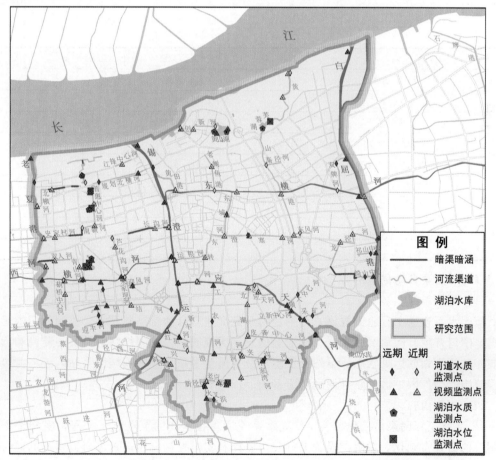

图 11.3.1　江阴市城区监测设备总体布局图

### 11.3.1.2 水文监测信息采集

（1）规划思路。

在水环境工程关键部位如河道、重点涵闸泵站等监视站点，加强布局优化规划，补充建设流量监测站点，在湖泊设置水位监测点，实现水情监测的高密度覆盖和自动监测能力。

（2）布设原则。

1）河道流量监测站点与水质监测站同步建设。

2）闸门、泵站流量监测站点主要布设在闸门、泵站进出水口。

3）湖泊关键部位设置水位监测点。

（3）规划内容。

水文监测主要对关键河道及水系连通工程进行流量监测，对湖泊进行水位监测。其中河道流量监测布局参考水质监测点布局，与水质监测站配套建设。湖泊配置 6 处水位监测点。

闸泵水位、流量监测在闸泵自动化系统中统一建设。

湖泊水位监测实现对湖泊重点部位监控（表 11.3.1），并将监控信息实时地、准确地传输到有关权限单位，以实现全方位的监控，具体布设位置见江阴市城区监测设备总体布局图（图 11.3.1）。

表 11.3.1　　　　　　　　　　　　　湖泊水位监测站点建设目标统计表

| 编号 | 安装地点 | 近期/套 | 远期/套 | 备注 |
|---|---|---|---|---|
| 1 | 铜厂路景观湖 | | 1 | |
| 2 | 芙蓉湖 | | 1 | |
| 3 | 黄山湖 | | | 闸泵自动化工程已建 |
| 4 | 青山路南景观湖 | | 1 | |
| 5 | 青山路北景观湖 | | 1 | |
| 6 | 通富路景观湖 | | 1 | |
| 7 | 普惠公园景观湖 | | 1 | |
| 8 | 望江公园景观湖 | | | 闸泵自动化工程已建 |
| | 总计 | | 6 | |

### 11.3.1.3 闸泵自动化监控

（1）规划思路。

基于水系连通工程建设规划，对新建闸泵配套建立自动化控制系统，监测闸门的运行状态、闸门开度、闸前闸后水位、流量等信息，实现城区内控制性闸门的统一监视和远程控制；监测泵站的运行状态、泵站上下游水位、流量等信息，实现城区泵站的统一监视和远程控制。为厂网一体化联合调度奠定基础。

（2）规划内容。

1）活水工程闸泵自动化监控。依托水系连通工程统建的重点闸泵工程，实现干渠全部闸门的监控自动化，对闸门设备进行安全监控和实时控制，建设覆盖河道水闸的监控系统。根据各活水路线工程布局统计，近期新建闸门工程规模为：新建改建闸门 9 座、新建分流井 1 座；远期不新建闸门。因此江阴市城区内近期包涵 10 处闸门自动化升级改造部位，见表 11.3.2。

表 11.3.2 闸门自动化监控建设目标统计表

| 序号 | 近 期 | 序号 | 近 期 |
|------|-------|------|-------|
| 1 | 创新河东侧钢坝闸 | 7 | 老夏港东侧节制闸 |
| 2 | 望江公园北侧钢坝闸 | 8 | 规划北横河东过街涵闸 |
| 3 | 红星河明渠南侧钢坝闸 | 9 | 新丰河口涵闸 |
| 4 | 朱家坝河南侧钢坝闸 | 10 | 望江公园景观湖分流井 |
| 5 | 滨江路南侧明渠节制闸 | 合计/座 | 10 |
| 6 | 衡山路西侧节制闸 | | |

依托江阴市信息办统建的重点闸泵工程，实现水系连通工程新建泵站的监控自动化，对泵站设备进行安全监控和实时控制，建设覆盖河道泵站的监控系统。目前江阴市城区内近期新建泵站 14 座，远期新建泵站 1 座，见表 11.3.3。

表 11.3.3 泵站自动化控制建设目标统计表

| 序号 | 近 期 | 远 期 |
|------|-------|-------|
| 1 | 望江公园北闸站 | 规划北横河—锡澄运河新建泵站 |
| 2 | 葫桥中心河引水泵站 | |
| 3 | 朱家坝河引水泵站 | |
| 4 | 红星河引水泵站 | |
| 5 | 龙泾河引水泵站 | |
| 6 | 南新河引水泵站 | |
| 7 | 芦花沟河引水泵站 | |
| 8 | 青山河引水泵站 | |
| 9 | 老鲥鱼港南侧引水泵站 | |
| 10 | 秦泾河引水泵站 | |
| 11 | 东风河引水泵站 | |
| 12 | 普惠中心河北侧闸站 | |
| 13 | 衡山路西侧引水泵站 | |
| 14 | 老夏港东侧排涝泵站 | |
| 合计/座 | 14 | 1 |

2）控源截污工程闸泵自动化监控。针对本项目控源截污工程中涉及的截流井提升泵、智慧截流井、一体化提升泵、初雨调蓄池闸泵实现自动化监控。

泵站主要监控参数为水位，水泵出水流量，水泵的启停状态、控制模式、电气参数、保护状态、视频监控等，同时提供泵站远程控制功能。

闸门主要监控参数为闸门的启闭状态、闸门开度、上下限位、闸前水位、闸后水位、水流速度、电气参数以及现地设备的实时工作视频等内容，同时提供闸门远程控制功能。

依托项目统建的截流井、调蓄池等工程，实现其闸泵自动化监控，对设备进行安全监控和实时控制。根据各工程布局统计，工程规模为：41 座截流井提升泵、22 座一体化提升泵、1 座电动闸门＋提升泵式截流井、65 座智慧截流井、3 座调蓄池。

#### 11.3.1.4  视频监控信息采集

（1）规划思路。

依托江阴市信息办统建的重点闸泵工程、沿江堤防、城区内安防视频建设基础，共享利用其现有视频监控资源，建立健全包含城区内大中型水利工程、重点闸泵站、关键河段、关键设备的视频监控体系。

1）控制工程监控。整合已有的重大水利工程的视频监控信息；在闸门、泵站等水利工程开展视频监控建设，实现重大、重点、重要的水利工程关键部位的视频监控全覆盖；加强控制工程关键部位视频监视站点建设。

2）河道（湖泊）监控。实现关键河段（湖泊）的全天候视频监控；关键河段视频监视站点是针对河道的一些重要河段（干支流交汇处、防洪重点河段、跨河建筑物处等）进行视频监视，为水环境、水管理等业务服务。

3）设备监控。针对河道水质监测站点、曝气设备等位置进行动态视频监控，实时掌握整体运行情况。

（2）布设原则。

本项目视频监控设备布设原则为：

1）充分利用现场已有的设备、供电、网络条件，不重复建设。

2）支流入河口视频监控点布设于干支流交汇处等关键位置。

3）重要设施监测点选址不应影响建设设施的美观，同时考虑监测区域的合理性。

4）其他有视频监控需求的位置根据实际情况进行扩展建设。

（3）规划内容。

目前江阴市城区内近期总共包涵 50 处重点视频监控部位，覆盖 28 条重点河道；远期总共包涵 40 处重点视频监控部位，主要覆盖 25 条重点监测河道及 8 个湖泊。实现对研究区域所有重点部位视频监控，并将视频信息实时地、准确地传输到有关权限单位，以实现全方位的监控。具体布设位置见江阴市城区监测设备总体布局图。

#### 11.3.1.5  灯光系统自动化监控

针对景观工程范围内建设的灯光系统实现自动化监控，主要包括灯光系统远程控制、用电信息采集、实时报警，共计 7 处。

（1）灯光系统远程控制。

自动化监控实现多种控制方式，并有机组合在一起，满足灯光照明控制的节能需求。主要包括定时控制、经纬度控制、光照度控制、节假日控制等。

（2）用电信息采集。

实时采集用户用电信息，包含三相电压、三相电流、有功功率、无功功率，功率因素等常用电参数。

（3）实时报警。

对设备进行配电运行状态的实时监测，可实现电压报警、电流报警、反馈异常报警等。

#### 11.3.1.6　曝气设备监控

在智慧水务工程接入曝气设备数据，实现其远程监控。

#### 11.3.1.7　无人机监控

由于受河道地形和自然条件限制，河道部分区域人员难以到达，且人员巡检效率并不高。因此，采用无人机辅助巡河管理，实现河道巡河的全覆盖、无死角。规划近期采购 2 台无人机设备，远期采购 5 台无人机设备。

#### 11.3.1.8　无人船监控

无人船是对河道等水域设计的便携式设备，是地表水常规及应急采样、监测的理想工具，借助无人船搭载视频监控、水质监测等设备，可实现动态水质分析，通过高频率动态水质分析，判断水质变化情况，并结合高清摄像设备，实现对隐蔽水体环境问题、隐蔽排污问题的及时发现。规划近期采购 8 次无人船服务，远期采购 4 次/年无人船服务。

### 11.3.2　基础运行环境巩固升级

#### 11.3.2.1　规划思路

在现有的计算、存储、网络等基础设施资源基础上，综合利用私有云、公共服务云资源，在保障安全的前提下，可以购买服务的方式搭建水利业务应用私有云；充分利用已有、统筹安排在建、适当补充新建必要设备和运行环境，经虚拟化和云计算等技术的应用，形成集约建设的基础设施，并提供可靠的基础设施支撑。

#### 11.3.2.2　规划内容

（1）网络通信扩展完善。

本项目网络接入方式包含光纤、4G/5G 无线网络传输等方式，闸泵控制信息、视频信息通过光纤接入运营商网络将信息上传至指挥中心。水质、流量等监测信息可通过 4G/5G 无线方式直接上传至指挥中心。江阴市城市中心区域、中心商圈、新建小区基本实现了光纤全覆盖。城市中心范围内的网络通信基本满足要求，对于偏远农村等地，需加强通信网络建设与应用，加大光纤覆盖面。

（2）基础设施云平台。

充分利用江阴市政务云。城市智慧水务建设应充分利用江阴市已建的"政务云"基础设施，以购买服务的方式搭建智慧水务业务应用混合云（公有云、私有云共存），适当补充必要运行环境，充分利用云平台的网络、存储、计算资源，由云平台提供计算、存储服务的形式构建本项目基础设施平台，为软件支撑平台、为业务系统提供统一集成的运行环境。

加强云应用支撑平台的建设。建设基于云计算技术和微服务架构的业务支撑平台，提供通用性服务和组件，包括框架类服务、运行类服务、计算类服务、数据类服务（含视频服务）、信息呈现类服务、地理信息服务、移动前端组件和 Web 前端组件，满足上层业务系统对通用化组件、模块的要求。充分利用大数据、物联网等互联网技术，使应用支撑平台具备大数据分析计算、物联设备在线状态监测等能力。

（3）指挥中心设计。

通过指挥中心的建设，可实时监视河道水位、水量、水质的变化情况，通过对现场视频数据的采集分析，回传至指挥中心以供决策与应急响应，实现现场信息感知、综合态势显示、智能辅助决策和实施指挥控制等多种用途。

### 11.3.3 数据资源整合与共享

#### 11.3.3.1 规划思路

数据是信息水利的根本。水利数据形式多样、种类繁多,数据总量庞大且持续高速增长。面向水务业务应用建设需求,丰富信息源,强化数据整合,促进信息共享,建设水务信息资源体系,逐步形成多元化采集、主体化汇聚和知识化分析的大数据能力。本项目数据资源整合按照"一数一源、一源多用、信息共享、部门协同"的要求,基于已有的水利数据,建设专题数据库,整合已有数据、新建数据、外部协同数据等,着力解决数据资源碎片化、孤岛化问题,实现数据资源的整合、互联互通和资源共享。

#### 11.3.3.2 规划内容

(1)资源整合。

1)数据资源规划。系统梳理数据资源,从主要业务入手,实施主要水务管理业务范围的主体信息资源采集、处理、传输、利用的全面规划。解决跨部门跨业务领域信息的不一致、不完整以及对象关系割裂和标识不统一等问题。主要任务包括数据资源梳理、水利数据模型研究、数据管理制度建立。

2)数据资源整合。采用面向对象的统一水利数据模型对基础、业务和行政等数据进行整合,实现水利数据空间、属性、关系和元数据的一体化管理,统一对象代码,统一数据字典,为各类业务应用提供规范、权威和高效的数据支撑。主要任务包括共享基础数据整合和专用应用数据整合。

3)数据资源建设。在实施数据资源共享基础上,按照"一数一源、一源多用"的原则,完善信息资源管理办法,建立共享基础数据库,做好数据更新维护。同时做好涉水相关数据的收集整理,不断丰富数据资源。根据智慧水务数据中心逻辑架构及智慧水务的业务分类,本项目拟建设以下几类数据库。

a.基础数据库。基础数据库存储与智慧水务相关的社会经济数据、河流基础数据、涉河工程基础数据、水文数据、水质数据等,见表 11.3.4。

表 11.3.4 基础数据库表字段描述

| 编号 | 数据库表 | 主 要 字 段 |
|---|---|---|
| 1 | 行政区划基础信息表 | 行政区划名称、行政区划编码、上级行政区划编码、层级、总人口、家庭户数、房屋数、资料截止日期 |
| 2 | 河流基础信息表 | 河流编码、河流名称、河流面积、河流长度、河流级别、流域编码、水系编码、上级河流名称、上级河流编码、河流范围、河源位置、水准基面、河源高程、河口位置、干流长度、管理单位 |
| 3 | 水质监测站基本信息表 | 测站编码、测站名称、测站等级、流域名称、水系名称、河流名称、经度、纬度、站址、行政区划码、水资源分区码、水功能区划码、管理单位、监测单位、监测频次、自动监测、建站年月、撤站年月 |
| 4 | 流量监测站基本信息表 | 测站编码、测站名称、测站等级、流域名称、水系名称、河流名称、经度、纬度、站址、行政区划码、水资源分区码、水功能区划码、管理单位、监测单位、监测频次、自动监测、建站年月、撤站年月 |

| 编号 | 数据库表 | 主 要 字 段 |
|---|---|---|
| 5 | 视频监测站基本信息表 | 测站编码、测站名称、水系名称、河流名称、经度、纬度、站址、行政区划码、水资源分区码、水功能区划码、管理单位、监测单位、建站年月、撤站年月 |
| 6 | 闸门基础信息表 | 水闸编码、水闸名称、所在行政区划编码、所在地、经度、纬度、建成时间、工程等别、主要建筑物级别、闸孔数量、闸孔总净宽、水闸类型、过闸流量、设计洪水标准、校核洪水标准、闸门管理单位名称、所属河流 |
| 7 | 泵站基础信息表 | 泵站编码、泵站名称、所在行政区划编码、所在地、工程规模、运行状况、经度、纬度、建成时间、泵站类型、工程建设情况、工程等别、主要建筑物级别、装机流量、装机功率、设计扬程、水泵数量、泵站管理单位名称、所属河流 |
| 8 | 管网资料基础信息表 | 管道编码、管道类型、管道材质、所在行政区划编码、所在地、经度、纬度、建设日期、维护单位、联系方式、管网附属设备名称、阀门名称、阀门所在行政区划编码、阀门所在地、阀门经度、阀门纬度、阀门建成时间、窨井名称、窨井所在行政区划编码、窨井所在地、窨井经度、窨井纬度、窨井建成时间 |

b. 专题数据库。专题数据库主要存储与智慧水务业务相关的专题数据，根据业务分类可划分为水监测管理专题数据库、水环境管理专题库、水工程管理专题库、水安全管理专题库、综合管理专题数据库，见表11.3.5～表11.3.9。

表 11.3.5　　　　　　　　　　水监测管理专题数据库主要库表及数据信息

| 编号 | 主要数据库表 | 主 要 字 段 |
|---|---|---|
| 1 | 河道水情表 | 测站编码、测站名称、时间、水位、流量、断面过水面积、断面平均流速、断面最大流速、测流方法、测速方法 |
| 2 | 水质监测指标项目数据表 | 测站编码、测站名称、水体类型、采样时间、COD、氨氮、总磷、溶解氧、透明度、氧化还原电位、高锰酸盐指数、经度、纬度 |
| 3 | 视频监控数据表 | 站点编码、站点名称、设备类型、设备IP地址、设备状态、监控时间、视频流地址 |
| 4 | 闸泵监控数据表 | 站点编码、站点名称、设备状态、监控时间 |

表 11.3.6　　　　　　　　　　水环境管理专题库主要库表及数据信息

| 编号 | 主要数据库表 | 主 要 字 段 |
|---|---|---|
| 1 | 巡查路线信息表 | 巡查路线编号、巡查路线名称、巡查事件、巡查人员、巡查路线记录等 |
| 2 | 巡查任务信息表 | 巡查任务编码、巡查日期、巡查时间、巡查人员、巡查过程记录、报告审核状态、报告审核意见、报告审核时间等 |
| 3 | 巡查事件信息表 | 巡查事件编码、巡查日期、巡查人员、巡查方式、巡查记录、关联巡查照片、关联巡查位置、关联巡查路线、关联巡查任务等 |
| 4 | 河道水质评价信息表 | 测站编码、评价时间、评价时段长、评价方法、水质类别、主要超标项目与倍数等 |
| 5 | 水质趋势分析信息表 | 测站编码、测站名称、水质监测指标、指标变化趋势等 |
| 6 | 水质监测报告信息表 | 监测报告编号、监测报告名称、监测时间、上传时间、报告上传单位、关联监测报告文本等 |
| 7 | 水污染事件信息表 | 事件编号、事件名称、发生时间、发生范围、事件处理情况、现场照片、现场情况、事件描述等 |

表 11.3.7　　　　　　　　　　　水工程管理专题库主要库表及数据信息

| 编号 | 主要数据库表 | 主 要 字 段 |
|---|---|---|
| 1 | 工程基础信息表 | 项目名称、项目类型、项目建设必要性、项目阶段信息（已建、待建、在建）等 |
| 2 | 工程运行信息表 | 运行报表编码、运行报表名称、录入人员、录入时间、下载人员、下载时间、报表字段等 |
| 3 | 工程巡检信息表 | 巡检时间、巡检人员、巡检详情、照片等 |
| 4 | 工程维护信息报 | 检修时间、检修单位、人员、技术手段、检修前效果、检修后结果、图片等 |

表 11.3.8　　　　　　　　　　　水安全管理专题库主要库表及数据信息

| 编号 | 主要数据库表 | 主 要 字 段 |
|---|---|---|
| 1 | 应急响应信息表 | 关联会商会议信息、关联应急预案信息、应急响应行政区湖、启动时间、结束时间、响应的结果等 |
| 2 | 应急预案信息表 | 预案编码、预案名称、应急预案级别、预案的详细信息 |
| 3 | 应急处置报告信息表 | 报告名称、报告上传时间、上传人、报告详情、关联报告附件 |
| 4 | 应急会商信息表 | 会议编码、会议创建时间、创建人、会商研判结果、关联会商结果附件 |

表 11.3.9　　　　　　　　　　　综合管理专题库主要库表及数据信息

| 编号 | 数据库表 | 主 要 字 段 |
|---|---|---|
| 1 | 设备基本信息表 | 设备编号、设备名称、设备类别、所属系统、使用部位、设备状态、规格参数、生产厂家、设备启用日期、设备档案、附属设备编号、设备图片等 |
| 2 | 备品备件信息表 | 编号、名称、规格型号、所属系统、入退库单位、入退库时间、数量、计量单位、存放地点等 |
| 3 | 值班管理信息表 | 值班时间、值班人员、值班地点、值班详细信息等 |
| 4 | 设备运行状态信息表 | 设备编码、设备名称、时间、设备运行状态信息等 |
| 5 | 档案信息表 | 档案编号、档案类别、文件名称、归档人、审核人、页数、归档时间、档案附件等 |

　　c. 空间数据库。空间数据库存储与智慧水务工程相关各类空间数据，主要包括行政区划、河流、涉河工程、闸门泵站及本项目建设的相关信息采集设备的空间数据。

　　d. 管理数据库。管理数据库存储系统数据和元数据。系统数据包括系统功能、用户、权限的定义数据、配置信息、管理方式以及对数据 ETL 的定义、数据的管理与维护信息。元数据是对智慧水务各类实体数据进行描述的数据，包括描述属性数据和地理信息数据的定义、内容、质量、表示方式、空间参考系等。

　　e. 文件系统数据库。文件系统主要存储图片、音频、视频及各类文件数据。音频、视频数据通过音视频服务提供给业务系统进行音视频的查询和回放。图片、文件数据通过文件服务提供给业务系统进行上传、下载和浏览。

　　（2）管理与服务平台。

　　建立统一的资源管理服务，搭建面向数据资源的资源管理服务平台，形成支持多应用的统一数据资源管理和服务环境。

　　1）数据中心。依托江阴市"政务云"，充分利用共享交换机制，整合江阴市河湖管理保护相关数据资源以及本项目新建数据。建立以河道为基础主体对象的基础信息共享数据库，包括水域岸线、空间地理等基本信息分类分级、结构关系划分、空间属性数据关联等，建立覆盖水污染、水环境、水务综合管理等河道管理保护业务支撑基础数据资源体系。

　　2）大数据分析平台。搭建大数据分析平台，实现多元数据的多维度统计分析。平台提供分析主题设定、分析操作组合等操作管理，针对已设定的主体，多维分析可以对以多维形式组织起来的数据进行上卷、下钻、切片、切块、旋转等分析操作，以便剖析数据，使管理和决策层用户能从多个角度、多个侧面分析总结水环境的宏观、中观、微观情况，从而做出更好的管理决策。针对不同主题的多维分析成果，支持柱状图、饼图、过程线图等图形展示，并支持多维表格的呈现形式。在需要生成报表的应用场景中，支持利用报表工具生成数据报表。上述呈现形式均支持放大、缩小、下载、打印等工具类功能。

## 11.3.4　应用支撑平台初步搭建　●

### 11.3.4.1　规划思路

　　本书将搭建满足各应用系统建设需求的基础支撑平台和使能平台。搭建的基础支撑平台包括：通用流程平台、视频集成平台、智能报表平台、地理信息平台、短信平台和文件存储系统、ETL（数据仓库）、统一身份认证、综合检索服务、消息中间件、视频集成平台等。使能平台包括水质水动力模型、视频 AI 分析平台、物联网监控平台。

### 11.3.4.2　规划内容

　　应用支撑平台依托各类平台级软件产品或服务软件工具，为应用层各业务应用提供服务支撑。本项目建设基础支撑平台、使能平台两部分内容。

　　（1）基础支撑平台。

　　通用流程平台：基于成熟软件产品构建通用流程平台，平台主要功能包括流程设计引擎、流程版本管理、流程节点管理、流程路由管理、流程监控、流程回演等。

　　智能报表平台：基于成熟的智能报表软件产品构建智能报表平台。平台具备的主要功能包括多源数据支持、各种类型的复杂报表设计、兼容 Excel 设计器、支持 Web 端查看浏览报表、支持远程报表环境开发、支持多种图表展示形式、支持报表填报审核、支持数据大屏配置展示功能。

　　地理信息平台：基于成熟的软件平台构建地理信息平台，平台主要功能包括支持多种关系型数据库、具有多源空间数据无缝集成技术、支持发布数据服务、支持丰富的可视化技术、支持发布空间分析服务、支持三维场景、影像、矢量数据的在线网络发布、支持丰富的开发方式。

　　短信平台：基于成熟的软件产品构建短信平台，平台主要功能包含短信模板管理、短信发送、短信日志。

　　文件存储系统：文件存储系统采用分布式文件系统进行构建，文件存储系统以 REST 服务接口形式向应用系统提供各种文件存储操作服务，同时文件存储系统也提供文件管理界面对存储的文件进行管理操作。主要包含基础文件操作、目录操作、文件查询、权限管理、文件共享等功能。

ETL（数据仓库）：搭建数据交换服务，通过配置开发，实现各类数据的自动交换。数据交换服务通过 ETL 工具实现数据从源数据库向目标数据库的流动。

统一身份认证：搭建统一身份认证平台，为各应用系统提供统一的账号权限管理、身份认证服务。

综合检索服务：综合检索服务提供平台级的全文搜索，用户可以根据关键字搜索各类数据。

消息中间件：消息中间件用来在系统的模块间和前后端间快速数据传输。通过消息引擎来进行消息的发布通知实现实时数据更新。

视频集成平台：通过视频监控系统，接入和集成各视频监控点的视频数据，实现对控制工程、关键河段等区域的全方位的监视和管理，使河道各关键节点的运行情况能够得到有效监控。

（2）使能平台。

1）水质水动力模型。水质水动力模型以水动力学为基础，采用数值计算方法对河道的水位、流量、水质指标进行模拟计算。本项目搭建一维水动力水质模型，辅助活水调度决策支撑。

搭建一维水动力水质污染扩散模型包括基础数据整编、模型搭建、参数率定、验证及优化等主要步骤。

2）视频 AI 分析平台。搭建视频 AI 分析平台，接入本项目新建的视频监控设备，结合人工智能图像识别技术、深度学习算法等技术手段，实现对视频图像中入河排口、水体颜色、水面漂浮物等现象的主动预警，为河道实时监管提供赋能保障。

平台提供基础模块系统。系统管理实现对基础数据（人员/组织）、用户权限、设备管理、综合管控配置、视频监控配置、界面配置等配置操作进行集中管理。

3）物联网监控平台。物联网平台负责将自动监测终端采集到的实时数据接入平台并进行一系列分析处理，同时可将实时计算结果返回到采集端对设备进行控制操作。物联网平台，是基于互联网、通信技术构建，不依赖于特定的硬件模块，各监测设备制造单位可以基于自身的设备技术架构接入物联网采集平台。

## 11.3.5　智慧水务应用智能提升

### 11.3.5.1　规划思路

业务应用是用户通过各类终端直接面向用户，为用户各类业务管理提供辅助支撑的软件，是提升管理能力的主要体现，同时业务系统也是数据汇集的主要渠道，通过系统的运行使用，实现水循环过程中的智能仿真、智能诊断、智能预警及智能调度，主要包括水资源管理、水生态管理、水环境管理、水安全管理、水工程管理、水综合管理等。

### 11.3.5.2　规划内容

（1）智能设备运行管理系统。

本项目建设了灯光照明设备、曝气设备等前端感知设备，需要采用信息化的手段进行集中监视和控制，一方面可以及时发现设备问题和故障，避免不必要的损失；另一方面可进行统一的监管监督。因此建设智能、高效、灵活的智能设备运行管理系统是很有必要的。系统可整合监测数据，基于 GIS 地图进行集中展示和监视控制，方便运营公司各业务科室随时调用查阅，快速了解运行状态和处理预警预报事件，一定程度上降低设备损坏情况造成的损失，降低成本，实现整个运维过程的智能化和高效化。

系统具有灯光系统监控管理、曝气设备监控管理、报警预警管理等功能模块。

（2）水质在线监测与预警系统。

水质在线监测与预警系统实现对项目管辖范围内河道的水质实时监测、预警与分析管理。依托前端感知设备获取的水质监测数据，实现对目标水体的水质分析、监督与预警，辅助运营管理单位全面掌握水体动态变化。通过水质评价，对河流、河段进行精细化的监督、与评价，指导开展运维工作，使运维工作以问题为导向、突出重点。

水质在线监测与预警系统具有水质在线监测、流量在线监测、水质超标预警、监测数据统计分析、监测数据管理与发布、设备状态监控等功能模块。

（3）闸泵自动化监控系统。

为实现工程建成后现场管理站、监测站"无人值班（少人值守）"的要求，各闸泵先期建设现地控制系统，完成现地分散的自动化控制，然后通过自建光缆及运营商网络将各闸泵与指挥中心互联，形成专用的控制网络，完成指挥中心对各闸泵的集中控制与调度，实现"遥信、遥控、遥测、遥调"功能。

（4）厂网河一体化管理系统。

针对江阴市范围内水系连通工程、关键河道建设流量监测站，掌握河道水量信息；针对城区管道建设管网水质监测体系，监控管网水质状态；建设两级联调的污水处理工程操作系统，实现远程控制和集中监视；分析河道水质监测成果，调整城区内污水处理计划；通过水量分配与调度决策支持，科学合理地实现城区内厂网联合调度，最大化优化各污水厂处理负荷，保障达到河道水质目标。主要包括综合监控预警、实时动态预报与方案模拟、污染追溯管控、运营维护管理等功能。

（5）智慧调度管理系统。

智慧调度管理系统实现对项目管辖范围内河道的活水调度管理、防洪调度管理等。系统通过前端感知设备获取水质、流量、闸泵监控等数据，建立活水、防洪调度模型与方案，运用数学模型、虚拟仿真、自动控制等技术手段，依托基础设施的建设，设计建立一套"实用、先进、高效、可靠"的调度系统，实现对不同工况条件下调度过程的模拟仿真与调度结果的展示，为活水调度、防洪调度的优化调度决策提供有力的支撑。

（6）应急指挥管理系统。

应急指挥管理是为提高运行管理单位应对突发事件的应急决策与指挥能力，满足应对突发事件应急处置的需要，实现对各类突发事件的事前、事中、事后的全流程管理，系统包含应急预案管理、应急预警推送、应急指挥、应急处置报告等主要功能。

（7）运维管理系统。

运维管理系统主要实现工程巡检、维修养护、考核评价等业务，实现集中式、可视化、标准化运维，减少运维成本，提高运维和监管水平，减少设备运行故障，提升管理效率和环境监管能力。运维管理主要包括：设备信息管理、工程巡检管理、巡河管理、任务处置、运维考核评价、运维综合评价、考勤管理、知识库管理、质量安全管理、报表管理等模块。

（8）物资管理系统。

物资管理系统对物资的采购、申请、审批、入库、出库、盘存等提供系统化的在线流程和管理工具，其管理对象主要包括运维物资、备品备件等，其中物资管理系统可以和运维管理系统实行联动管理，节省运维人员领用流程，以提高事故应急时的物资到位率。

（9）成本管理系统。

成本管理系统可基于各项管理活动提供的成本信息，利用信息化手段进行多维统计分析，进而辅助管理人员采取经济、技术和组织等手段实现降低成本或成本改善的目的。成本管理系统主要对设备、物料、人工等成本要素进行多维度统计、查询、分析，辅助实现成本科学化、精细化管理。

（10）水生态修复管理系统。

随着城市经济的快速发展，江阴市水生态环境已遭到破坏和威胁。需通过多种手段开展水生态修复，并扩展水生态修复相关的信息化建设，彰显水生态修复效益。需加强水生态修复工程的信息化管理，强化对珍稀物种的保护和监管，提供信息化手段实现珍稀物种的信息管理；开展河流健康评价评估，记录河流健康评估结果，对比分析河流健康变化，结合整治措施，分析整治效果。

水生态修复工程信息管理。在线管理水生态修复工程的信息，包括生态湿地、生态河道、水生生物食物链建设等工程。

河道物种信息管理。系统提供对河道动植物物种的登记管理功能，系统提供物种、存量评估等信息的管理。

河流健康评价评估。定期开展河流健康评价评估，将结果在线导入系统，实现河流健康评价评估的常态化管理，通过对时序评价结果的比较，可对比分析河流健康动态，结合水利工程建设、水生态修复工程，分析河流健康变化原因。

（11）河湖景观智慧化服务系统。

提高江阴市水务相关景观的智慧化服务水平，需要从内部管理智慧化和外部服务智慧化两方面着手。内部管理智慧化包含了景观的基础设施管理、日常运维两方面，外部服务智慧化包含了对外信息服务与游客体验两方面。做好以上几个方面需要将智能的设施设备与互联网技术相融合，结合大数据分析等技术手段，通过多维度、立体、直观的表达方式来实现。

河湖景观智慧化服务系统通过梳理江阴市涉水景观的基础信息、空间信息、设计图纸等数据，利用 GIS＋BIM 平台对数据进行空间化，并以一张图的形成进行展现，同时能将以上数据向智慧城市或其他授权系统进行共享。系统包含基础信息管理、数据服务共享、视频监控、景观 BIM 展示、运维管理等功能。

（12）GIS＋BIM 水务综合展示平台。

围绕水环境、水污染、水生态，以 GIS、BIM 技术为基础，构建城市智慧水务展现平台，实现对河道、管网、闸泵、水厂等水务相关信息的二维、三维直观形象的展现，支持查询、定位、统计等功能，加强综合信息服务，实现水务业务和数据的数字化。主要包括数据建设、BIM 建模、三维展示等功能。

（13）大屏综合展示系统。

大屏综合展示系统是将各业务系统中辅助决策支持的关键指标抽离出单独的业务应用，并在大屏进行聚合展示，支撑领导决策、工作调度、会商研判等场景的需要。根据智慧水务的应用特点，大屏展示按展示范围与维度主要分为关键指标分析与展示、河道水质主题、运营管理主题，通过分屏、分主题等方式实现全方位的数据展示。

（14）"智慧水务一张图"。

"智慧水务一张图"系统是将业务管理系统中的信息通过 GIS 地图服务的形式进行表达，实现各类基础数据、专题数据的展示和统计分析。"智慧水务一张图"主要提供基础的地图交互功能、业务形势分析等功能模块。其中地图交互功能包括地图基本操作、图层管理、信息查询与展示等功能，业务专题分析模块包括信息监测专题图、排水管网分布图、水质分析专题图、排污口分布图等功能，同时提供各专题要素统计、分析、管理功能。

（15）移动 App。

移动应用作为智慧水务平台的延伸，充分发挥移动互联网与智能终端的便捷性、高性能，为运营管理人员提供了一个可扩展的平台，通过该 App 可以实现移动巡查、生产管理、实时监控以及各类办公服务。支持在平板电脑和智能手机上的移动应用，支持安卓和苹果系统下多种设备的安装使用，实现运行管理与日常监督的主要功能以及移动巡查等特殊应用。主要包括新闻动态、通知公告、综合数据查询、通讯录、移动巡检、移动会商、审批待办等模块。

（16）微信公众号。

提高出行服务质量：根据城市渍水分布情况，按照区域划分，通过微信公众号为社会公众的出行提供指导服务，提高出行效率和保障出行安全。

开放微信公众号：建立智慧水务微信公众号，为广大社会公众提供便捷的投诉处理平台，可将投诉问题描述、地点、时间、投诉人、联系方式等信息以及图片、短视频等通过公众号上传，并由水务相关责任人受理，并实时公开发布处理进度和处理意见。从而提高投诉处理的时效性和公开性。

## 11.4　工程规模及实施计划

智慧水务工程主要包括 53 条河道、管网水质，水位，流量以及视频等监控，控制箱工程闸、泵等设施的智能控制设备的集中控制，基础运行环境体系，智慧水务一体化平台建设等。智慧水务工程规模及实施计划见表 11.4.1。

工程近期规划建设 29 处河道水质监测常规站、3 套便携式水质监测设备、50 套视频监测站，购置 2 套无人机，购买 8 次无人船服务，活水工程（闸门 10 座，泵站 14 座）及控源截污工程闸泵实现自动化监控、灯光系统自动化监控。基础运行环境建设包括传输网

表 11.4.1　　　　　　　　　智慧水务工程规模及实施计划表

| 序号 | 项目名称 | 建设内容 | 工程规模 | | | |
| --- | --- | --- | --- | --- | --- | --- |
| | | | 近期 | 远期 | 小计 | 单位 |
| 1 | 前端感知采集 | 河道水质监测常规站 | 29 | 24 | 53 | 处 |
| 2 | | 排水管网水质监测站 | | 70 | 70 | 处 |
| 3 | | 湖泊水质监测站 | | 9 | 9 | 处 |
| 4 | | 湖泊水位监测站 | | 6 | 6 | 处 |
| 5 | | 视频监控站 | 50 | 40 | 90 | 处 |
| 6 | | 便携式水质监测设备 | 3 | | 3 | 套 |
| 7 | | 无人机 | 2 | 5 | 7 | 套 |
| 8 | | 无人船 | 8 | 40 | 48 | 次 |
| 9 | | 活水工程闸门自动化监控 | 10 | | 10 | 座 |
| 10 | | 活水工程泵站自动化监控 | 14 | 1 | 15 | 座 |
| 11 | | 控源截污工程闸泵自动化监控 | 1 | | 1 | 项 |
| 12 | | 灯光系统自动化监控 | 1 | | 1 | 项 |
| 13 | 基础运行环境体系 | 传输网络 | 1 | 1 | 2 | 项 |
| 14 | | 指挥中心 | 1 | | 1 | 套 |
| 15 | 数据资源建设 | 数据中心 | 1 | 深化扩展 | 1 | 套 |
| 16 | 应用支撑平台 | 基础支撑平台 | 1 | | 1 | 套 |
| 17 | | 使能平台 | 1 | 深化扩展 | 1 | |
| 18 | | 大数据分析平台 | | 1 | 1 | 套 |
| 19 | 应用系统 | 智能设备运行管理系统 | 1 | 深化扩展 | 1 | 套 |
| 20 | | 水质在线监测与预警系统 | 1 | 深化扩展 | 1 | 套 |
| 21 | | 闸泵自动化监控系统 | 1 | 深化扩展 | 1 | 套 |
| 22 | | 智慧调度管理系统 | 1 | 深化扩展 | 1 | 套 |
| 23 | | 应急指挥管理系统 | 1 | 深化扩展 | 1 | 套 |
| 24 | | 运维管理系统 | 1 | 深化扩展 | 1 | 套 |
| 25 | | 物资管理系统 | 1 | 深化扩展 | 1 | 套 |
| 26 | | 成本管理系统 | 1 | 深化扩展 | 1 | 套 |
| 27 | | 大屏综合展示系统 | 1 | 深化扩展 | 1 | 套 |
| 28 | | "智慧水务一张图" | 1 | 深化扩展 | 1 | 套 |
| 29 | | 移动 App | 1 | 深化扩展 | 1 | 套 |
| 30 | | 微信公众号 | 1 | 深化扩展 | 1 | 套 |
| 31 | | 水生态修复管理系统 | | 1 | 1 | 套 |
| 32 | | GIS+BIM 水务综合展示平台 | | 1 | 1 | 套 |
| 33 | | 厂网河一体化管理系统 | | 1 | 1 | 套 |
| 34 | | 河湖景观智慧化服务系统 | | 1 | 1 | 套 |

络建设、指挥调度中心建设。数据资源建设包括数据库建设。应用支撑平台建设包括基础支撑平台、使能平台、大数据分析平台。应用系统包括智能设备运行管理系统、水质在线监测与预警系统、闸泵自动化监控系统、智慧调度管理系统、应急指挥管理系统、运维管理系统、物资管理系统、成本管理系统、大屏综合展示系统、"智慧水务一张图"、移动App、微信公众号等。

远期规划建设 24 处河道水质监测常规站、70 处排水管网水质自动监测站、9 处湖泊水质监测站、6 处湖泊水位监测站、40 处视频监测站点，购置 5 套无人机、购买 40 次无人船服务，实现 1 座泵站自动化升级、建设传输网络，对已有系统进行深化扩展，并建设大数据分析平台、厂网河一体化管理系统、水生态修复管理系统、河湖景观智慧化服务系统、GIS+BIM 水务综合展示平台。

按照本规划确定的发展目标和任务，统筹智慧水务建设项目，按照分期实施、急用先建的原则有序推进。

## 11.5　本章小结

研究形成"前端感知一张网、共享服务一平台、业务支撑 N 应用"的智慧水务工程布局。"前端感知一张网"通过"水""陆""空"三位一体的立体化感知，实现对江阴城区厂网河湖岸的系统监测，即通过水质自动监测站、水位监测站、视频监控点等实现"水"感知，通过污水管理动态监测实现"陆"感知，通过无人机监测实现"空"感知等。通过构建集约共享的云计算资源、网络资源，打造中心数据资源池，建设服务能力强大的支撑平台。通过建成水质在线监控预警、河道巡查管理、设备物资生产管理等实现水环境提升及运行管理的"N"类业务的支撑应用，全面提升业务协同能力，全面提高运行管理能力。

# 第 12 章

# 目标可达性分析

## 12.1 引言

结合城区排水分区、用地性质、降雨径流等参数，计算 2020 年和 2030 年各河道入河污染负荷。结合河道的地形数据、水文水质监测数据和污染物降解系数等参数，构建江阴市城区一维河网水环境模型，模拟城区综合治理措施实施后各主要河道水质状况，分析各河道水质目标的可达性。

具体的思路是通过分区、分期治理目标和相关政策标准，提出初始方案。按照初始方案及治理标准构建水量水质数学模型，对河渠水质进行动态模拟，以水环境容量为约束，进行目标可达性分析，坚持"以量（排放量）定标（治理标准）"，不可达则反馈回方案层，重新制定方案、优化措施，达标则形成最终的治理方案及治理标准。

## 12.2 水环境模型构建

### 12.2.1 模型的选择

对水体进行系统分析时，通常采用定量与定性相结合的技术方法。一般定性分析包括理论分析法、类比分析法等；定量分析包括物质平衡法、经验关系法、统计分析法、数学模型法等。对于基础数据相对充足的地区，可采用较规范和精度高的数学模型计算分析污染负荷。考虑到江阴市城区已掌握到近年来逐月水质监测数据，污染源部分基础数据均较翔实，且能较好地计算出所需水文数据。因此，本次采用数学模型法对江阴市城区水体达标进行系统分析。

本次规划选用一维非稳态水质模型，并且将 COD、氨氮、总磷作为模型的代表性水质指标。

## 12.2.2 基本公式

（1）水动力模型基本方程。

描述河道水流运动的圣维南方程组为

$$\begin{cases} B\,\dfrac{\partial Z}{\partial t}+\dfrac{\partial Q}{\partial x}=q \\[3mm] \dfrac{\partial Q}{\partial t}+\dfrac{\partial}{\partial t}\left(\dfrac{\alpha Q^2}{A}\right)+gA\,\dfrac{\partial Z}{\partial x}+gA\,\dfrac{|Q|Q}{K^2}=qV_x \end{cases} \tag{12.1}$$

式中　$q$——旁侧入流，$\mathrm{m^3/s}$，入流为正，出流为负；

　　　$Q$——河道断面流量，$\mathrm{m^3/s}$；

　　　$A$——过水面积，$\mathrm{m^2}$；

　　　$B$——河宽，$\mathrm{m}$；

　　　$x$——距离，$\mathrm{m}$；

　　　$t$——时间，$\mathrm{s}$；

　　　$Z$——水位，$\mathrm{m}$；

　　　$V_x$——旁侧入流流速在水流方向上的分量，$\mathrm{m/s}$，一般可以近似为零；

　　　$K$——流量模数，反映河道的实际过流能力；

　　　$\alpha$——动量校正系数，是反映河道断面流速分布均匀性的系数。

对上述方程组采用四点线性隐式格式进行离散。

（2）水质模型基本方程。

模型采用一维河流水质模型的基本方程为

$$\frac{\partial(AC)}{\partial t}+\frac{\partial(QC)}{\partial x}=\frac{\partial}{\partial x}\left(AD\,\frac{\partial C}{\partial x}\right)-KC \tag{12.2}$$

式中　$A$——河道断面面积，$\mathrm{m^2}$；

　　　$Q$——断面平均流量，$\mathrm{m^3/s}$；

　　　$D$——纵向扩散系数，$\mathrm{m^3/s}$；

　　　$C$——污染物质浓度，$\mathrm{mg/L}$；

　　　$K$——污染物降解系数。

污染物质河网汊点平衡方程为

$$\sum(QC)=(C\Omega)\left(\frac{\mathrm{d}Z}{\mathrm{d}t}\right) \tag{12.3}$$

式中　$\Omega$——河道汊点节点的水面面积，$\mathrm{m}$。

河网污染物质对流扩散方程采用有限控制体积法显式算法，具体说，在由两个河段断面组成的微河段中，对一维污染物质对流扩散方程积分，形成各微段对流扩散的代数方程，再假定河网汊点为一虚拟微河段，建立该汊点的污染物质量平衡方程。而后，进行逐微段污染物质量平衡计算和汊点的污染物质量平衡方程。离散方程如下：

$$\frac{(AC)_i^{n+1} - (AC)_i^n}{\Delta t} \Delta X_i$$

$$= (QC)_{i+1/2}^n - (QC)_{i+1/2}^n + \left(AD \frac{\partial C}{\partial x}\right)_{i+1/2}^n \left(AD \frac{\partial C}{\partial x}\right)_{i-1/2}^n - KC_i^n \Delta X_i \quad (12.4)$$

$$\sum_{i=1}^{NL} (QC)_{i,j} = (C\Omega)_j \left(\frac{\mathrm{d}Z}{\mathrm{d}t}\right)_j \quad (12.5)$$

其中对流扩散系数、降解系数，可参考物质降解的实验值，或通过实测资料反推求得出。

### 12.2.3　河网概化

建立模型时将流量较小的河道进行合并、概化，河道纵比降通过控制断面的高程进行控制，并根据模型需要进行适当平顺处理。概化时将主要的输水河道纳入计算范围，将次要的河道和水体根据等效原理，归并为单一河道和节点，使概化前后河道的输水能力相等、调蓄能力不变。计算区域为江阴城区，根据市级镇级河道整治工程措施实施后断面数据，江阴城区河网概化如图 12.2.1 所示。

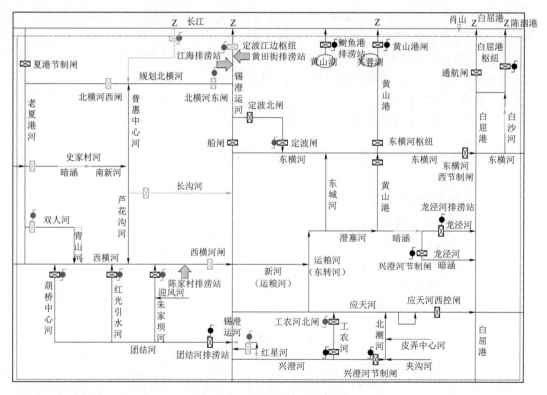

图 12.2.1　江阴城区河网概化图

本模型共概化河道 45 条，概化为 236 个河段，3430 个断面，所涉及的河道有新沟河、新夏港河、老夏港河、锡澄运河、白屈港、张家港、北横河、西横河、东横河、团结河、工农河、跃进河、黄昌河、环山河、黄山港、澄塞河、应天河、兴澄河、冯泾河、青祝河、普惠中心河、史家村河、芦花沟河、长沟河、江锋中心河、双人河、葫桥中心河、红光引水河、朱家坝河、迎风河、团结河、东城河、龙泾河、运粮河、东转河、北潮河、红星河、新丰河、青山河、白沙河、大河港、石牌港、白蛇港、芦墩浜、长寿河等干支河流。

模型涉及船闸、水闸等33座，包括新沟河枢纽、夏港水闸、夏港套闸、夏港节制闸、定波江边枢纽、定波船闸、定波北闸、定波闸、东横河枢纽、黄山港闸、望江公园排涝站、东横河西节制闸、东横河东节制闸、白屈港通航闸、白屈港枢纽、大河港闸、石牌港闸、龙泾河排涝站、龙泾河节制闸、应天河西控闸、应天河套闸、工农河南排闸、兴澄河节制闸、璜塘套闸、祝塘套闸、葫芦桥排灌站、宏观防洪闸、朱家坝河闸、工农河北闸（规划）、红星排涝站（规划）、西横河闸（规划）、北横河西闸（规划）、北横河东闸（规划）。

江阴城区为平原河网区，城区内河道与城外河网有较强水量交换，根据河道联通情况，模型计算范围往外扩展到新沟河、张家港。其模型计算河网概化图如图12.2.2所示。

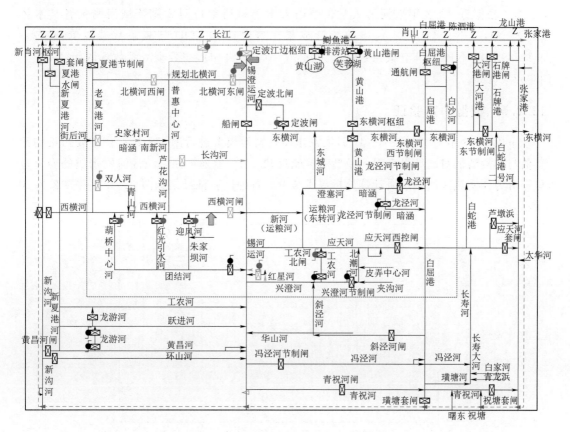

图12.2.2　江阴城区模型计算河网概化图

## 12.2.4　模型算法

模型算法为一维隐式分块三级河网水流算法，河网水流算法采用一维非恒定流四点隐格式差分求解。其特点在于隐式差分稳定性好，求解速度快，能准确实现汊点流量按各分汊河道的过流能力自动分流，且能适应双向流特征的复杂河网计算。

闸泵调度过程的实质是根据闸上闸下水位变化开启闸门过流或开启电泵排水的过程，闸门过程变化受闸上闸下水位差变化影响，电泵排水受水位和能力控制开启和关闭。本文采用在坝上和坝下分别设置上下两个节点，使节点之间成为闸坝调度计算河段，以伯努利能量方程构建调度计算河段方程，联合河道河网方程组形成包含闸控的隐式联解的河网方程组。

## 12.2.5　模型参数选取

根据江阴城区主要河道床面特点，结合水力学手册，糙率选取为 0.025。

综合降解系数 $k$ 是反映污染物沿程生物降解、沉降和其他物化等变化的综合系数，它体现了污染物自身的变化，也体现了环境对污染物的影响，并与水体流速相关，即 $k = \alpha + \beta u$。根据近 20 多年来河海大学、中山大学等科研单位对太湖流域河网区各类水体 COD、$NH_3$-N、TP 衰减规律的统计成果，本次计算 COD 衰减系数选取为 0.09～0.12（1/d），$NH_3$-N 衰减系数选取为 0.06～0.08（1/d），TP 衰减系数选取为 0.045～0.052（1/d）。

## 12.2.6　模型率定验证

采用 2018 年 1—6 月、7—12 月实测水质资料对模型进行率定验证。由主要污染物计算值与实测值的对比结果来看，模型基本能反映 2018 年全年江阴城区河网水质的变化过程，可为江阴城区河网水质计算分析提供参考。各地区验证结果如图 12.2.3～图 12.2.10 所示。

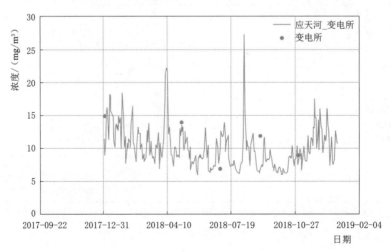

图 12.2.3　2018 年河道 COD 验证结果（变电所）

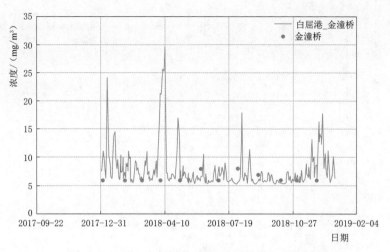

图 12.2.4    2018 年河道 COD 验证结果（金潼桥）

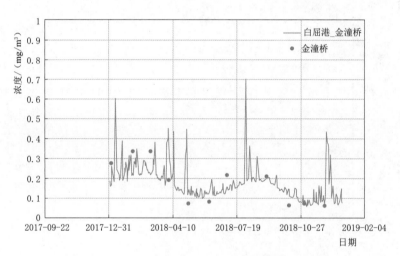

图 12.2.5    2018 年河道 $NH_3-N$ 验证结果（金潼桥）

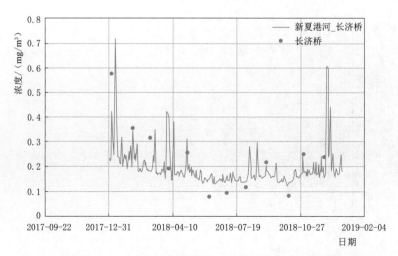

图 12.2.6    2018 年河道 $NH_3-N$ 验证结果（长济桥）

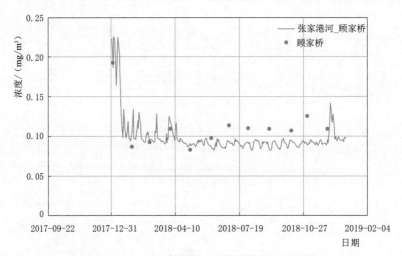

图 12.2.7 2018 年河道 TP 验证结果（顾家桥）

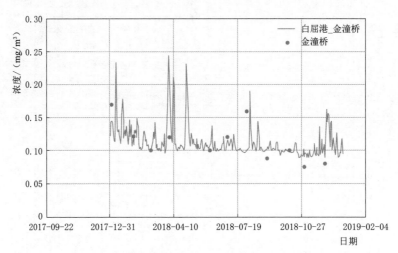

图 12.2.8 2018 年河道 TP 验证结果（金潼桥）

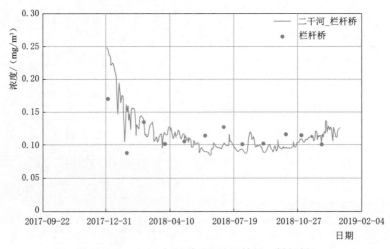

图 12.2.9 2018 年河道 TP 验证结果（栏杆桥）

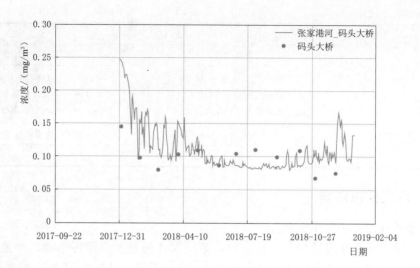

图 12.2.10　2018 年河道 TP 验证结果（码头大桥）

# 12.3　水质目标可达性分析

## 12.3.1　设计水文条件选取

为全面分析不同水文条件、不同水期下江阴城区主要河道水质状况及变化规律，本规划选取 2018 丰水年（25%）、2012 平水年（50%）和 2013 枯水年（90%）进行分析，典型年选择是通过江阴市多年降雨资料进行频率分析确定。

水位边界：计算水位边界采用江阴城区各外江闸 2018 年、2012 年、2013 年实测潮位过程，同时根据江阴站潮位资料推求的新沟河、新夏港河、老夏港河、锡澄运河、黄山港、白屈港、大河港、石牌港、张家港等入江河流沿江闸站潮位过程。

来水条件：采用 2018 丰水年、2012 平水年、2013 枯水年枯季降雨推求出的区域内涝水汇流过程作为江阴城区河网来水过程。

## 12.3.2　水质边界条件选取

水质边界条件的选取主要依靠边界断面常规监测水质结果，用以反映边界条件常年来水水质状况，对未设定常规监测点位的断面，利用水质补充监测结果进行分析选取。从水质边界条件来看，长江水质较好，为地表水Ⅲ类状态，跨界河锡澄运河来水水质相对较差，现状为地表水Ⅳ类，按Ⅲ～Ⅳ类选取，跨界断面水质超标不予考虑。

## 12.3.3　模拟情景

本规划针对规划近期水平年 2020 年、规划远期水平年 2030 年对应根据不同水文年（丰水年、平水年、枯水年），设定六种模拟情景，见表 12.3.1。

表 12.3.1 污染源预测情景设定

| 指标体系 | 工 况 设 定 | | | | | |
| --- | --- | --- | --- | --- | --- | --- |
| | 工况 1 | 工况 2 | 工况 3 | 工况 4 | 工况 5 | 工况 6 |
| 社会经济指标 | 2020 年，人口增长率 0.9%，工业污染排放增长率 10.6%，耕地、建设用地面积保持不变 | | | 2030 年，人口增长率 0.5%，工业污染排放增长率 7%，耕地、建设用地面积保持不变 | | |
| 污染物治理技术水平 | 2020 年污染物治理技术水平 | | | 2030 年污染物治理技术水平 | | |
| 水文年型 | 丰水年 | 平水年 | 枯水年 | 丰水年 | 平水年 | 枯水年 |

## 12.3.4 水质模拟结果

（1）水质目标可达性评价方法。

基于一维河网水环境模型，以水文设计条件和各规划水平年污染物入河量为输入条件，预测活水工况下各道水质达标率。水文设计条件选择枯水年 2013 年、平水年 2012 年和丰水年 2018 年实测降雨、实测潮位数据；污染源数据则为规划水平年点、面源污染物入河量。评价月份内，各水质指标达标率大于（含等于）80%，则认为河道水质达标。

（2）2020 年达标分析。

在规划近期污染负荷预测基础上，采用一维河网水环境模型，以平水年 2012 年、枯水年 2013 年、丰水年 2018 年实测降雨过程和 2020 水平年点源和面源负荷，计算预测各河道水质，分析水质达标情况。由于老夏港河、绮山中心河、青山河、长沟河 COD、氨氮及总磷的污染负荷均较高，普惠中心河、迎风河氨氮的污染负荷较高，水体超水质目标，其他河道均可达水质目标。

（3）2030 年达标分析。

在规划远期污染负荷预测基础上，采用一维河网水环境模型，以平水年 2012 年、枯水年 2013 年、丰水年 2018 年实测降雨过程和 2020 水平年点源和面源负荷，计算预测各河道水质，分析水质达标情况。由于老夏港河、长沟河枯季 COD 污染负荷较高，水体 COD 超水质目标，其他河道均可达水质目标。雨季所有河道水质均可达水质目标。

# 12.4 限排总量可达性分析

根据现有同类措施对污染物负荷的削减效果，对本项目中控源截污、河道清淤及活水工程等措施实施后污染物的削减情况进行估算。规划年综合措施对污染物的预期削减量与水环境容量要求的削减量进行对比。

本工程通过采取控源截污等措施，力争实现对城镇生活、农村生活及初期雨水等点源及面源污染的控制；通过开展河道清淤工程有效控制河道内源污染释放；通过水生态修复工程进一步净化水质；通过水系连通及活水工程有效提升河道的水环境容量（增加的水环境容量即计算的水体稀释容量 $W_{稀释}$）。

在规划近期，通过点源、面源、内源等管控措施对污染负荷进行削减，加之水系连通工程的实施增加了河道水环境容量，在规划近期（2020 年），48 个控制单元中有 33 个控制单元的污染物削减量达到水环境容量限制要求，达标的控制单元占比 68.8%，见表 12.4.1。由于 2020 年水质目标是消除水体黑臭，而近期污染负荷需削减量是按达到 Ⅴ 类水质标准计算的，因此江阴城区 53 条河道消黑比例应更高，未达标的控制单元通过辅以水生态修复措施及加强政府配套措施可进一步提升或稳定水质。

表 12.4.1　　　　48 个控制单元 2020 年综合措施污染物削减量分析　　　　单位：t/a

| 控制单元编号 | 措施实际削减量 | | | 水环境容量要求削减量 | | | 是否满足要求 |
|---|---|---|---|---|---|---|---|
| | COD | NH$_3$-N | TP | COD | NH$_3$-N | TP | |
| 1 | −664.83 | −40.45 | −3.00 | 677.35 | 15.79 | 3.74 | × |
| 2 | 17.92 | 0.98 | 0.19 | 42.77 | 2.15 | 0.44 | × |
| 3 | 34.18 | 3.22 | 0.43 | 36.70 | 3.25 | 0.36 | × |
| 4 | 142.91 | 14.46 | 1.89 | 108.47 | 14.16 | 1.49 | √ |
| 5 | 11.87 | 1.15 | 0.15 | 12.50 | 1.43 | 0.15 | × |
| 6 | 17.36 | 1.44 | 0.23 | 12.50 | 1.31 | 0.18 | √ |
| 7 | 93.36 | 8.65 | 1.24 | 120.40 | 10.59 | 1.55 | × |
| 8 | 21.71 | 1.80 | 0.28 | 20.09 | 1.95 | 0.26 | × |
| 9 | 11.84 | 0.96 | 0.15 | 0 | 0.08 | 0 | √ |
| 10 | 18.42 | 1.67 | 0.26 | 3.26 | 1.05 | 0.08 | √ |
| 11 | 2.22 | 0.22 | 0.05 | 0 | 0 | 0 | √ |
| 12 | 110.94 | 10.90 | 1.56 | 80.16 | 10.05 | 1.23 | √ |
| 13 | 7.58 | 0.76 | 0.11 | 0 | 1.11 | 0.15 | × |
| 14 | 66.60 | 6.61 | 0.93 | 15.04 | 5.62 | 0.64 | √ |
| 15 | 150.90 | 14.18 | 2.11 | 105.55 | 14.01 | 1.93 | √ |
| 16 | 50.93 | 5.00 | 0.70 | 54.31 | 5.49 | 0.75 | × |
| 17 | 29.19 | 2.83 | 0.44 | 27.00 | 3.03 | 0.40 | × |
| 18 | 21.15 | 2.19 | 0.33 | 9.51 | 1.55 | 0.18 | √ |
| 19 | 11.97 | 1.13 | 0.17 | 1.99 | 0.60 | 0.03 | √ |
| 20 | 6.41 | 0.63 | 0.09 | 0 | 0 | 0 | √ |
| 21 | 71.37 | 7.28 | 1.10 | 18.67 | 4.40 | 0.44 | √ |
| 22 | 740.12 | 73.02 | 10.04 | 13.97 | 49.15 | 3.72 | √ |
| 23 | 54.05 | 5.47 | 0.69 | 50.25 | 5.32 | 0.50 | √ |
| 24 | 79.84 | 7.96 | 1.01 | 24.24 | 3.42 | 0 | √ |
| 25 | 26.21 | 2.21 | 0.32 | 14.35 | 0.80 | 0.02 | √ |
| 26 | 162.71 | 17.21 | 2.19 | 225.12 | 23.42 | 2.97 | × |
| 27 | 287.19 | 27.66 | 3.64 | 0 | 0.08 | 0 | √ |
| 28 | 8.63 | 0.72 | 0.11 | 3.79 | 0.59 | 0.05 | √ |
| 29 | 530.48 | 54.93 | 7.31 | 399.92 | 54.09 | 6.04 | √ |
| 30 | 150.86 | 15.07 | 1.95 | 0 | 7.72 | 0 | √ |

| 控制单元编号 | 措 施 实 际 削 减 量 | | | 水环境容量要求削减量 | | | 是否满足要求 |
|---|---|---|---|---|---|---|---|
| | COD | NH$_3$-N | TP | COD | NH$_3$-N | TP | |
| 31 | 195.34 | 19.66 | 2.69 | 134.25 | 18.54 | 1.98 | √ |
| 32 | 290.01 | 29.44 | 3.83 | 327.32 | 35.69 | 4.30 | × |
| 33 | 65.19 | 6.38 | 0.88 | 2.98 | 3.47 | 0.12 | √ |
| 34 | 82.23 | 8.11 | 1.10 | 0 | 1.00 | 0 | √ |
| 35 | 18.09 | 1.84 | 0.23 | 1.28 | 1.22 | 0.03 | √ |
| 36 | 63.77 | 4.93 | 0.74 | 73.22 | 4.89 | 0.56 | × |
| 37 | 16.32 | 1.09 | 0.23 | 2.49 | 0.18 | 0.02 | √ |
| 38 | 55.16 | 4.55 | 0.80 | 0 | 2.25 | 0.15 | √ |
| 39 | 4.47 | 0.38 | 0.08 | 0 | 0.11 | 0 | √ |
| 40 | 406.05 | 29.51 | 3.43 | 33.29 | 9.78 | 0 | √ |
| 41 | 15.76 | 1.11 | 0.19 | 0 | 0 | 0 | √ |
| 42 | 43.51 | 3.89 | 0.59 | 7.67 | 1.68 | 0.05 | √ |
| 43 | 39.27 | 3.01 | 0.52 | 7.97 | 0.37 | 0.01 | √ |
| 44 | 8.22 | 0.44 | 0.09 | 11.88 | 0.50 | 0.09 | × |
| 45 | 2.79 | 0.20 | 0.04 | 0 | 0.32 | 0.02 | × |
| 46 | 37.46 | 3.56 | 0.56 | 19.92 | 2.11 | 0.28 | √ |
| 47 | 16.17 | 1.45 | 0.22 | 0 | 0 | 0 | √ |
| 48 | −250.26 | −24.10 | −1.51 | 1309.75 | 36.82 | 4.12 | × |
| 合计 | 3383.64 | 345.31 | 51.38 | 4009.93 | 360.14 | 39.03 | × |

注　表格中实际削减量若为正数，表示上措施后污染负荷削减量；若表格中实际削减量为负数，表示上措施后污染负荷增加量。

　　在规划远期，48 个控制单元中有 34 个控制单元的污染物削减量达到水环境容量限制要求，达标的控制单元占比 70.8%，见表 12.4.2。说明确保每条河道都达到远期Ⅳ类的水质目标，政府需进一步加强配套措施，根据污染源测算结果，建议重点开展城市面源污染治理，来确保水质进一步提升。远期，随着城镇配套管网的日渐完善，管网修复工程的实施，垃圾转运体系的日渐成熟，及逐步开展城镇面源污染治理和推进城市海绵建设，在初期雨水处理设施效益推广发挥作用后，入河污染量将大幅削减；同时随着产业结构调整，加之对工业企业的加强管控，结合工程和非工程措施，江阴城区各河道水质能逐步提升，生态和景观也将得到极大的改善，为城区产业转型和经济发展带来强大的推动作用。

表 12.4.2　　　　　　　48 个控制单元 2030 年综合措施污染物削减量分析　　　　　单位：t/a

| 控制单元编号 | 措 施 实 际 削 减 量 | | | 水环境容量要求削减量 | | | 是否满足要求 |
|---|---|---|---|---|---|---|---|
| | COD | NH$_3$-N | TP | COD | NH$_3$-N | TP | |
| 1 | −1889.93 | −98.78 | −11.9 | 678.93 | 15.98 | 3.76 | × |
| 2 | 22.71 | 1.25 | 0.2 | 42.88 | 2.16 | 0.44 | × |

| 控制单元编号 | 措施实际削减量 | | | 水环境容量要求削减量 | | | 是否满足要求 |
|---|---|---|---|---|---|---|---|
| | COD | NH$_3$-N | TP | COD | NH$_3$-N | TP | |
| 3 | 47.13 | 4.50 | 0.6 | 44.53 | 3.93 | 0.48 | √ |
| 4 | 175.40 | 17.79 | 2.3 | 156.85 | 17.19 | 2.04 | √ |
| 5 | 16.23 | 1.60 | 0.2 | 16.79 | 1.71 | 0.20 | × |
| 6 | 22.58 | 1.94 | 0.3 | 20.69 | 1.80 | 0.27 | √ |
| 7 | 111.47 | 10.38 | 1.5 | 131.17 | 11.35 | 1.68 | × |
| 8 | 28.23 | 2.40 | 0.4 | 28.92 | 2.49 | 0.36 | × |
| 9 | 14.83 | 1.22 | 0.2 | 7.00 | 0.69 | 0.09 | √ |
| 10 | 23.26 | 2.14 | 0.3 | 15.75 | 1.78 | 0.22 | √ |
| 11 | 2.75 | 0.27 | 0.1 | 0 | 0 | 0 | √ |
| 12 | 127.17 | 12.57 | 1.8 | 110.63 | 11.92 | 1.57 | √ |
| 13 | 10.42 | 1.12 | 0.2 | 0 | 1.13 | 0.15 | × |
| 14 | 78.90 | 7.96 | 1.1 | 16.49 | 5.79 | 0.66 | √ |
| 15 | 169.64 | 16.20 | 2.4 | 107.69 | 14.26 | 1.96 | √ |
| 16 | 58.38 | 5.76 | 0.8 | 61.04 | 5.94 | 0.82 | × |
| 17 | 36.15 | 3.52 | 0.5 | 36.54 | 3.67 | 0.52 | × |
| 18 | 26.07 | 2.59 | 0.4 | 15.96 | 2.08 | 0.29 | √ |
| 19 | 13.10 | 1.23 | 0.2 | 6.83 | 0.92 | 0.09 | √ |
| 20 | 7.01 | 0.68 | 0.1 | 1.92 | 0.09 | 0 | √ |
| 21 | 89.87 | 8.76 | 1.5 | 46.48 | 6.65 | 0.88 | √ |
| 22 | 872.91 | 86.83 | 11.7 | 34.06 | 51.53 | 3.99 | √ |
| 23 | 71.39 | 7.28 | 0.9 | 62.63 | 6.40 | 0.69 | √ |
| 24 | 108.25 | 10.93 | 1.4 | 56.82 | 6.16 | 0.38 | √ |
| 25 | 34.23 | 2.93 | 0.4 | 23.96 | 1.60 | 0.17 | √ |
| 26 | 205.09 | 22.00 | 2.7 | 232.43 | 24.26 | 3.07 | × |
| 27 | 373.91 | 37.51 | 4.9 | 38.16 | 18.82 | 0.92 | √ |
| 28 | 11.20 | 0.95 | 0.1 | 7.71 | 0.84 | 0.10 | √ |
| 29 | 651.71 | 68.49 | 8.9 | 549.61 | 64.09 | 7.78 | √ |
| 30 | 205.76 | 20.78 | 2.6 | 100.62 | 15.21 | 1.39 | √ |
| 31 | 234.29 | 24.03 | 3.1 | 190.05 | 22.08 | 2.63 | √ |
| 32 | 368.61 | 37.92 | 4.9 | 383.27 | 39.61 | 4.96 | × |
| 33 | 78.74 | 7.82 | 1.1 | 40.78 | 5.75 | 0.56 | √ |
| 34 | 101.54 | 10.16 | 1.4 | 17.25 | 5.49 | 0.27 | √ |
| 35 | 25.01 | 2.58 | 0.3 | 14.27 | 2.02 | 0.18 | √ |
| 36 | 88.64 | 7.19 | 1.0 | 91.14 | 6.41 | 0.84 | × |

续表

| 控制单元编号 | 措施实际削减量 | | | 水环境容量要求削减量 | | | 是否满足要求 |
|---|---|---|---|---|---|---|---|
| | COD | NH₃-N | TP | COD | NH₃-N | TP | |
| 37 | 19.49 | 1.36 | 0.3 | 10.38 | 0.81 | 0.15 | √ |
| 38 | 71.68 | 6.02 | 1.0 | 43.24 | 5.57 | 0.79 | √ |
| 39 | 5.92 | 0.51 | 0.1 | 0 | 0.35 | 0.03 | √ |
| 40 | 657.75 | 46.06 | 5.4 | 255.33 | 23.45 | 0.88 | √ |
| 41 | 20.75 | 1.56 | 0.4 | 0 | 0 | 0 | √ |
| 42 | 57.89 | 5.15 | 0.9 | 29.88 | 3.48 | 0.40 | √ |
| 43 | 51.77 | 3.80 | 0.8 | 28.56 | 2.03 | 0.34 | √ |
| 44 | 10.13 | 0.56 | 0.1 | 13.76 | 0.65 | 0.12 | × |
| 45 | 3.33 | 0.29 | 0 | 1.41 | 0.40 | 0.04 | × |
| 46 | 48.65 | 4.20 | 0.7 | 35.62 | 3.37 | 0.53 | √ |
| 47 | 21.35 | 1.81 | 0.3 | 0 | 0.26 | 0 | √ |
| 48 | −181.63 | −22.02 | −2.2 | 1358.50 | 40.03 | 4.44 | × |
| 合计 | 3409.73 | 401.80 | 56.40 | 5166.53 | 462.20 | 52.13 | × |

注　表格中实际削减量若为正数，表示上措施后污染负荷削减量；若表格中实际削减量为负数，表示上措施后污染负荷增加量。

## 12.5　本章小结

按照流域各河渠近、远期的水质管理目标，通过采取控源截污等措施，力争实现对城镇生活、农村生活及初期雨水等点源及面源污染的控制；通过开展河道清淤工程有效控制河道内源污染释放；通过水生态修复工程进一步维稳和提升水质；通过水系连通及活水工程有效提升河道的水环境容量。本规划按照计划实施后，基于一维河网水环境模型计算及污染物总量可达性分析，规划年大部分水系能达到水质目标要求。

江阴城区水环境治理是一个综合的、系统的工程，需要标本兼治，采取外源控制、内源治理、生态系统恢复等措施，开展流域系统治理才能达到"消除黑臭，提升水质，恢复生态"的总体要求和长治久清的效果。

# 第 13 章

# 结 论 及 建 议

## 13.1 主要结论

### 13.1.1 主要问题

（1）城区水体污染严重，水质普遍较差，入河污染负荷大，断头浜、死浜较多。

2019 年对 53 条河道补充监测结果显示 7 条河流为 V 类水质，占比 13.2%，25 条河流为劣 IV 类水质，占比 47.2%。75 个河流补测断面中有 17 个断面黑臭指标超标，9 个湖泊补测断面中有 5 个断面水质劣于 IV 类标准。城区河道污染来源复杂，点源直排现象严重，旱季排口达 200 余个；城区面源污染比重高，老城区雨天合流制溢流污染、工业区块地表径流污染浓、河道两侧农田径流污染普遍问题；内源污染风险高，东横河、北潮河、葛桥中心河、南新河、澄塞河等底泥存在氮磷污染释放风险，澄塞河、创新河、北横河、江锋中心河、龙泾河等表层底泥存在重金属潜在生态风险；城区水系断头浜、死浜较多，整体坡降较小，且受到港渠内大量闸、泵调节控制，水体流动性很差，水动力条件差，自净能力弱。

（2）污水处理厂处理能力待提升，市政管网系统配套不完善。

远期随着南闸、暨阳、申利污水处理厂澄西、滨江污水处理厂的关停及其污水的并入，城区干支管的外延，澄西、滨江污水处理厂的急需扩建；偏远区排水干支管建设滞后，中心区管网混错接及缺陷问题严重，缺陷比约占 35%，合流制孤岛有待整治，少数污水干管高水位运行，管网污水流速低、淤积严重，截流系统不完善（仅 4 条河建有截留管道，且截流系数偏低），溢流风险大。

（3）岸线硬化率高，水生态空间大幅萎缩，水生态系统退化严重。

江阴市中心城区大多河道均呈顺直状态，破坏了河道自然形态，导致水体与岸带横向连通性受阻，适宜水生生境缺失；城郊及农村河道两岸植被缺失，普遍存在违章建筑及农业种植占据岸线及河道等问题，破坏沿岸滨水植被，部分河道淤塞严重，河道内浮萍、水华覆盖河面，蚕食水域、侵占河道，导致水生态空间大幅萎缩，水生生物赖以生存的栖息地面积不断被压缩，生物多样性严重受损。加之入河污染负荷高，水质差，部分河道黑臭，水生生物无法生存，河道丧失其生态功能。

（4）江港堤堤防标准偏低，圩区排涝能力不足，城区河道行洪排涝和调蓄能力有待提高。

江阴段长江堤防位于长江口，江港堤防部分堤段按 100 年一遇标准，存在堤身断面小、堤防防洪挡浪墙高度、堤身防渗长度不足等问题。部分圩内水系布局不合理，干支河道不匹配，闸站连接的骨干河道断面小，输水能力不足，部分排涝设施年久失修，泵房破旧，排涝能力下降，距离闸站较远的区域，涝水不能及时排除，排涝能力达不到设计标准。江阴市城区河网水系断头浜、死浜众多，水系脉络不健全，河道填埋及改造为箱涵、涵管现象普遍，严重削弱了河道的行洪排涝和调蓄能力，使得洪峰增大，河道洪水位上升，城镇抗御突发性洪涝能力不足。

（5）水系连通工程清水通道、排水通道不清晰，水系连通工程范围小，效果不佳。

江阴市城区河网水系复杂，闸站工程众多，河网水动力不足，河道水流停滞少动，且受长江潮位影响，河道均可双向流动。受制于水利工程原有功能特性，骨干河道进水路线和排水方向相互干扰，与城区总体清水通道和排水通道不一致，相互影响，造成矛盾。城区现状水系连通工程仅在澄东片区开展，尚未在澄西片区开展。根据相关资料及现场水质测量数据分析，现状水系连通工程效果有限，不能使城区河道水质达到《地表水环境质量标准》（GB 3838—2002）要求的Ⅲ类标准。

（6）河道开放空间狭小，主体功能单一，岸线形式生硬，缺乏文化底蕴。

城区水系滨水生态廊道空间不足，部分河道两侧或单侧几乎没有绿化空间，滨水景观视觉效果较差，不能满足周边区域的发展需求。河道主题功能单一、岸线形式生硬，滨水景观未能挖掘河道特色进行规划与建设。古河道深厚的水文化底蕴未能得到展示，滨水景观的历史文化延续性不强。

（7）水环境信息化管理水平不高，感知采集及综合数据服务能力待提升。

江阴市水系发达，水利工程措施较为完备，但由于目前管理主体多元等体制问题，导致城区内"厂、网"协调运行尚未协调。虽各管理单位根据自身业务管理需要，分别对河道水质、水利设施运行状况进行了监测，但监测采集体系覆盖度尚不全面，环境监测网络覆盖不全，全市一体的水质自动监测体系尚未建立，难以实现对水质的精细化管理。此外，各类监测监控数据尚未汇集、整合，数据仅能反应单方面的问题，数据之间的关联关系弱、数据分析能力不足，综合数据服务能力有待提高。

## 13.1.2 工程规模

江阴市城区水环境综合治理建设项目包括污水系统提质增效工程、水污染控制工程、水生态修复工程、水系布局及防洪排涝工程、水系连通工程、水景观工程以及智慧水务工程等七类工程。规划建设工程规模如下。

1）污水系统提质增效工程。对 56 个合流小区进行雨污水分流改建；对 226 个分流制小区进行错漏接整改；对 37 个自然村进行雨污水新建工程。沿河新建截污管道

197.2km。新建城区污水干支管 77.9km，雨水干支管 53.9km，两座污水提升泵站，扩建澄西污水处理厂、滨江污水处理厂。对 46.8km 的缺陷管段进行修复及原位翻建，对 75km 的现状雨污水管道进行清淤处理。

2）水污染控制工程。新建人工湿地 17 处（共 48.51 万 $m^3$）、雨水调蓄池 8 处（共 12.6 万 $m^3$），小区低影响开发新（改）建 46km²，道路生态排水改造 60 条，治理农田面源 733.6hm²，河道清淤 74.49 万 $m^3$，布置垃圾桶 1987 个，设置垃圾收集点 23 个，配置电动保洁车 109 辆。

3）水生态修复工程。新建生态护岸 17 段，长度 13.131km，实施河道生态化改造 17 段，长度 23.319km；修复河道缓冲区 14 处，长度 9.687km；增设增氧曝气设施 94 台，设置生态浮岛 21800m²，碳素纤维草 7400m²；恢复沉水植物群落 19 处，面积 26400m²，投放翘嘴鲌 2960kg，黑鱼 2960kg，鳊鱼 2220kg，浮游动物 185000L，背角无齿蚌 22200kg，环棱螺 37000kg。

4）水系布局及防洪排涝工程。实施皮弄村计家湾排涝工程，规划清淤整治夹沟河约 680m，清淤整治计家湾河道约 590m，沿花山脚下疏浚截洪沟，截洪沟总长 1.37km，疏浚浆砌石明沟长 1200m，疏浚砖砌明沟长为 170m；拆除北潮河滚水坝；新建 3 座箱涵；计家湾河北侧新建泵站 1 座。实施河道疏浚整治工程，其中土方工程 195 万 $m^3$。新建澄南排涝站（10$m^3$/s）、扩建葫桥排涝站、璜塘上排涝站、工农排涝站、红星排涝站、谢园排涝站、花鸟市场排涝站等 6 座排涝泵站（29$m^3$/s）。所有工程均在远期实施。

5）水系连通工程。新建泵站 11 座，改建泵站 1 座，新建闸泵结合站 2 座，新建闸门 8 座，新建分流井 1 座，拆除堤坝 1 座，改建挡水坝为闸门 1 座，新建生态堰 2 座；新建明渠 3954m，改建明渠 300m；新建管涵 270m，改建管涵 170m。

6）水景观工程。新建滨河景观与景观提升项目 9 处，总规模约 30.4hm²；对 27 处河道实施景观覆绿，总规模约 90.8hm²。此外，实施城市整体风貌提升工程，包括 11.2km 滨江岸线新建与提升，规模约 44.8hm²；30km 滨水景观环打造，总规模约 60.9hm²；26km 水系景观风貌廊道的文化展示与景观营造，总规模约 81hm²。

7）智慧水务工程。智慧水务工程主要包括 53 条河道、管网水质，水位，流量以及视频等监控，控制箱工程闸、泵等设施的智能控制设备的集中控制，基础运行环境体系，智慧水务一体化平台建设等。

### 13.1.3 整治效果

通过采取完善集中污水处理系统及建设分散污水处理设施，结合河渠整治，可基本实现对现有排污口的截污。通过建成区海绵化改造、农村点面源治理，城市和农村面源污染将得到有效控制。通过对河道底泥清淤，可有效削减了内源释放。各类工程实施后，入河污染负荷将大幅削减，基本能满足江阴市城区水功能区限制排污总量的要求。同时，随着生态补水工程的实施，城区内死浜和断头浜纳污能力有较大提升，河流水质明显改善。

随着综合治理措施的实施，原先重点污染河流形态得以重塑、岸坡恢复自然生态、沿河全线截污，并辅以局部的景观节点打造，河道面貌焕然一新，恢复自然生机，城区主要河渠呈现"清水长流、碧水长流"的景象，整个江阴城区水系焕发新的生机。

## 13.2 实施建议

建议加强组织领导和协调，成立由江阴市政府主要领导任组长、分管领导任各专项副组长的江阴市城区水环境综合治理与保护工作领导小组，市有关部门立足责任分工，强化协作配合，形成工作合力，有效推进江阴市城区水生态环境持续改善。

# 参 考 文 献

[1]  赫俊国，李相昆，袁一星，等. 城市水环境规划治理理论与技术 [M]. 哈尔滨：哈尔滨工业大学出版社，2012.

[2]  王俊敏. 水环境治理的国际比较及启示 [J]. 世界经济与政治论坛，2016 (6)：161-170.

[3]  卜全民. 水环境理论的研究现状与趋势 [J]. 人民黄河，2008 (12)：14-15.

[4]  夏朋，刘蒨. 国外水生态系统保护与修复的经验及启示 [J]. 水利发展研究，2011 (6)：72-78.

[5]  高国荣. 美国现代环保运动的兴起及其影响 [J]. 南京大学学报（哲学·人文科学·社会科学），2006，(4)：47-56.

[6]  OPIE J. Managing the Environment，Managing Ourselves [M]. New Haven：Yale University Press，2006.

[7]  韩秀. 欧洲工业化以来的环境危机与治理研究 [D]. 重庆：重庆师范大学，2018.

[8]  高永胜，叶碎高，郑加才. 河流修复技术研究 [J]. 水利学报，2017 (S1)：592-596.

[9]  郜楚齐，韩雪婷，葛沛汝，等. 日本水环境污染治理综述及其借鉴意义 [J]. 上海环境科学，2019，(4)：167-171.

[10] 刘国成，完颜华. 中国城市化进程中水资源与水环境问题研究 [J]. 能源与环境，2009 (10)：26-27.

[11] 李轶. 水环境治理 [M]. 北京：中国水利水电出版社，2018.

[12] 王寒涛，李庶波. 城镇水环境治理国内外实践对比研究 [J]. 人民珠江，2018 (11)：146-156.

[13] 吴阿娜，车越，张宏伟，等. 国内外城市河道整治的历史、现状及趋势 [J]. 中国给水排水，2018 (4)：13-18.

[14] 冀文彦，胡雅芬，王强，等. 关于水环境综合治理的国内外研究综述 [J]. 北京城市学院学报，2017，(6)：17-23.

[15] 张永良，洪继华，夏青，等. 我国水环境容量研究与展望 [J]. 环境科学研究，1988 (1)：73-81.

[16] 张玉清，张蕴华，张景霞. 河流功能区水污染物容量总量控制的原理和方法 [J]. 环境科学，1998 (S1).

[17] 王飞. 江阴市水环境容量研究 [D]. 南京：河海大学，2006.

[18] 李曦. 滨江平原河网区水环境治理方案研究：以江阴市为例 [D]. 南京：河海大学，2008.

[19] 王宏，孟凡宇，邢妍. 水环境承载力与污染物总量分配研究进展 [J]. 辽宁大学学报（自然科学版），2009，36 (4)：364-367.

[20] 赵鑫，黄茁，李青云. 我国现行水域纳污能力计算方法的思考 [J]. 中国水利，2012 (1)：29-32.

[21] 张静. 黑臭水体治理形势下的流域排水系统提质增效对策探讨 [J]. 低碳世界，2019，9 (8)：5-6.

[22] 肖朝红，周丹，马洪涛，等. 基于污水系统提质增效的老旧城区黑臭水体整治 [J]. 中国给水排水，37 (10)：5.

[23] 何伟. 城镇污水处理系统提质增效综述 [J]. 商品与质量，2019 (48)：9-10.

[24] 王伟，崔勇，朱福造，等. 清污分流系统在污水收集提质增效中的应用研究 [J]. 价值工程，2020，(16)：181-183.

[25] 韦彬滨. 广州市龙归污水管网系统提质增效对策方案研究 [J]. 建材与装饰，2019 (1)：

146－147.

[26] 王红涛，张洪波，卜兆宇. 长江下游城市污水处理提质增效实施方案研究 [J]. 城市道桥与防洪，2020 (11)：15，114－117，147.

[27] 孙建华. 城市水污染治理控源截污工程规划设计研究 [J]. 环境科学与管理，2018 (12)：191－194.

[28] 汪洁，马友华，栾敬东，等. 美国农业面源污染控制生态补偿机制与政策措施 [J]. 生态经济：学术版，2010.

[29] 饶静，许翔宇，纪晓婷，等. 我国农业面源污染现状、发生机制和对策研究 [J]. 农业经济问题，2011，(8)：81－87.

[30] 李秀芬，朱金兆，顾晓君，等. 农业面源污染现状与防治进展 [J]. 中国人口·资源与环境，2010 (4)：81－84.

[31] 杨浩. 内源污染治理技术研究进展 [J]. 节能，2018 (37)：112－113.

[32] 河海大学《水利大辞典》修订委员会. 水利大辞典 [M]. 上海：上海辞书出版社，2015.

[33] 倪守高，葛春康，顾晓惠. 河湖生态清淤及淤泥固化技术研究进展 [C]// 2015 河湖疏浚与生态环保技术交流研讨会论文集，武汉，2015，172－179.

[34] 钟继承，范成新. 底泥疏浚效果及环境效应研究进展 [J]. 湖泊科学，2007 (1)：1－10.

[35] 曹承进，陈振楼，王军，等. 城市黑臭河道底泥生态疏浚技术进展 [J]. 华东师范大学学报（自然科学版），2011 (1)：32－42.

[36] 张莉，黄强. 水库生态调度与环境影响研究的进展 [C]// 水力学与水利信息学进展，2009.

[37] 张辉. 河流生态需水理论研究与进展 [J]. 天津科技，2014 (8)：86－92.

[38] 周杰，章永泰，杨贤智. 人工曝气复氧治理黑臭河流 [J]. 中国给水排水，2001 (4)：47－49.

[39] 杨兆华，何连生，姜登岭，等. 黑臭水体曝气净化技术研究进展 [J]. 水处理技术，2017 (10)：49－53.

[40] 王洪臣. 微孔曝气系统的理论与工程实践 [J]. 市政技术，1997 (1)：30－37.

[41] 熊万永，李玉林. 人工曝气生态净化系统治理黑臭河流的原理及应用 [J]. 四川环境，2004 (2)：34－36.

[42] 徐续，操家顺. 河道曝气技术在苏州地区河流污染治理中的应用 [J]. 水资源保护，2006 (1)：30－37.

[43] MA W X, HUANG T L, LI X. Study of the application of the water－lifting aerators to improve the water quality of a stratified, eutrophicated reservoir [J]. Ecological Engineering，2015 (83)：281－290.

[44] 李大成，吕锡武，纪荣平. 受污染湖泊的生态修复 [J]. 电力科技与环保，2006 (1)：47－49.

[45] 张金莲，吴振斌. 水环境中生物膜的研究进展 [J]. 环境科学与技术，2007 (11)：102－106.

[46] 张可. 微生物强化技术在黑臭水体生态修复中研究进展 [J]. 现代商贸工业，2019 (3)：191－193.

[47] 钱璨，黄浩静，曹玉威. 河道水质强化净化与水生态修复研究进展 [J]. 安徽农业科学，2017 (34)：44－46.

[48] 尹莉，乔丽丽，乔瑞平. 固定化微生物强化生物处理过程的研究进展 [J]. 环保科技，2016 (5)：44－46.

[49] 李开军. 城市黑臭水体植物修复技术研究进展 [J]. 绿色科技，2019 (16)：114－125.

[50] 吴振斌，邱东茹，贺锋. 沉水植物重建对富营养水体氮磷营养水平的影响 [J]. 应用生态学报，2003 (14)：1351－1353.

[51] 黄峰，李勇，潘继征，等. 夏季富营养化滆湖中沉水植物群落重建及水质净化效果 [J]. 环境污染与防治，2011 (10)：9－15.

［52］ 郭雅倩，薛建辉，吴永波，等. 沉水植物对富营养化水体的净化作用及修复技术研究进展［J］. 植物资源与环境学报，2020（3）：58－68.

［53］ 王凌骅. 生态浮床技术研究进展与展望［J］. 绿色科技，2017（8）：65－66.

［54］ 丁则平. 日本湿地净化技术人工浮岛介绍［J］. 海河水利，2007（2）：63－65.

［55］ HOEGER S. Schwimmkampen－German's artificial floating island［J］. Journal of Soil and Water Conservation，1988（4）：304－306.

［56］ 陈进树. 国内生态浮床研究进展［J］. 安徽农学通报，2017（1）：21－23.

［57］ 何小莲，李俊峰，何新林，等. 稳定塘污水处理技术的研究进展［J］. 水资源与水工程学报，2007（5）：74－82.

［58］ SCOPPER W E，KARDOS L T. Recycling treated municipal wastewater and sludge through forest and cropland［M］. University Park，Pennsylvania：Pennsylvania State University Press，1973：31－35.

［59］ 刘华波，杨海真. 稳定塘污水处理技术的应用现状与发展［J］. 天津城市建设学院学报，2003（1）：19－22.

［60］ 北京市环境保护科学研究院，北京水环境技术与设备研究中心. 三废处理工程技术手册：废水卷［M］. 北京：化学工业出版社，2002.

［61］ 张清. 人工湿地的构建与应用［J］. 湿地科学，2011（4）：373－379.

［62］ 周奔. 人工湿地系统在我国污水处理中的应用以及发展前景［J］. 科技咨询，2007（5）：122－123.

［63］ SHAPIRO J，LAMARRA V，LYNCH M. Biomanipulation：an ecosystem approach to lake restoration［C］//Proceedings of a Symposium on Water Quality and Management through Biological Control University of Florida，Gainesville，1975：85－96.

［64］ 谢平. 鲢、鳙与藻类水华控制［M］. 北京：科学出版社，2003.

［65］ 夏军，高扬，左其亭，等. 河湖水系连通特征及其利弊［J］. 地理科学进展，2012（1）：26－31.

［66］ 张清，骆文广. 河网水系对城市内涝防洪的影响探讨［J］. 中国防汛抗旱，2019（11）：58－61.

［67］ 刘曙光，周正正，钟桂辉，等. 城市化进程中的防洪排涝体系建设［J］. 科学（上海），2020（5）：32－36.

［68］ 张陆陆. 浅议水利工程堤防建设与防洪建设［J］. 建筑工程技术与设计，2018（18）：3246.

［69］ 陈晓燕，崔勇. 环境调水工程方案设计及综合效应分析：以南通市高水系"引江调水"为例［J］. 水利科技与经济，2013，（12）：84－85，88.

［70］ 胡艳. 区域调水与流域调水关系研究［D］. 南京：河海大学，2005.

［71］ 朱灵芝. 太浦河调水对黄浦江上游水源地水量水质影响研究［D］. 南京：河海大学，2007.

［72］ 黄德林，胡志超，齐冉. 美国调水工程环境保护政策及其对我国的启示［J］. 湖北社会科学，2011（5）：57－60.

［73］ 诸晓华. 六合区水环境调度预案与突发性水污染事件管理预案研究［D］. 扬州：扬州大学，2008.

［74］ 王船海，李光炽. 实用河网水流计算［M］. 南京：河海大学出版社，2000.

［75］ 徐贵泉，褚君达. 上海市引清调水改善水环境探讨［J］. 水资源保护，2001（3）：26－30.

［76］ 林晶. 福州市城区内河引闽冲污后水质变化趋势及防治对策［J］. 环境监测管理与技术，2005（2）：21－23，27.

［77］ 袁静秀，黄漪平. 环太湖河道污染物负荷量的初步研究［J］. 海洋与湖沼，1993（5）：485－493.

［78］ 周燕，朱晓东，尹荣尧，等. 太湖流域水环境长效管理研究［J］. 环境保护科学，2010，36（3）：84－85.

［79］ 孔晓露. 扬州市城区活水引流工程关键技术研究［D］. 扬州：扬州大学，2014.

［80］ 杜龙飞，侯泽林，李彦彬，等. 城市河流生态需水量计算方法研究［J］. 人民黄河，2020，42（2）：34－37.

［81］ 张燕. 常州市新北区北部高铁片区活水工程规划方案研究［D］. 扬州：扬州大学，2011.

［82］ 费晓磊. 嘉兴市区河网活水调度优化研究［D］. 扬州：扬州大学，2017.

［83］ 赵强，乔书娜，吴从林，等. 无为县环城河活水工程引水规模研究［J］. 环境科学导刊，2020，39（1）：17-23.

［84］ 张其成，姚亦锋，束龙仓. 城市水系的景观功能与空间构建［C］//第五届中国水论坛论文集，2007.

［85］ 叶云霄，马翠兰. 我国城市滨水植物景观研究进展［J］. 亚热带农业研究，2015（4）：282-287.

［86］ 马志远，赵红霞，高祥斌，等. 城市滨水区植物景观营造探讨［J］. 湖北农业科学，2012（22）：146-150，171.

［87］ 曹婷婷. 亲水、生态、地域三位一体的城市河道景观构建分析［J］. 现代园艺，2019（12）：112-113.

［88］ 刘璐璐. 城市智慧水务建设路径探讨［J］. 安庆师范学院学报（社会科学版），2016（1）：90-101.

［89］ 李贵生. 互联网＋推动大数据智慧水务建设［J］. 建设科技，2016（23）：2.

［90］ 袁敏. 智慧水务建设的基础及发展战略研究［J］. 电子技术与软件工程，2015（8）：1.

［91］ 刘勇，张韶月，柳林，等. 智慧城市视角下城市洪涝模拟研究综述［J］. 地理科学进展，2015（4）：494-504.

［92］ 郭效琛，李萌，赵冬泉，等. 城市排水管网监测点优化布置的研究与进展［J］. 中国给水排水，2018，34（4）：26-31.

［93］ 蔡莹，陈振. 智慧水务守望太湖：助力无锡新区污水收集系统优化运行［C］//信息让生活更美好：江苏省通信行业信息化案例选编，2010.

［94］ 王军. 智慧水务在污水处理中的设计与应用［J］. 科技创新导报，2015，12（30）：166-167.

［95］ 杨惠. 互联网＋时代智慧水务的建设与发展研究［J］. 信息通信，2018（3）：265-266.

［96］ 季永兴，刘水芹. 苏州河水环境治理20年回顾与展望［J］. 水资源保护，2020（1）：25-51.

［97］ 许卓，刘剑，朱光灿. 国外典型水环境综合整治案例分析与启示［J］. 环境科技，2008（2）：71-74.

［98］ 汪松年. 欧洲大城市的水污染治理［C］//华东七省市水利学会协作组第十五次学术研讨会论文集，2002.

［99］ 江力. 日本"多自然型河川"建设与管理经验的启发和借鉴［J］. 四川水利，2016（s1）.

［100］ 王军，王淑燕，李海燕，等. 韩国清川溪的生态化整治对中国河道治理的启示［J］. 中国发展，2009（3）：15-18.